Contraste insuffisant

NF Z 43-120-14

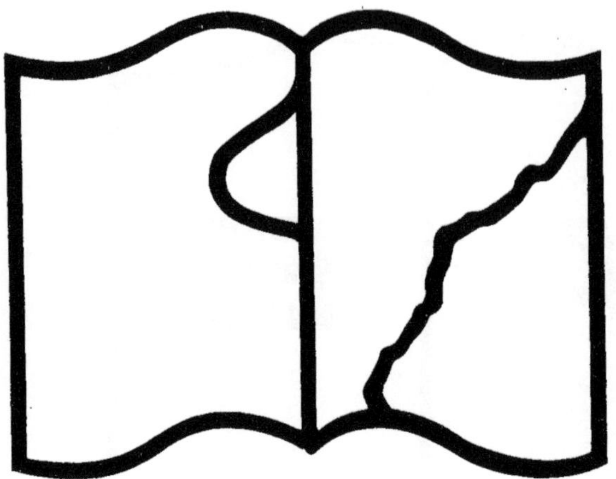

Texte détérioré — reliure défectueuse

NF Z 43-120-11

THÉORIE GÉNÉRALE

DES

EFFETS DYNAMIQUES

DE LA CHALEUR,

Par M. F. REECH,

Ingénieur de la Marine.

———

PARIS,

MALLET-BACHELIER, IMPRIMEUR-LIBRAIRE

DU BUREAU DES LONGITUDES, DE L'ÉCOLE IMPÉRIALE POLYTECHNIQUE,

Quai des Augustins, n° 55.

1854

THÉORIE GÉNÉRALE

DES

EFFETS DYNAMIQUES

DE LA CHALEUR.

(Extrait du Journal de Mathématiques pures et appliquées,
tome XVIII, 1853.)

THÉORIE GÉNÉRALE

DES

EFFETS DYNAMIQUES

DE LA CHALEUR,

Par M. F. REECH,

Ingénieur de la Marine.

PARIS,

MALLET-BACHELIER, IMPRIMEUR-LIBRAIRE

DU BUREAU DES LONGITUDES, DE L'ÉCOLE IMPÉRIALE POLYTECHNIQUE,

Quai des Augustins, n° 55.

—

1854

TABLE DES MATIÈRES.

(iv)

CHAPITRE QUATRIÈME.

CHAPITRE CINQUIÈME.

CHAPITRE SIXIÈME.

CHAPITRE SEPTIÈME.

CHAPITRE HUITIÈME.

CHAPITRE NEUVIÈME.

THÉORIE GÉNÉRALE

DES

EFFETS DYNAMIQUES DE LA CHALEUR;

Par **M. F. REECH,**
Ingénieur de la Marine.

AVANT-PROPOS.

M. S. Carnot a publié en 1824 un ouvrage intitulé : *Réflexions sur la puissance motrice du feu.* On y trouve des considérations extrêmement remarquables sur la manière de produire de la force motrice avec de la chaleur. M. E. Clapeyron, dans un *Mémoire sur la puissance motrice de la chaleur* (*Journal de l'École Polytechnique*, tome XIV), année 1834, s'est attaché à développer les principales idées de M. Carnot par l'analyse mathématique, et en a fait ressortir des conséquences fort importantes.

Les calculs de M. Clapeyron et les raisonnements de M. Carnot sont fondés principalement sur *l'absurdité qu'il y aurait à admettre la possibilité de créer de toutes pièces de la force motrice ou de la chaleur.* La solidité d'un tel axiome ne saurait guère être révoquée en doute, mais des expériences dues à M. Regnault ont fait rejeter l'une des propriétés fondamentales que les auteurs, d'après les idées universellement admises jusqu'à eux, avaient attribuée à la chaleur, et, par suite, différents savants, tels que MM. Joule, Thompson, Rankine, Mayer et Clausius, se sont mis à l'œuvre pour redresser ce qu'il pouvait y avoir d'inexact dans les relations établies par MM. Carnot et Clapeyron.

Je crois que, dans la plupart des recherches faites à ce sujet, on a donné trop d'importance à de pures hypothèses, en perdant de vue la filiation logique des raisonnements de M. Carnot, qui n'a pas été rompue, selon moi, par l'objection de M. Regnault, et qui demandait seulement à être complétée sous un point de vue nouveau. C'est, du moins, là ce que je me propose de faire voir dans le présent Mémoire, aussi clairement qu'il me sera possible, et de manière, je l'espère, à démontrer une formule générale qui satisfera à la fois aux expériences de M. Joule et à celles que M. Regnault a annoncées dernièrement dans le *Compte rendu de l'Académie des Sciences* (séance du 18 avril 1853, tome XXXVI, page 680, premier exemple).

F. R. I

CHAPITRE PREMIER.

Curieux mode de raisonnement de M. S. Carnot, d'après l'existence directement évidente de deux systèmes de courbes $\varphi(v, p) = const.\ t,\ \psi(v, p) = const.\ u.$ et avec l'hypothèse $q' = q$ relativement aux propriétés calorifiques les plus immédiates des deux systèmes de courbes φ, ψ.

Le commun point de départ de MM. Carnot et Clapeyron est fort simple et se réduit en substance à ce qui suit.

Pour que nous parvenions à nous procurer de la force motrice avec une machine à vapeur d'eau, il faut que, à l'état régulier de fonctionnement de la machine, nous ayons une production incessante de chaleur dans la chaudière pour faire de la vapeur, et un enlèvement incessant de chaleur dans le condenseur pour ramener la vapeur employée à l'état d'eau. Il faut qu'il y ait une transmission de chaleur de la chaudière au condenseur à travers le cylindre et les tuyaux de la machine par l'intermédiaire de la vapeur comme véhicule. En l'absence d'un tel véhicule, la chaleur passerait librement de la chaudière au condenseur ou à d'autres corps ambiants, sans nous faire obtenir de la force motrice.

Différentes espèces de vapeur et même des gaz permanents peuvent, d'ailleurs, être employés comme véhicule de la chaleur entre un corps chaud A' et un corps froid A, de manière à nous faire obtenir de la force motrice à l'aide d'un mécanisme identique ou analogue à celui d'une machine à vapeur d'eau.

Donc, en principe, toutes les fois qu'il y aura une libre transmission de chaleur entre deux corps quelconques A, A' à des températures différentes t, t', nous devrons y voir une certaine perte de travail ou de force vive.

La dénomination de force vive pourra, d'ailleurs, être entendue ici comme dans la mécanique ordinaire, en ce sens qu'elle désignera une diminution de force vive ou de travail, relativement au but que l'on aura en vue, et non une destruction ou perte absolue dans la vraie nature des choses.

Toujours est-il que, d'après ces raisonnements préliminaires de MM. Carnot et Clapeyron, une machine motrice à l'aide de la chaleur ne saurait être d'une entière perfection qu'autant que l'on parviendrait à n'y mettre jamais en présence des corps à des températures différentes.

Il faudrait, en un mot, que nous pussions nous procurer des enveloppes non perméables à la chaleur, et alors les conditions d'une machine motrice parfaite seraient très-faciles à assigner de la manière qui va être expliquée.

Concevons une masse quelconque de gaz dans une enveloppe extensible non perméable à la chaleur. Soient Ov, Op, *Pl. I. fig.* 1, deux axes rectangulaires sur lesquels nous porterons une abscisse OA égale en longueur au volume v, et une ordonnée AB égale à la pression p du gaz. La température correspondante t du gaz pourrait être portée sur une perpendiculaire au plan des v, p au point B; mais on fera aussi bien de ne pas recourir à une telle construction et de concevoir seulement une quantité abstraite t en chaque point B dont les coordonnées seront v, p.

Cela posé, imaginons qu'on fasse diminuer le volume v de l'enveloppe sans ajouter ni ôter de la chaleur au gaz, et d'une manière assez lente pour n'imprimer que *des vitesses négligeables* aux différentes particules du gaz. Alors la pression p ira en augmentant le long d'un certain arc de courbe BB', qui ne dépendra que de l'espèce de gaz employé.

La température t du gaz ira aussi en augmentant le long de la courbe BB', et, par suite, le gaz s'échauffera, de t à t', à l'aide d'une dépense de travail égale à l'aire ABB'A'.

L'opération pourra être continuée aussi loin qu'on voudra de bas en haut sur la figure, tant que le gaz ne passera ni à l'état liquide ni à l'état solide.

Réciproquement, quand, à partir d'un point B', on fera augmenter le volume v de l'enveloppe, toujours d'une manière infiniment lente pour ne pas créer des vitesses appréciables, et sans ajouter ni ôter de la chaleur, la pression p descendra le long de la courbe B'B, et la température t repassera dans chaque position descendante par la même valeur que celle qu'elle avait en montant.

Cela étant admis, et les variables v, p d'un gaz étant supposées avoir été amenées en un point quelconque B' de la courbe indéfinie BB', de manière que la température se trouve élevée de t à t', imaginons qu'une source indéfinie de chaleur A', à la température constante t', soit mise en communication intime avec le gaz, et qu'ensuite l'on fasse augmenter le volume v, toujours d'une manière infiniment lente, afin de ne pas créer des vitesses appréciables.

Alors l'effet immédiat d'une augmentation du volume v sera de faire descendre la pression p le long de la courbe connue B'B; mais en même temps la température du gaz diminuera, et aussitôt qu'une petite différence se sera produite entre la température constante t' de la source A' et la température du gaz adjacent, il y aura un flux de chaleur qui sortira de la source A' et qui servira à faire remonter la température du gaz vers la constante t', ce qui augmentera la pression p.

L'augmentation du volume v se faisant avec une lenteur infiniment grande, il est clair que, à la dernière limite du raisonnement, on devra concevoir une certaine courbe B'B', différente de B'B, et telle que la température du gaz restera constamment égale à t' pendant que la source A' fournira une quantité de chaleur q' qui augmentera progressivement avec la longueur B'B'$_1$.

Réciproquement, quand on fera diminuer le volume v de l'enveloppe à partir du point B'$_1$, le premier effet d'une diminution du volume v sera de faire augmenter à la fois la pression et la température du gaz; puis, la température du gaz devenant plus élevée que celle de la source adjacente, il naîtra un flux de chaleur du gaz vers cette source, et, à la dernière limite du raisonnement, les variables v, p repasseront de B'$_1$ en B' le long de la même courbe B'B'$_1$, pendant que le gaz cédera à la source A' une quantité de chaleur q' précisément égale à celle qu'il en avait retirée d'abord.

I..

Il y aura à concevoir une telle courbe $B'B'_1$ par chaque point B' de la courbe indéfinie BB', et l'une d'entre elles BB_1 passera au point B.

La température t devant être constante le long de chacune des courbes BB_1, $B'B'_1$,... et variable de l'une à l'autre, il s'ensuit que, du moment où la température t de l'une de ces courbes sera donnée, la courbe entière devra être parfaitement déterminée, et que, par suite, il y aura une certaine relation, telle que

$$(1) \qquad \varphi(v, p) = t,$$

qui sera l'équation générale de toutes les courbes en question BB_1, $B'B'_1$,... sur la *fig.* 1.

Pareillement, il y aura à concevoir une courbe de l'espèce BB' par tels points B, B_1,... que l'on voudra, sur la *fig.* 1, et quand on désignera par u une quantité qui aura une valeur nécessairement déterminée pour chacune des courbes BB', $B_1B'_1$,... et essentiellement différente de l'une de ces courbes à l'autre, comme, par exemple, l'abscisse ou bien l'ordonnée du point où l'une de ces courbes rencontrera une ligne donnée quelconque sur la *fig.* 1, il est clair que chacune des courbes BB', $B_1B'_1$,... devra être parfaitement déterminée dès que la quantité u sera donnée, et que, par suite, il y aura une certaine relation, telle que

$$(2) \qquad \psi(v, p) = u,$$

qui sera l'équation générale de toutes les courbes en question BB', $B_1B'_1$,... sur la *fig.* 1.

Cela posé, revenons au point B de la *fig.* 1 et faisons aller d'abord le gaz de B en B' le long de la courbe $\psi(v, p) = $ constante u, sans addition ni retranchement de chaleur, jusqu'à ce que la température ait monté de t à t', à l'aide d'une dépense de travail égale à l'aire $ABB'A'$.

A partir du point B' mettons le gaz en communication avec une source de chaleur A' à la température constante t', et faisons aller les variables v, p le long de la courbe $B'B'_1$ à l'aide d'une addition de chaleur q', ce qui nous fera obtenir une quantité de travail égale à l'aire $A'B'B'_1A'_1$.

A partir du point B'_1 retirons la source A' et faisons continuer la dilatation du gaz dans une enveloppe non perméable à la chaleur, le long d'une courbe B'_1B_1 ou $\psi(v, p) = u_1$, jusqu'à ce que la température du gaz, en diminuant progressivement le long de la courbe B'_1B_1, soit redevenue égale à t, au point de rencontre de la courbe B'_1B_1 avec la courbe BB_1 ou $\varphi(v, p) = t$, ce qui nous fera obtenir encore une quantité de travail égale à l'aire $A'_1B'_1B_1A_1$.

A partir du point B_1 mettons le gaz en communication avec une source de chaleur A entretenue à température constante t pendant que le volume v de l'enveloppe ira en diminuant.

Alors le premier effet d'une diminution du volume v sera de faire remonter la pression ainsi que la température le long de la courbe $B_1B'_1$; mais, aussitôt que la température sera devenue un peu plus élevée que la limite constante t de la source adjacente, il s'établira un flux de chaleur du gaz vers la source A, et, à la dernière limite du raisonnement, les variables v, p iront du point B_1 au point initial B le long de la courbe B_1B

dont l'équation sera

$$\varphi(v, p) = t.$$

De B_1 en B le gaz cédera à la source A une somme de chaleur q et l'on dépensera une quantité de travail égale à l'aire A_1B_1BA. Par suite, le gaz employé sera exactement ramené à son état initial, et il restera un bénéfice net de force motrice égal à l'aire S du quadrilatère curviligne $BB'B'_1B_1$. Le fait physique auquel correspondra la quantité S de force motrice sera une diminution de chaleur q' dans la source A' à la température constante t', et une augmentation de chaleur q dans la source A entretenue à la température constante t.

Dans le cercle entier de l'opération, il n'y aura eu aucune transmission de chaleur entre des corps à des températures différentes, et, par suite, l'on doit admettre qu'il n'aura pu y avoir aucune perte ou diminution de force motrice; la quantité obtenue S devra donc être conçue comme étant le maximum théoriquement possible avec les deux quantités de chaleur q, q' aux températures données t, t' des sources A, A'.

Ce qui le prouve péremptoirement, c'est que l'opération inverse sera également possible, et que, en faisant aller les variables v, p d'abord de B en B_1 le long de la courbe BB_1, et de là en B'_1 le long de la courbe $B_1B'_1$, puis de B'_1 en B' le long de la courbe B'_1B', et de là en B le long de la courbe $B'B$, on réussira manifestement à enlever la somme de chaleur q à la source A et à verser la somme correspondante q' dans la source A', avec une dépense de travail égale à la même aire S du quadrilatère curviligne $BB'B'_1B_1$.

Au point de vue pratique des choses, on ne réussirait, à la vérité, à recueillir dans l'opération directe qu'une quantité de force motrice un peu inférieure à l'aire S de la *fig.* 1, et dans l'opération inverse on serait obligé de dépenser une quantité un peu supérieure à S; mais on comprend en même temps que les deux différences de sens opposés peuvent devenir moindres qu'aucune quantité donnée, et qu'il doit y avoir une limite rationnelle de parfaite équivalence entre l'une et l'autre opération, de la manière qui vient d'être expliquée et représentée sur la *fig.* 1.

Tous les mêmes raisonnements seront applicables à un mélange de liquide et de vapeur saturée de ce liquide, à cela près que les courbes BB_1, $B'B'_1$ deviendront des lignes droites parallèles à l'axe Ov, *fig.* 2, parce qu'alors les relations

$$\varphi(v, p) = t, \quad \varphi(v, p) = t'$$

se changeront en

$$\varphi(p) = t, \quad \varphi(p') = t',$$

ou, inversement,

$$p = \Omega(t), \quad p' = \Omega(t').$$

Concevons, en effet, une masse liquide M à une température donnée t et sous la pression d'ébullition $p = \Omega(t)$ représentée par la hauteur OP sur la *fig.* 2. Soit Pi le volume correspondant de la masse liquide M.

Mettons la masse M en contact avec un corps plus chaud, de manière à en élever la température progressivement jusqu'à t', et, pour qu'il ne se fasse pas de vapeur, élevons à mesure la pression p d'après la relation générale $p = \Omega(t)$ supposée connue par expérience. Le volume de la masse M augmentera alors très-lentement avec t et pourra être représenté par l'abscisse variable w d'une certaine ligne ii' presque droite et presque parallèle à l'axe Op.

A partir du point i', où la pression sera p' et la température correspondante d'ébullition t', faisons augmenter le volume v de l'enveloppe pendant qu'une source indéfinie de chaleur s'y trouvera renfermée à une température constante t': alors une partie de la masse liquide se transformera en vapeur et la pression ne changera pas, c'est-à-dire que les variables v, p du mélange iront le long d'une droite $i'1'$ parallèle à l'axe Ov.

Il y aura un certain point I' où toute la masse M sera transformée en vapeur saturée, et, au delà, si l'on continuait à faire augmenter le volume v de l'enveloppe au contact d'une source de chaleur entretenue à la température constante t', les variables v, p suivraient une courbe descendante de l'espèce $B'B$, *fig.* 1.

Il y aura une telle longueur limite PI ou W à toutes les hauteurs p de la *fig.* 2, et, par suite, l'on aura à concevoir une certaine courbe II' qui sera la limite de séparation de l'état de vapeur saturée à l'état de gaz permanent.

On sait que pour de la vapeur d'eau, à 100 degrés, la limite $P'I'$ est égale à dix-sept cents fois environ l'une des limites Pi, $P'i'$ de l'état liquide, et que, à 50 degrés de température, avec une pression de 10 centimètres de mercure à peu près, la limite PI est égale à huit ou neuf fois la limite $P'I'$; mais de pareilles proportions n'auraient pu être indiquées sur la *fig.* 2 sans la rendre inintelligible dans quelques-unes de ses parties.

Cela posé, représentons-nous un volume $P'B'$ du mélange à la température t' et faisons augmenter le volume de l'enveloppe, au contact de la source A', jusqu'à une longueur arbitraire $P'B'$, inférieure à la limite $P'I'$; désignons par q' la quantité de chaleur enlevée à la source A' et devenue latente.

A partir du point B'_t, ôtons la source de chaleur A' et continuons à faire augmenter le volume v sans ajouter ni retrancher de la chaleur, ce qui fera diminuer à la fois la pression et la température du mélange le long d'une certaine courbe $B'_t B_t$ de même espèce que sur la *fig.* 1.

A partir du point B_t, supposé en deçà de la limite I, la température du mélange étant devenue t, approchons-en une source indéfinie de chaleur entretenue à la température constante t et faisons diminuer le volume v du mélange jusqu'à la rencontre d'une courbe $B'B$ de même espèce que la courbe $B'_t B_t$, et passant par le point initial B'. Nous exprimerons, de cette manière, du mélange de liquide et de vapeur, une certaine somme de chaleur q qui passera dans la source A à la température constante t; puis, en ôtant la source A à partir du point B et en continuant à faire diminuer le volume du mélange sans ajouter ni retrancher de la chaleur, nous arriverons au point initial B' le long de la courbe BB'.

Nous réussirons donc à ramener le mélange de liquide et de vapeur saturée exactement à son état initial et à obtenir un bénéfice net de force motrice égal à l'aire S du quadrilatère BB'B'₁B₁, tandis qu'une certaine somme de chaleur q' aura disparu de la source A' et qu'une autre somme de chaleur q aura passé dans la source A.

L'opération inverse sera également possible, c'est-à-dire que, avec une dépense de force motrice égale à la même aire S, nous pourrions enlever une somme de chaleur q de la source A et verser la somme correspondante q' dans la source A'.

Ainsi, aucune perte n'aura lieu et l'aire S du quadrilatère BB'B'₁B₁, sur la *fig.* 2 comme sur la *fig.* 1, sera le parfait équivalent mécanique du fait physique qui consistera à prendre, à l'aide d'un mélange de liquide et de vapeur saturée de ce liquide, une somme de chaleur q' dans la source A' entretenue à la température constante t', et à faire passer une somme de chaleur q dans la source A entretenue à la température constante t, la température t étant moindre que t'.

L'aire S perdrait sa forme quadrilatérale sur la *fig.* 2 si la courbe B'B tombait en deçà de la limite i'K et aussi si la courbe B₁B'₁ rencontrait la limite II' sans se confondre avec elle. Je reviendrai plus loin sur de telles exceptions [*].

Cela posé, le tort qu'on reproche à MM. Carnot et Clapeyron, c'est d'avoir supposé que, sur les *fig.* 1 et 2, on devait avoir $q' = q$.

---

[*] S'il était question de faire la théorie spéciale des machines à vapeur d'eau, j'aurais à expliquer ici comment les opérations de principe de la *fig.* 2, à l'aide d'une seule enveloppe à volume variable v, ne sauraient être rendues matériellement possibles et pratiquement utiles qu'à l'aide de deux cylindres, le *cylindre travailleur* et le *cylindre alimentaire*, reliés entre eux, d'une part, par un réservoir d'eau et de vapeur à la température élevée t' (la *chaudière*), d'autre part, par un réservoir d'eau et de vapeur à la température basse t (le *condenseur*); j'aurais à expliquer le jeu des soupapes ou robinets à l'aide desquels un tel mécanisme à deux cylindres et à deux réservoirs (nommés *chaudière* l'un, et *condenseur* l'autre) pourra réellement faire l'office de l'unique enveloppe des raisonnements du texte.

J'aurais à expliquer ensuite l'inconvénient pratique d'être obligé de prendre avec le cylindre alimentaire un volume énorme d'eau et de vapeur PB ou PK, dans le condenseur, afin de renvoyer dans la chaudière un volume correspondant P'B' d'eau et de vapeur, ou un volume P"i' d'eau seulement à la température élevée i', conformément au principe général d'éviter la mise en présence de deux corps à des températures différentes.

A côté de cet inconvénient, j'aurais à signaler le grand avantage pratique de n'alimenter la chaudière qu'avec de l'eau, quoique froide, à cause de la petitesse qui en proviendra dans le volume du cylindre alimentaire.

J'aurais à faire valoir encore l'avantage pratique d'une injection d'eau froide dans le condenseur et l'impossibilité d'éviter des infiltrations d'air, ce qui obligera d'avoir à la fois une petite pompe alimentaire et une pompe à air un peu volumineuse, en place de l'unique cylindre alimentaire des précédents raisonnements.

J'aurais à parler, enfin, des frottements du mécanisme qui empêcheront de réaliser toute la force expansive de la vapeur, indépendamment de l'inconvénient d'avoir des machines trop encombrantes quand on veut avoir plus de force motrice expansive, etc., etc.

Il y aurait des considérations plus ou moins analogues à faire valoir sur la *fig.* 1 pour le cas des machines à air chaud; mais tout cela me mènerait beaucoup trop loin et ferait perdre de vue la filiation logique des vrais principes de la théorie que je me propose de fonder.

Ce que je viens d'énumérer très-succinctement dans cette note sera l'objet d'un autre Mémoire qui servira de complément à celui-ci et dont la rédaction est à peu près terminée. Je veux parler du travail dont les conclusions ont été publiées dans le feuilleton du *Moniteur* du 16 mars 1853, et à l'occasion duquel j'ai présenté une Note à l'Institut, dans la séance du 21 mars suivant.

L'égalité $q' = q$ peut certainement être contestée ; mais voyons d'abord ce que l'on peut démontrer rigoureusement quand on se place à tort ou à raison à un tel point de vue, sauf à voir ensuite ce que pourra entraîner une inégalité quelconque entre les deux quantités correspondantes q, q'.

Avec l'égalité $q' = q$ la quantité de force motrice S des *fig.* 1 et 2 sera le parfait équivalent mécanique d'une somme de chaleur q descendue de la température t' de la source A' à la température inférieure t de la source A.

Tout autre gaz que celui de la *fig.* 1 et tout autre mélange de liquide et de vapeur que celui de la *fig.* 2 pourront être employés de manière à faire descendre une même somme de chaleur q de la même source A' à la même source A, et alors les quantités q, t, t' étant les mêmes pour différents fluides élastiques, il faudra que les quantités correspondantes de force motrice que l'on obtiendra de l'emploi de ces fluides,

$$S, \quad S_1, \quad S_2, \dots,$$

soient toutes égales ; car si, avec un certain fluide élastique, on obtenait une quantité S, et que, avec un autre fluide élastique, il fût possible d'obtenir une quantité plus considérable $S + s$, les deux fluides étant employés à faire descendre successivement une égale somme de chaleur q de la même température t' à la même température t, nous serions parfaitement libre d'employer le second fluide à faire descendre une somme de chaleur q de t' à t, de manière à obtenir la quantité de force motrice $S + s$, puis d'employer le premier fluide à faire remonter la même somme de chaleur q de t en t' avec une dépense de force motrice égale à S, ce qui nous laisserait un bénéfice net, sans cause, égal à s.

Puis, en répétant la double opération n fois de suite, nous obtiendrons la quantité ns qui croîtrait sans limite avec n, c'est-à-dire que, avec rien et après avoir ramené toutes choses dans leur état initial, il nous serait loisible de créer autant de force motrice que nous voudrions ; *ce qui est absurde.*

Telle est l'idée mère ou l'axiome fondamental des raisonnements de MM. Carnot et Clapeyron.

D'après cet axiome, il devra y avoir une relation directe entre la quantité de force motrice S, d'une part, et les quantités correspondantes q, t, t', d'autre part, indépendamment de la nature du fluide élastique qui aura servi à l'opération.

De plus, entre les mêmes températures t, t' il faudra que la quantité S augmente proportionnellement à q, afin que par n opérations successives, toutes identiques, la quantité totale n S soit précisément la même que celle que l'on obtiendrait d'une seule opération sur une quantité de chaleur égale à nq.

Il faudra, en un mot, que l'on ait

$$S = q f(t, t'),$$

la fonction f étant complétement indépendante de la nature du fluide élastique que l'on voudra employer.

Mais cela ne suffira pas, car on sera libre encore d'opérer séparément de t_0 à t_1, puis de t_1 à t_2, de t_2 à t_3,..., et, enfin, de t_{n-1} à t_n, ce qui fera avoir les quantités successives

$$S_1 = q f(t_0, t_1),$$
$$S_2 = q f(t_1, t_2),$$
$$S_3 = q f(t_2, t_3),$$
$$\cdots \cdots \cdots$$
$$S_n = q f(t_{n-1}, t_n),$$

dont la somme devra être la même que si l'on opérait d'un seul coup de t_0 à t_n sur la même somme de chaleur q. Il faudra donc que la fonction universelle $f(t, t')$ soit de telle nature que l'on ait

$$f(t_0, t_n) = f(t_0, t_1) + f(t_1, t_2) + f(t_2, t_3) + \ldots + f(t_{n-1}, t_n),$$

quelque grandes ou petites que puissent être les différences consécutives de t_0 à t_1, de t_1 à t_2,..., t_{n-1} à t_n, et cela exigera manifestement que la fonction $f(t_0, t_n)$ soit une intégrale définie de t_0 à t_n.

Ainsi, en désignant par C une certaine fonction de la température t commune à tous les fluides élastiques de la nature, il faudra que l'on ait

$$(a) \qquad S = q \int_t^{t'} \frac{dt}{C},$$

et, quand il n'y aura qu'une distance infiniment petite entre les courbes BB_1, $B'B'_1$, comme aussi entre les courbes BB', $B_1 B'_1$, l'on devra écrire

$$(a') \qquad dS = \frac{dq\, dt}{C}.$$

D'autre part, on a vu que les équations des courbes BB_1, $B'B'_1$ étaient respectivement

$$\varphi(v, p) = t, \quad \varphi(v, p) = t',$$

et celles des courbes BB', $B_1 B'_1$,

$$\psi(v, p) = u, \quad \psi(v, p) = u_1.$$

Dès lors, en faisant

$$t' = t + dt, \quad u_1 = u + du,$$

il ne sera pas difficile de trouver l'expression du quadrilatère infiniment petit $BB'B'_1 B_1$ des *fig.* 1 et 2 sous la forme

$$(b) \qquad dS = \frac{du\, dt}{\dfrac{d\psi}{dv}\dfrac{d\varphi}{dp} - \dfrac{d\psi}{dp}\dfrac{d\varphi}{dv}},$$

et, en identifiant cette expression purement géométrique de la différentielle dS avec le second membre de la formule (a'), il faudra que l'on ait, pour tel fluide élastique

F. R. 2

que l'on voudra,

(c)
$$\frac{du\,dt}{\dfrac{d\psi}{dv}\dfrac{d\varphi}{dp} - \dfrac{d\psi}{dp}\dfrac{d\varphi}{dv}} = \frac{dq\,dt}{C}.$$

Il est d'ailleurs évident que, avec l'égalité supposée $q' = q$, entre deux courbes données BB', $B_1 B'_1$, quelles que soient les températures t, t', c'est-à-dire quelles que soient les deux courbes correspondantes BB_1, $B'B'_1$, il devra y avoir une certaine fonction $F(u)$, telle que l'on aura

(d)
$$q' = q = F(u_1) - F(u),$$

et que, par suite, en posant

$$f(u) = \frac{dF(u)}{du},$$

on aura

$$q' = q = \int_{u}^{u_1} f(u)\,du,$$

$$dq = f(u)\,du.$$

Il est évident encore que, la fonction f étant supposée donnée, la fonction ψ pourra toujours être transformée en une expression équivalente

$$F(\psi(v, p)) = F(u),$$

telle que, en désignant ensuite le premier membre de cette autre expression par $\psi(v, p)$, on aura simplement

(d')
$$dq = du,$$

et, par suite, la relation universelle

(c)
$$C = \frac{d\psi}{dv}\frac{d\varphi}{dp} - \frac{d\psi}{dp}\frac{d\varphi}{dv}.$$

Quand il s'agira spécialement d'un gaz, la fonction générale

$$\varphi(v, p) = t$$

prendra, en vertu de la loi de Mariotte, la forme spéciale

$$\varphi(v \times p) = t,$$

et, quand on admettra, en outre, la loi de Gay-Lussac, on trouvera

$$\frac{vp}{1 + \alpha t} = \frac{v_0 p_0}{1 + \alpha t_0},$$

les lettres v_0, p_0, t_0 servant à désigner les valeurs particulières des variables v, p, t dans un état donné du gaz.

On tire de là

$$t = \frac{1 + \alpha t_0}{\alpha v_0 p_0}\,vp - \frac{1}{\alpha},$$

(11)

et, en posant

$$\frac{1 + \alpha t_0}{\alpha v_0 p_0} = \frac{1}{R},$$

on aura

$$\varphi(v, p) = \frac{vp}{R} - \text{constante};$$

par suite,

$$\frac{d\varphi}{dv} = \frac{p}{R}, \quad \frac{d\varphi}{dp} = \frac{v}{R},$$

et la condition (c) deviendra

$$(c') \qquad v\,\frac{d\psi}{dv} - p\,\frac{d\psi}{dp} = RC.$$

C'est l'équation que M. Clapeyron a trouvée à la page 167 de son Mémoire sous la forme

$$v\,\frac{dQ}{dv} - p\,\frac{dQ}{dp} = F(v \times p),$$

en observant que, puisque la quantité C était une fonction de t, le produit RC pouvait être représenté par une certaine fonction F du produit vp.

M. Clapeyron en a obtenu l'intégrale sous la forme

$$(f) \qquad Q = R\,(B - C \log p).$$

Quand il s'agira spécialement d'un mélange de liquide et de vapeur saturée de ce liquide, la fonction générale

$$\varphi(v, p) = t$$

se réduira à

$$\varphi(p) = t \quad \text{ou} \quad p = \Omega(t);$$

par suite, on aura

$$\frac{d\varphi}{dv} = 0, \quad \frac{d\varphi}{dp} = \frac{1}{\left(\dfrac{dp}{dt}\right)},$$

et la condition (c) se réduira à

$$(c'') \qquad C\,\frac{dp}{dt} = \frac{d\psi}{dv}.$$

M. Clapeyron a fait voir, en outre, comment la dérivée partielle $\dfrac{d\psi}{dv}$ pouvait être exprimée en fonction de la quantité de chaleur latente de la vapeur par unité de volume (page 175), et il est parvenu, enfin, à déterminer les valeurs numériques de la quantité C pour cinq températures différentes de 0 à 150 degrés.

Il est d'ailleurs évident que, à ce point de vue, il y aurait une certaine échelle thermométrique au moyen de laquelle on trouverait pour tous les fluides élastiques,

$$C = \text{constante}.$$

2..

CHAPITRE II.

Établissement de la relation universelle $S = q'\Gamma(t') - q\Gamma(t) = \int_t^{t'} \frac{d}{dt}\big(q\,\Gamma(t)\big)\,dt$,
*d'après un mode de raisonnement analogue à celui de M. S. Carnot, sans que l'on préjuge rien de l'égalité ou de l'inégalité des quantités de chaleur q, q'.
— Des raisons à faire valoir pour et contre la relation $\Gamma(t) = $ constante.
— C'est peut-être de la fonction $\Gamma(t)$ que dépendra la transition à établir un jour des effets purement calorifiques aux effets lumineux et électriques des corps.*

Je reviens maintenant au point précis des raisonnements de MM. Carnot et Clapeyron, où il a été fait usage de l'égalité $q' = q$, et je suppose, à tort ou à raison, que l'on doive avoir

$$q' > q \quad \text{ou même} \quad q' < q$$

sur les *fig.* 1 et 2.

Je continue à désigner par S la quantité de force motrice théoriquement possible à l'aide d'un certain fluide élastique qu'on emploiera à prendre une somme de chaleur q' dans la source A' à la température t' et à verser une autre somme de chaleur q dans la source A à la température t.

Je désigne par S_1 la quantité de force motrice théoriquement possible à l'aide de quelque autre fluide élastique qui servira à prendre une somme de chaleur q'_1 dans la même source A' à la même température t' et à verser une autre somme de chaleur q_1 dans la même source A à la même température t.

Je serai libre, évidemment, de procéder à n opérations directes avec le premier fluide et à n_1 opérations inverses avec le second fluide, ce qui me procurera un bénéfice net de force motrice égal à la différence (positive ou négative),

$$(\alpha) \qquad nS - n_1 S_1.$$

Il arrivera en même temps que de la source A' je ferai sortir une quantité de chaleur égale à la différence

$$(\beta) \qquad nq' - n_1 q'_1,$$

tandis que de la source A je ferai *sortir* une quantité de chaleur égale à la différence

$$(\gamma) \qquad n_1 q_1 - nq.$$

Cela posé, comme les nombres n, n_1 seront complétement arbitraires, et que, d'autre part, les quantités q, q_1 pourront être choisies à dessein, de manière à se trouver représentées par des nombres entiers, il est clair que les opérations pourront toujours être conduites de manière que l'on aura spécialement

$$n_1 q_1 - nq = 0.$$

Si l'on désigne par N un multiple quelconque des deux nombres entiers q, q_1, on n'aura qu'à faire

$$n = \frac{N}{q}, \quad n_1 = \frac{N}{q_1},$$

pour que le but soit atteint, c'est-à-dire pour qu'on réussisse à ne rien changer finalement dans la source A et à produire deux choses seulement, à savoir : d'une part, un bénéfice de force motrice représenté par la différence $nS - n_1 S_1$, laquelle, à raison des valeurs précédentes de n, n_1, se réduira à

$$(\alpha') \qquad\qquad N\left(\frac{S}{q} - \frac{S_1}{q_1}\right),$$

et, d'autre part, une perte résultante de chaleur dans la source A' égale à la différence $nq' - n_1 q'_1$, laquelle, à raison des mêmes valeurs de n, n_1, se réduira à

$$(\gamma') \qquad\qquad N\left(\frac{q'}{q} - \frac{q'_1}{q_1}\right).$$

Donc, à ce point de vue, quand on rejettera les égalités $q' = q$, $q'_1 = q_1$, de la force motrice pourra être produite par le seul fait d'une perte de chaleur dans la source A' ; ou réciproquement, avec une dépense de force motrice, on pourra produire une augmentation de chaleur dans la source A', et pour qu'il n'y ait pas d'absurdité en cela, il faudra que le rapport de l'un à l'autre effet soit le même pour tous les gaz et pour toutes les vapeurs indistinctement, sans quoi l'on ferait de suite le mouvement perpétuel.

De plus, le rapport en question ne pourra dépendre que de la température t' de la source A', parce qu'aucun changement n'aura été produit finalement dans la source A, et que le même résultat eût pu être obtenu à l'aide d'une autre source A'' à une température t'' différente de t.

Il s'ensuit donc que l'on devra avoir

$$(\delta) \qquad\qquad \frac{\dfrac{S}{q} - \dfrac{S_1}{q_1}}{\dfrac{q'}{q} - \dfrac{q'_1}{q_1}} = \Gamma(t'),$$

la lettre Γ servant à désigner une certaine fonction de la température qui devra être la même pour tous les fluides élastiques de la nature.

Je recommence maintenant, et, au lieu de m'astreindre à des opérations telles, qu'il en provienne la relation

$$n_1 q_1 - nq = 0,$$

je choisis à dessein des nombres entiers pour les quantités q', q'_1, et je pose

$$n q' - n_1 q'_1 = 0,$$

ce qui reviendra à faire

$$n = \frac{N_1}{q'}, \quad n_1 = \frac{N_1}{q'_1},$$

de manière à annuler finalement tout échange de chaleur avec la source A' et à ne laisser subsister que deux choses, à savoir, d'une part, un bénéfice de force motrice représenté par la différence $n\,S - n_1\,S_1$, qui, d'après les valeurs actuelles des nombres entiers n, n_1, se réduira à

$$(\alpha'') \qquad\qquad N_1 \left(\frac{S}{q'} - \frac{S_1}{q'_1} \right),$$

et, d'autre part, une perte de chaleur dans la source A égale à la différence $n_1 q_1 - n q$, qui, d'après les mêmes valeurs de n, n_1, se réduira à

$$(\beta') \qquad\qquad N_1 \left(\frac{q_1}{q'_1} - \frac{q}{q'} \right).$$

Donc, à ce point de vue, le seul fait d'une perte de chaleur dans la source A entraînera une production de force motrice ; ou réciproquement, le seul fait d'une dépense de force motrice entraînera une augmentation de chaleur dans la source A, et, pour qu'il n'y eût pas d'absurdité en cela, il faudra que le rapport de l'un à l'autre effet soit le même pour tous les fluides élastiques de la nature, sans quoi l'on ferait le mouvement perpétuel.

De plus, le rapport en question ne pourra dépendre que de la température t de la source A, et la fonction de t propre à exprimer un tel rapport devra se confondre identiquement avec la fonction Γ de l'équation (δ) quand on y fera $t' = t$. Ce sera donc la même fonction, et l'on aura

$$(\iota) \qquad\qquad \frac{\dfrac{S}{q'} - \dfrac{S_1}{q'_1}}{\dfrac{q_1}{q'_1} - \dfrac{q}{q'}} = \Gamma(t).$$

Or, maintenant, des équations (δ), (ι) on tirera, par voie d'élimination,

$$S = q' \, \Gamma(t') - q \, \Gamma(t),$$
$$S_1 = q'_1 \, \Gamma(t') - q_1 \, \Gamma(t),$$

c'est-à-dire que, en principe, la formule de MM. Carnot et Clapeyron, qui était

$$S = q \int_t^{t'} \frac{dt}{C},$$

devra être remplacée par la formule un peu plus générale

$$(3) \qquad S = q'\,\Gamma(t') - q\,\Gamma(t) = \int_t^{t'} \frac{d}{dt}\left(q\,\Gamma(t)\right) dt,$$

qui se réduirait précisément à l'autre, si l'expérience nous faisait trouver $q' = q$, et de laquelle, au contraire, nous tirerions

$$S = G(q' - q),$$

si l'expérience ou le raisonnement nous faisaient trouver

$$\Gamma(t) = \text{constante } G.$$

Il y a à faire remarquer que je suis parvenu à la formule (3) sans faire aucune hypothèse sur la nature intime de la chaleur dans le volume des fluides élastiques. La formule (3) sera donc le pivot fondamental de la théorie des effets dynamiques de la chaleur; ce sera une relation supérieure qui dominera à la fois la théorie de M. Carnot et les théories plus récentes de quelques autres physiciens.

Par le mode de raisonnement que j'ai suivi, en me laissant aller au cours naturel des idées dans la voie ouverte par M. Carnot, la formule (3) est devenue du premier coup aussi complète que la formule (a), après trois raisonnements consécutifs; car, en supposant que l'on veuille imaginer maintenant une série de sources auxiliaires à des températures quelconques $t_0, t_1, t_2, t_3, \ldots, t_{n-1}, t_n$, perdant et recevant successivement les unes après les autres les quantités de chaleur $q_0, q_1, q_2, q_3, \ldots, q_{n-1}, q_n$, sans qu'il reste ni excédant ni déficit dans aucune des sources intermédiaires

$$A_1, \quad A_2, \quad A_3, \ldots, \quad A_{n-1},$$

l'on trouvera, par la formule (3), les quantités de force motrice partielles

$$q_1\Gamma(t_1) - q_0\Gamma(t_0),$$
$$q_2\Gamma(t_2) - q_1\Gamma(t_1),$$
$$q_3\Gamma(t_3) - q_2\Gamma(t_2),$$
$$\cdots\cdots\cdots\cdots\cdots$$
$$q_n\Gamma(t_n) - q_{n-1}\Gamma(t_{n-1}),$$

dont la somme se réduira précisément à la différence

$$q_n\Gamma(t_n) - q_0\Gamma(t_0),$$

que la même formule (3) fera trouver pour une seule opération de t_0 à t_n, ou inversement de t_n à t_0. Cette propriété vient de ce que le second membre de la formule (3) a pris de suite la forme d'une intégrale définie de t à t'.

On a encore identiquement

$$(3\ bis) \quad \begin{cases} S = q'\,\Gamma(t') - q\,\Gamma(t) = q'\left(\Gamma(t') - \Gamma(t)\right) + (q' - q)\,\Gamma(t) \\ \qquad = (q' - q)\,\Gamma(t') + q\left(\Gamma(t') - \Gamma(t)\right), \end{cases}$$

et par là on voit que, sans rien préjuger de l'égalité ou de l'inégalité des quantités de chaleur q, q', échangées entre une source A à la température t, et une autre source A' à la température t', la quantité de force motrice théoriquement possible pourra toujours être calculée de trois manières exactement équivalentes qui se réduiront à ce qui suit.

De l'une des manières, on calculera comme si la quantité de chaleur q', enlevée à la source A' à la température t', était transmise intégralement à la source A à la température t, et qu'ensuite, dans cette dernière source, il y eût une extinction de chaleur égale à la différence $q' - q$.

De l'autre manière, on calculera comme si la différence $q' - q$ était détruite préalablement dans la source A' à la température t', et que, ensuite, la quantité de chaleur restante q fût transportée intégralement de la température t' à la température t.

De la troisième manière, enfin, on calculera comme si la quantité de chaleur q', enlevée à la source A' à la température t', était détruite intégralement dans cette source, et qu'ultérieurement une quantité de chaleur q fût reproduite intégralement dans la source A à la température t.

Mais cette triple interprétation s'évanouirait si l'on avait

$$\Gamma(t) = \text{constante G},$$

et, par suite, la relation unique

$$S = (q' - q)\,G.$$

Avant de faire valoir des motifs pour ou contre la relation

$$\Gamma(t) = \text{constante},$$

il me reste à faire remarquer que le mode de démonstration de la formule (3), au moyen des formules (δ), (ε), deviendrait illusoire si les quantités q, q' de l'un des fluides élastiques étaient proportionnelles aux quantités correspondantes q_1, q'_1 de l'autre fluide élastique, c'est-à-dire si l'on avait l'égalité

$$(\zeta) \qquad\qquad \frac{q'}{q} = \frac{q'_1}{q_1},$$

parce que, dans ce cas-là, les dénominateurs des formules (δ), (ε) deviendraient nuls, et que, par suite, les deux formules se réduiraient à la relation unique

$$(\eta) \qquad\qquad \frac{S}{S_1} = \frac{q}{q_1} = \frac{q'}{q'_1},$$

de laquelle on ne pourrait plus tirer la formule (3).

Mais, d'abord, si la relation (ζ) ne se présentait qu'exceptionnellement dans le cours des opérations qui ont été décrites, on n'aurait qu'à procéder à ces opérations avec d'autres courbes BB', B₁B', sur les *fig.* 1 et 2, ou employer d'autres fluides élastiques, et pourvu qu'il existât un seul fluide dans la nature qui, étant employé successivement avec tous les autres, ne fît pas avoir la relation (ζ), il est clair que l'on réussirait en-

(17)

core à démontrer la formule (3) au moyen des formules (δ), (ε) pour tous les gaz et pour toutes les vapeurs indistinctement.

Ainsi, le mode de démonstration de la formule (3) ne saurait être en défaut que dans le cas unique où, pour tous les fluides élastiques de la nature et pour tous les systèmes de courbes BB', $B_1 B'_1$ de chacun de ces fluides sur nos *fig.* 1 et 2, l'on aurait universellement la relation (ζ).

Or, à la seule inspection des *fig.* 1 et 2, l'on comprendra avec une parfaite évidence que, pour deux courbes données BB', $B_1 B'_1$ d'un fluide élastique déterminé, il y aura toujours une certaine fonction de la température, telle que l'on pourra écrire

$$q = f(t), \quad q' = f(t');$$

puis, pour d'autres courbes BB', $B_1 B'_1$ du même fluide, ou d'un fluide différent, on devra poser

$$q_1 = f_1(t), \quad q'_1 = f_1(t'),$$

la fonction f_1 pouvant généralement être différente de f.

Cela étant, on trouvera

$$\frac{q'}{q} = \frac{f(t')}{f(t)}, \quad \frac{q'_1}{q_1} = \frac{f_1(t')}{f_1(t)},$$

et pour que la relation (ζ) puisse avoir lieu universellement, il faudra que les fonctions f, f_1 soient telles, qu'en désignant par K, K_1 deux constantes arbitraires, et par $\gamma(t)$ une même fonction de la température t pour tous les fluides élastiques de la nature, l'on ait

$$f(t) = K \gamma(t), \quad f_1(t) = K_1 \gamma(t).$$

Il faudra, en un mot, que l'on ait

$$(\theta) \quad \left\{ \begin{array}{c} q = K \gamma(t), \quad q' = K \gamma(t') \\ \text{pour deux courbes données BB', } B_1 B'_1, \text{ et} \\ q_1 = K_1 \gamma(t), \quad q'_1 = K_1 \gamma(t') \end{array} \right.$$

pour tout autre système de courbes de même espèce.

Dès lors la relation (η) se réduira à

$$\frac{S}{S_1} = \frac{K}{K_1}, \quad \text{ou à} \quad \frac{S}{K} = \frac{S_1}{K_1},$$

et si l'on désigne par $f(t, t')$ une certaine fonction universelle des températures t, t', on en conclura

$$S = K f(t, t'), \quad S_1 = K_1 f(t, t');$$

puis, de la même manière que dans le mode de démonstration de la formule (a) de MM. Carnot et Clapeyron, on reconnaîtra que la fonction $f(t, t')$ devra être de telle nature que, en procédant à n opérations successives, par échelons quelconques de t_0

F. R.   3

à t_n, il faudra que l'on trouve

$$f(t_0, t_n) = f(t_0, t_1) + f(t_1, t_2) + f(t_2, t_3) + \ldots + f(t_{n-1}, t_n);$$

ce qui reviendra à dire que l'on devra avoir

$$f(t_0, t_n) = \int_{t_0}^{t_n} \frac{d\Gamma_1(t)}{dt}\, dt = \Gamma_1(t_n) - \Gamma_1(t_0),$$

la fonction $\Gamma_1(t)$ étant la même pour tous les fluides indistinctement.

Ainsi l'on aura

$$(i) \qquad\qquad S = K\left[\Gamma_1(t') - \Gamma_1(t)\right] = K \int_t^{t'} \frac{d\Gamma_1(t)}{dt}\, dt,$$

et, par conséquent, l'on retombera sur la formule de MM. Carnot et Clapeyron, à cela près que la constante arbitraire K jouera le rôle de la quantité q dans la formule (a).

Or la formule (3) conduira précisément au même résultat quand on y fera à la fois

$$q = K\gamma(t), \quad q' = K\gamma(t');$$

car on trouvera, de cette manière,

$$S = K\left[\gamma(t')\,\Gamma(t') - \gamma(t)\,\Gamma(t)\right] = K \int_t^{t'} \frac{d}{dt}\left[\gamma(t)\,\Gamma(t)\right] dt;$$

par conséquent, ce sera alors la fonction composée $\gamma(t)\,\Gamma(t)$ qui remplacera la fonction simple $\Gamma_1(t)$ de la formule (i) et qui jouera le même rôle avec la constante arbitraire K que celui que la fonction $\int \frac{dt}{C}$ jouait avec la quantité q dans la formule (a).

Je conclus de cette discussion que la formule (3) est d'une généralité absolue et d'une exactitude entière, sauf à savoir, ou par expérience ou par d'autres raisonnements, si l'on doit y faire ou $q' = q$ ou $\Gamma(t) = $ constante, en observant toutefois que l'on ne saurait avoir à la fois $q' = q$ et $\Gamma(t) = $ constante, parce qu'il en résulterait $S = 0$, ce qui est incompatible avec les *fig.* 1 et 2.

La généralité de la formule (3) étant bien établie, je reporte mon attention sur l'une des *fig.* 1, 2, et j'observe que si, entre deux courbes données $B'B$, $B_1B'_1$, prolongées jusqu'à l'axe Ov, on prend pour t une valeur de plus en plus petite, la courbe BB_1 s'abaissera de plus en plus, et que, en même temps, la quantité S deviendra l'aire curviligne $uB'B'_1u_1$ prolongée jusqu'à sa rencontre avec l'axe des v.

Sur la *fig.* 1, les plus basses des courbes BB_1 ne rencontreront peut-être l'axe Ov que sous des angles finis; mais sur la *fig.* 2, dans le cas d'un mélange de liquide et de vapeur saturée de ce liquide, la plus basse des courbes BB_1 devra être l'axe des v lui-même. Il y aura là de la vapeur extrêmement raréfiée à une pression nulle et à une température très-basse t_0. La quantité de chaleur q_0 de l'une à l'autre des courbes $B'Bu$, $B'_1B_1u_1$ sur l'axe Ov ne sera pas égale à zéro, parce qu'il devra être possible

encore de faire varier le volume v du mélange par une addition ou par une soustraction de chaleur.

En faisant diminuer progressivement le volume v d'une telle sorte de vapeur et en
empêchant la pression p de renaître, par suite d'un enlèvement continuel de la quantité de chaleur exprimée, on devra pouvoir ramener la vapeur jusqu'à l'état liquide,
à la température constante t_0; mais on ne comprend plus quelle sorte de différence il
pourrait y avoir dans ce cas-là entre l'état liquide proprement dit et l'état correspondant de vapeur sous une pression nulle; les deux états se confondront vraisemblablement en un seul, ou plutôt l'état liquide n'existera plus, et quand on continuera à
enlever de la chaleur, la vapeur passera directement à l'état solide, sous une pression
nulle, à la température en question t_0.

Après la complète solidification du mélange à la température t_0, il devra être possible encore d'en enlever de la chaleur et, par suite, d'en abaisser la température au-
dessous de t_0 de la manière qu'il nous est facile de constater avec un corps solide quelconque placé sous la cloche d'une machine pneumatique.

La température t_0 d'une vapeur sous une pression nulle aura sans doute une valeur
différente pour chaque espèce de vapeur, et quand le milieu atmosphérique aura une
température inférieure à t_0, ce milieu ne pourra être imprégné de vapeur de l'espèce
de matière qu'on considérera; telle est vraisemblablement la constitution de la plupart
des corps solides qui nous environnent et qui, à l'état de poussière seulement, peuvent
être suspendus momentanément dans l'air atmosphérique; excepté quand une telle
poussière, par des combinaisons chimiques, pourra donner lieu à d'autres produits
susceptibles d'imprégner de l'air d'une manière durable.

Ainsi, en désignant par q_0 ce que deviendra la quantité q quand on aura $p = 0$,
$t = t_0$, la formule (3) deviendra

$$S_{t_0}^{t'} = q' \Gamma(t') - q_0 \Gamma(t_0);$$

puis, quand on y changera t' en t, on aura

$$S_{t_0}^{t} = q \Gamma(t) - q_0 \Gamma(t_0).$$

Les premiers membres de ces deux formules seront les aires curvilignes $u B' B'_1 u_1$,
$u B B_1 u_1$ comptées à partir de l'axe $O v$ jusqu'aux courbes $B' B'_1$, $B B_1$, *fig.* 2, et la différence de ces deux aires fera précisément la quantité S de la formule (3).

D'après ces raisonnements, une espèce de vapeur déterminée ne pourra servir à produire de la force motrice qu'à partir d'une température donnée t jusqu'à la limite
inférieure t_0, et la quantité de force possible avec une somme de chaleur q à la température initiale t sera

$$S_{t_0}^{t} = q \Gamma(t) - q_0 \Gamma(t_0).$$

Mais il suffirait qu'il y eût une autre espèce de vapeur dont la limite t'_0 fût inférieure à t_0 pour que, à la température t_0, on pût faire passer la somme de chaleur latente q_0 de la première vapeur dans la seconde, ce qui permettrait d'obtenir encore une quantité de force motrice égale à

$$S'{}_{t'_0}^{t_0} = q_0\, \Gamma(t_0) - q'_0\, \Gamma(t'_0),$$

et ainsi de suite, une ou plusieurs fois, pourvu que l'on eût à sa disposition une source froide d'une température inférieure à t_0, t'_0, t''_0, ...

Les mêmes considérations seront directement applicables à la *fig.* 1, quand on n'y concevra que deux courbes infiniment rapprochées $B'Bu$, $B'_1B_1u_1$, ce qui obligera de mettre dq', dq, dq_0, en place de q', q, q_0.

On aura alors, à partir d'une courbe donnée BB_1 jusqu'à l'axe Ov,

$$S_{t_0}^{t} = dq\,\Gamma(t) - dq_0\,\Gamma(t_0),$$

et, d'une pareille bande curviligne à une autre bande adjacente, la température limite t_0 sur l'axe des v, ira sans doute en augmentant avec v, ce qui obligera d'écrire pour une bande quelconque $u\,B\,B_1\,u_1$ de largeur finie,

$$S_{t_0}^{t} = q\,\Gamma(t) - \int_u^{u_1} dq_0\,\Gamma(t_0),$$

au lieu que sur la *fig.* 2, on aura

$$t_0 = \text{constante},$$

et, par suite

$$S_{t_0}^{t} = q\,\Gamma(t) - q_0\,\Gamma(t_0).$$

Ces considérations me semblent très-propres à bien éclaircir la signification de la formule (3) pour un fluide élastique quelconque, et j'en conclus notamment que *le produit $q\,\Gamma(t)$ est la mesure rationnellement exacte de la quantité de force motrice qu'il soit théoriquement possible de concevoir en lieu et place d'une somme de chaleur q à une température donnée t.*

Les courbes $B'B$, B'_1B_1 des *fig.* 1 et 2 étant prolongées jusqu'à l'axe des v, on aura toujours

$$(4)\qquad \begin{cases} q'\,\Gamma(t') = \text{aire curviligne } u B'B'_1 u_1 + C, \\ q\ \Gamma(t) = \text{aire curviligne } u B B_1 u_1 + C, \end{cases}$$

la lettre C étant employée ici pour désigner la quantité $\int dq_0\,\Gamma(t_0)$ de u en u_1, sur l'axe Ov, et de la soustraction de ces deux formules proviendra la quantité parfaitement déterminée S de la formule (3).

Par suite, la quantité $\Gamma(t)$ sera l'*équivalent mécanique* de l'unité de chaleur à une température t, et, à une autre température t', l'unité de chaleur aura pour équivalent mécanique la quantité $\Gamma(t')$; mais en supposant que l'on doive avoir

$$\Gamma(t) = \text{constante G},$$

cela ne changera rien à la signification fondamentale des formules (4), et il faudra alors que l'on ait en principe

$$(4\ bis) \qquad \begin{cases} G\,q' = \text{aire curviligne } u\,B'B'_1\,u_1 + C, \\ G\,q = \text{aire curviligne } u\,B\,B_1\,u_1 + C, \end{cases}$$

indépendamment de tout ce que l'expérience pourra faire trouver encore au sujet des relations des quantités q, q' avec d'autres parties des *fig.* 1 et 2, comme par exemple avec les aires ABB_1A_1, $A'B'B'_1A'_1$, etc.

Tel est et sera toujours le point essentiel de ma théorie. Un autre point essentiel, c'est que, en tout état de choses, entre deux courbes données $B'Bu$, $B'_1B_1u_1$ des *fig.* 1 et 2, le produit $q\,\Gamma(t)$ ira nécessairement en augmentant avec t, soit que l'augmentation vienne du facteur q, soit qu'elle vienne de la fonction $\Gamma(t)$.

J'arrive maintenant à ce que l'on peut dire pour ou contre la relation

$$\Gamma(t) = \text{constante.}$$

Je suppose que, entre deux sources de chaleur A, A' à des températures différentes t, t', on renonce à se servir d'un fluide élastique comme véhicule de la chaleur de A' vers A; alors la transmission de chaleur se fera librement, par rayonnement ou par contact, de la source la plus chaude à la source la moins chaude, et l'on doit supposer naturellement que ce qui sortira de l'une passera intégralement dans l'autre.

Mais si, dans ce cas-là, on écrivait

$$q' = q,$$

il arriverait que la source A' perdrait une somme de force vive égale au produit $q\,\Gamma(t')$, tandis que la source A gagnerait une somme de force vive égale au produit $q\,\Gamma(t)$; il y aurait donc une perte de travail ou de force vive égale à la différence

$$q'\,\Gamma(t') - q\,\Gamma(t) = q\left(\Gamma(t') - \Gamma(t)\right),$$

ce qui choquerait singulièrement notre bon sens, puisqu'aucune entrave n'est supposée avoir été mise à la libre transmission de la chaleur de A' vers A.

Pour éviter une telle difficulté, l'on devra écrire

$$q'\,\Gamma(t') - q\,\Gamma(t) = 0,$$

tandis que, avec l'emploi d'un fluide élastique comme véhicule de la chaleur, on aura

$$q'\,\Gamma(t') - q\,\Gamma(t) = S.$$

De cette manière, il y aura toujours parfaite conservation de force vive, et, de plus, comme ce sera la quantité de force vive reçue par un corps qui fera l'augmentation de chaleur de ce corps, il sera extrêmement vraisemblable que ce que les physiciens sont parvenus à mesurer sous le nom d'une quantité de chaleur est précisément le produit $q\,\Gamma(t)$, au lieu du facteur q de mes raisonnements. A ce point de vue donc, la discussion se trouverait close, et l'on devrait faire

$$\Gamma(t) = \text{constante G.}$$

Mais il y a à objecter que, dans ce cas-là, les formules (3 *bis*) se réduiront à

$$S = (q' - q)\, G,$$

et sembleront indiquer qu'il est parfaitement indifférent d'avoir de la chaleur à une haute ou à une basse température, alors qu'il est de toute évidence qu'une température élevée est une chose de prix qui ne saurait plus être retrouvée gratuitement quand on l'aura laissée se perdre sans les précautions voulues par les *fig.* 1 et 2; alors surtout que les *fig.* 1 et 2 nous montrent la nécessité d'opérer entre des températures t, t', aussi différentes que possible pour obtenir le plus de force motrice possible.

A une telle objection, on peut répondre, à la vérité, que nous ne connaissons actuellement d'autre manière de convertir de la chaleur en force motrice que de nous servir de quelque fluide élastique, et que c'est la nécessité seulement d'employer un tel moyen qui nous oblige d'opérer entre des limites de température aussi écartées que possible quand nous ne voulons pas perdre bénévolement de la force motrice; qu'une pareille circonstance dépendante de la nature seulement des intermédiaires que nous sommes obligé d'employer, peut véritablement être indifférente au principe de physique rationnel d'après lequel on aura

$$S = (q' - q)\, G.$$

Quoi qu'il en soit, à défaut d'une évidence absolue, je conserverai la fonction $\Gamma(t)$ dans tout ce qui va suivre, d'autant plus que peut-être la présence de cette fonction servira à faciliter la transition qu'il y aura à établir un jour des effets purement calorifiques aux effets lumineux et électriques des corps.

Tout ceci n'est, selon moi, que la continuation très-naturelle des recherches de MM. Carnot et Clapeyron, après que M. Regnault eut révoqué en doute l'égalité $q' = q$.

CHAPITRE III.

Établissement des formules générales $q = \mathrm{F}(t, u_1) - \mathrm{F}(t, u) = \displaystyle\int_u^{u_1} \frac{d}{du} \mathrm{F}(t, u)\, du$,

$dq = \dfrac{d}{du} \mathrm{F}(t, u)\, du = f(t, u)\, du$, *sans que l'on fasse aucune hypothèse sur la nature intime de la chaleur. — De la nécessité de rendre une différentielle exacte la relation fondamentale* $d\mathrm{Q} = \Gamma(t)\, f(t, u)\, du - p\, dv$, *ou bien la relation complémentaire de celle-là* $d\mathrm{A} = \dfrac{d}{dt}\left(\Gamma(t)\, \mathrm{F}(t, u) \right) dt + p\, dv.$ — *Des significations précises des quantités* A, Q, R *qui sont reliées entre elles par l'équation* $\mathrm{A} + \mathrm{Q} = \mathrm{R} = \Gamma(t)\, \mathrm{F}(t, u)$, *etc.*

L'aire S du quadrilatère $BB'B'_1 B_1$ des *fig.* 1 et 2 devant être déterminée par la formule

$$S = q'\, \Gamma(t') - q\, \Gamma(t),$$

il faudra qu'on sache représenter algébriquement les quantités q, q' sans faire aucune hypothèse sur la nature intime de la chaleur.

Or il est évident, à la seule inspection des *fig.* 1 et 2, que, pour chaque espèce de fluide élastique, il y aura une certaine fonction F des variables t, u au moyen de laquelle on pourra écrire, de B en B, le long d'une courbe $\varphi(v, p) = t$,

$$(5) \quad \begin{cases} q = F(t, u_1) - F(t, u) = \int_u^{u_1} \dfrac{d}{du} F(t, u)\, du, \\[2mm] \text{et, de B' en B'}_1 \text{ le long d'une courbe } \varphi(v, p) = t', \\[2mm] q' = F(t', u_1) - F(t', u) = \int_u^{u_1} \dfrac{d}{du} F(t', u)\, du; \end{cases}$$

car, de cette manière, la quantité de chaleur q, le long d'une courbe BB_1 entre deux courbes données BB', $B_1 B'_1$, pourra varier d'une manière quelconque de bas en haut sur les *fig.* 1, 2, et d'une manière quelconque encore d'une bande $u BB_1 u_1$ à une autre.

En faisant, pour abréger,

$$(6) \quad \frac{dF(t, u)}{du} = f(t, u),$$

on aura, entre deux courbes infiniment rapprochées BB', $B_1 B'_1$,

$$(7) \quad \begin{cases} dq = f(t, u)\, du, \\ dq' = f(t', u)\, du; \end{cases}$$

puis, quand on supposera encore

$$t' = t + dt,$$

on aura, d'une part,

$$dq = f(t, u)\, du,$$

d'autre part,

$$dq' = f(t + dt, u)\, du = f(t, u)\, du + \frac{df(t, u)}{dt}\, dt\, du,$$

c'est-à-dire que, pour deux points infiniment rapprochés B, B'_1 par lesquels on sera toujours libre de mener deux arcs BB_1, $B'B'_1$ de l'espèce $\varphi(v, p) = t$ et deux arcs BB', $B_1 B'_1$ de l'espèce $\psi(v, p) = u$, la quantité dq le long de l'arc BB_1 sera un infiniment petit du premier ordre, et que la quantité correspondante dq', le long de l'arc $B'B'_1$, ne différera de celle-là que d'un infiniment petit du second ordre.

Cela posé, quand on voudra faire aller les quantités v, p d'un fluide élastique le long d'une ligne donnée quelconque $BB'_1 E$, on pourra décomposer l'arc s de la ligne donnée en éléments infiniment petits ds représentés par BB'_1 sur la *fig.* 1 ; puis, au lieu d'aller directement de B en B'_1, on pourra aller, d'une part, de B en B_1, et de là en B'_1, ce qui nécessitera une dépense de chaleur égale à dq ; d'autre part, on pourra aller de B en B', et de là en B'$_1$, ce qui nécessitera une dépense de chaleur égale à dq'.

Donc, puisque les quantités dq, dq' ne différeront entre elles que d'un infiniment petit du second ordre, on pourra dire que la quantité de chaleur nécessaire pour aller directement de B en B', le long de la longueur donnée ds, sera représentée, à un infiniment petit du deuxième ordre près, par le terme différentiel

$$dq = f(t, u)\, du.$$

Pour qu'il ne reste aucun doute à cet égard, j'observe que, en tout état de choses, la quantité de chaleur nécessaire pour aller d'un point t, u à un autre point infiniment rapproché $t + dt$, $u + du$ doit être une quantité infiniment petite, et que, par suite, il doit être possible de représenter une telle quantité par une expression de la forme

$$dq = a(t, u)\, dt + b(t, u)\, du.$$

Mais quand on fera $du = 0$ dans une telle expression, on devra trouver $dq = 0$, et, par suite, il faudra qu'on ait $a(t, u) = 0$, ce qui ne permettra d'avoir généralement que $dq = b(t, u)\, du$ comme par les formules (7).

Dans la manière de voir de MM. Carnot et Clapeyron, la fonction $f(t, u)$ ne devait pas dépendre de la variable t, et, par suite, on avait

$$dq' = dq = f(u)\, du.$$

Il était permis, enfin, de modifier la forme algébrique de l'équation

$$\psi(v, p) = u,$$

de manière que, sans rien changer à la nature de chacune des courbes BB', B$_1$ B'$_1$ sur la *fig.* 1, on avait simplement

$$dq' = dq = du.$$

Mais avec l'objection faite par M. Regnault, cela ne sera plus permis, et l'on sera obligé de développer la formule (3) à l'aide des formules (5), (6), (7).

Ainsi, quand on voudra trouver la somme de chaleur nécessaire pour faire aller les quantités v, p d'un fluide élastique d'un point t_0, u_0 à un autre point t_1, u_1 le long d'une ligne donnée quelconque BB', E, il faudra qu'on fasse la somme de tous les termes différentiels

$$dq = f(t, u)\, du$$

le long de cette ligne, ce qui reviendra à poser

$$(8) \qquad \mathbf{C} = \int_{u}^{u_1} f(t, u)\, du,$$

à la condition que, pendant le cours de l'intégration, les variables t, u seront assujetties à une certaine relation

$$\chi(t, u) = 0,$$

qui sera l'équation de la ligne donnée en t, u, et au moyen de laquelle on trouverait l'équation de la même ligne en v, p sous la forme

$$\chi(\varphi(v, p), \psi(v, p)) = 0.$$

Quand la ligne donnée se confondra exceptionnellement avec une des courbes

$$\psi(v, p) = \text{constante } u,$$

on aura

$$du = 0,$$

et le second membre de la formule (8) sera égal à zéro.

Quand la ligne donnée se confondra exceptionnellement avec une courbe

$$\varphi(v, p) = \text{constante } t,$$

le second membre de l'équation (8) sera directement intégrable, et l'on aura

$$C = \int_{u_0}^{u_1} f(t, u)\, du = F(t, u_1) - F(t, u_0).$$

Dans tout autre cas, le second membre de l'équation (8) ne deviendra intégrable que lorsqu'on y aura remplacé t par sa valeur en u tirée de l'équation

$$\chi(t, u) = 0$$

de la ligne donnée.

Je suppose, à présent, qu'il soit question de faire aller les quantités v, p d'un fluide élastique le long d'une ligne rentrante sur elle-même $L_0 L'_0 L'_1 L_1 L_0$, *fig.* 3. On pourra mener, alors, une infinité de courbes aa', bb',... de l'espèce

$$\psi(v, p) = \text{constante } u;$$

puis, par les points de division (a, b), $(a'; b')$ où ces courbes-là rencontreront la ligne rentrante sur elle-même $L_0 L'_0 L'_1 L_1 L_0$, on pourra mener des courbes de l'espèce

$$\varphi(v, p) = \text{constante } t,$$

de manière à former une infinité de petits parallélogrammes $acbd$, $a' c' b' d'$, composés chacun de deux triangles, tels que acb, adb,... et $a' c' b'$, $a' d' b'$,.... Je suppose encore, pour mieux fixer les idées, que, de L_0 à L'_0, la ligne rentrante sur elle-même se confonde avec la courbe initiale

$$\psi(v, p) = u_0,$$

et, de L_1 en L'_1, avec la courbe finale

$$\psi(v, p) = u_1.$$

F. R.
4

Cela posé, on comprendra bien clairement comment la formule (8) fera trouver des quantités de chaleur égales à zéro le long de chacune des longueurs $L_0 L'_0, L_1 L'_1$, tandis que, de L_0 en L_1, en suivant la ligne dentelée qui proviendra de tous les triangles adb, ou bien la ligne dentelée qui proviendra de tous les triangles aeb, on aura, de l'une ou l'autre manière, à un infiniment petit près,

$$C = \int_{u_0}^{u_1} f(t, u)\, du,$$

quand on ira de L_0 en L_1, et, au contraire,

$$-C = \int_{u_1}^{u_0} f(t, u)\, du,$$

quand on ira de L_1 en L_0.

Pareillement, de L'_0 en L'_1, on aura

$$C' = \int_{u_0}^{u_1} f(t', u)\, du,$$

et, au contraire, de L'_1 en L'_0,

$$-C' = \int_{u_1}^{u_0} f(t', u)\, du.$$

Ainsi, la formule (8) aura la propriété de faire trouver chacune des quantités C, C' avec le signe $+$ ou avec le signe $-$, selon que de la chaleur devra être fournie ou ôtée au fluide élastique.

Il s'ensuit que, dans le cas où l'on aurait besoin de connaître la différence

$$C' - C = \int_{u_0}^{u_1} f(t', u)\, du - \int_{u_0}^{u_1} f(t, u)\, du,$$

il ne serait pas nécessaire de calculer séparément chacune des quantités C, C' pour en prendre ensuite la différence, et que l'on parviendrait exactement au même résultat si l'on s'avisait de faire l'intégration de la formule (8) tout à l'entour de la ligne rentrante sur elle-même $L_0 L'_0 L'_1 L_1 L_0$ jusqu'à revenir au point de départ, dans le sens indiqué par des flèches sur la *fig.* 3. Le résultat ne dépendrait pas du commun point de départ et d'arrivée de l'intégration sur la ligne $L_0 L'_0 L'_1 L_1 L_0$, et il serait exactement de signe contraire si l'on opérait en sens contraire sur la *fig.* 3.

Pour indiquer une telle opération algébrique tout à l'entour d'une ligne rentrante quelconque de longueur s, j'écrirai

$$C' - C = \int_0^s f(t, u)\, du.$$

Je veux d'ailleurs laisser indécise ici la question de savoir s'il n'y aura pas un véritable contre-sens, au point de vue physique des choses, à faire la somme algébrique de différentes quantités de chaleur dq, dq' venues de températures très-différentes t, t', alors que la fonction universelle $\Gamma(t)$ ne sera pas remplacée par une constante dans la théorie. Ce que j'ai en vue seulement en ce moment, c'est de parvenir à la représentation algébrique bien complète de toutes choses sur la *fig.* 1 sans faire aucune hypothèse sur la nature intime de la chaleur, et ce but-là, je l'atteindrai manifestement en ne me servant que des formules (6), (7), (8), sauf, ultérieurement, à y joindre telles conditions restrictives que l'expérience ou le raisonnement pourront indiquer.

Ainsi, pour deux courbes infiniment rapprochées

$$\psi(v,p) = u, \quad \psi(v,p) = u + du,$$

la formule (3) deviendra

$$dS = \Gamma(t')\,dq' - \Gamma(t)\,dq = \Gamma(t')f(t',u)\,du - \Gamma(t)f(t,u)\,du.$$

Ce sera l'aire de l'une des bandes $aa'b'b$ de la *fig.* 3, et pour la somme de toutes les bandes analogues, comprises dans la ligne fermée $L_0 L'_0 L'_1 L_1 L_0$, on aura

$$S = \int_{u_0}^{u_1} \Gamma(t')f(t',u)\,du - \int_{u_0}^{u_1} \Gamma(t)f(t,u)\,du,$$

la première intégrale du second membre devant être prise de L'_0 en L'_1, et la seconde de L_0 en L_1.

Il suit de là que, en écrivant généralement

$$S = \int \Gamma(t)f(t,u)\,du,$$

et en convenant de faire l'intégration du second membre tout à l'entour de la ligne fermée $L_0 L'_0 L'_1 L_1 L_0$ dans le sens marqué par des flèches sur la *fig.* 3, on trouvera identiquement le même résultat sous la forme plus simple

$$(9) \qquad S = \int_0^s \Gamma(t)f(t,u)\,du,$$

les variables t, u devant être assujetties tout à l'entour de l'aire S à une certaine relation

$$\chi(t,u) = 0,$$

qui sera l'équation de la ligne s en t, u, et au moyen de laquelle on trouverait l'équation de la même ligne s en v, p sous la forme

$$\chi\{\varphi(v,p), \psi(v,p)\} = 0.$$

La quantité S ressortira, d'ailleurs, du calcul avec le signe $+$ ou avec le signe $-$, selon qu'on effectuera l'intégration dans le sens des flèches marquées sur la *fig.* 3, ou

4..

en sens contraire, c'est-à-dire selon que la quantité S représentera du travail produit ou du travail consommé.

Quant à la signification physique de la formule (9), rien n'empêchera de concevoir une infinité de sources de chaleur A' à toutes les températures t' qui régneront progressivement le long de la ligne $L'_0 L'_1$, et une infinité de sources de chaleur A à toutes les températures t qui régneront progressivement le long de la ligne $L_0 L_1$. En employant, alors, successivement chacune des sources A' à fournir au fluide élastique une quantité de chaleur dq' avec une différence de température sensiblement nulle, et, pareillement, chacune des sources A à enlever au fluide élastique une quantité de chaleur dq, aussi avec une différence de température sensiblement nulle, la formule (9) représentera le maximum de force motrice théoriquement possible avec toutes les quantités de chaleur dq' enlevées aux sources A' à des températures inégales t' et avec toutes les quantités de chaleur dq cédées aux sources A à des températures inégales t, ou, réciproquement, ce sera la quantité de force motrice qu'il faudra dépenser pour enlever toutes les quantités de chaleur dq aux différentes sources A et pour céder toutes les quantités de chaleur dq' aux différentes sources A'; car l'opération directe et l'opération inverse seront également possibles, et, par suite, il ne saurait y avoir aucune perte ni dans l'un ni dans l'autre cas.

De cette manière, la formule (9) aura, par rapport à une étendue quelconque S sur la *fig.* 1, la même signification que la formule (3) par rapport à l'aire quadrilatérale $BB'B'_1 B_1$, et, en effet, dès l'instant qu'on voudra faire une application de la formule (9) à l'aire quadrilatérale $BB'B'_1 B_1$ de la *fig.* 1, on retrouvera identiquement la relation de principe

$$S = q' \Gamma(t') - q \Gamma(t).$$

Mais toute aire S délimitée par une ligne rentrante sur elle-même, telle que $L_0 L'_0 L'_1 L_1 L_0$ sur la *fig.* 3, pourra être déterminée aussi par une application de la formule

$$(9 \; bis) \qquad\qquad S = \int_0^s p \, dv,$$

en lieu et place de la formule (9); l'intégration devant être faite dans le même sens de l'une et l'autre manière tout à l'entour de la ligne $L_0 L'_0 L'_1 L_1 L_0$.

Donc, on aura à la fois les formules (9) et (9 *bis*), la dernière d'une manière géométriquement évidente, et l'autre d'après un mode de raisonnement analogue à celui de M. Carnot.

Donc, enfin, la différence

$$\Gamma(t) f(t, u) \, du - p \, dv$$

devra être la différentielle exacte d'une certaine fonction Q, et l'on aura la *relation fondamentale*

$$(10) \qquad\qquad dQ = \Gamma(t) f(t, u) \, du - p \, dv.$$

Dès lors une certaine condition devra être remplie, sans quoi la formule (10) deviendrait absurde, c'est-à-dire sans quoi les aires S des équations (9) et (9 *bis*) ne pourraient être égales.

Pour trouver la condition en question de la manière la plus simple, j'imagine que les équations fondamentales

$$\varphi(v, p) = t, \quad \psi(v, p) = u$$

aient pu être résolues en v, p et aient fait trouver les relations équivalentes

$$v = \alpha(t, u),$$
$$p = \beta(t, u),$$

au moyen desquelles on aura généralement

$$dv = \frac{dv}{dt}\, dt + \frac{dv}{du}\, du,$$

$$dp = \frac{dp}{dt}\, dt + \frac{dp}{du}\, du.$$

L'équation (10) deviendra alors

$$dQ = \left(\Gamma(t) f(t, u) - p\frac{dv}{du} \right) du - p\frac{dv}{dt}\, dt,$$

et entraînera les deux relations distinctes

$$\Gamma(t) f(t, u) - p\frac{dv}{du} = \frac{dQ}{du},$$

$$- p\frac{dv}{dt} = \frac{dQ}{dt},$$

ce qui exigera que l'on ait

$$\frac{d}{dt}\left(\Gamma(t) f(t, u) - p\frac{dv}{du} \right) = - \frac{d}{du}\left(p\frac{dv}{dt} \right),$$

et, en développant,

$$(11) \qquad \frac{d}{dt}\left(\Gamma(t) f(t, u) \right) = \frac{d}{dt}\left(p\frac{dv}{du} \right) - \frac{d}{du}\left(p\frac{dv}{dt} \right) = \frac{dp}{dt}\frac{dv}{du} - \frac{dp}{du}\frac{dv}{dt}.$$

En multipliant ensuite par p, et en y substituant

$$p\frac{dv}{du} = \Gamma(t) f(t, u) - \frac{dQ}{du},$$

$$p\frac{dv}{dt} = \qquad\qquad - \frac{dQ}{dt},$$

on aura

$$(11 \text{ } bis) \qquad p\frac{d}{dt}\left(\Gamma(t)f(t,u)\right) - \frac{dp}{dt}\Gamma(t)f(t,u) = \frac{dQ}{dt}\frac{dp}{du} - \frac{dQ}{du}\frac{dp}{dt};$$

mais, par cette transformation, l'équation (11) se confondra avec celle que l'on trouvera directement en cherchant à rendre une différentielle exacte la valeur de dv tirée de l'équation (10) sous la forme

$$dv = \frac{\Gamma(t)f(t,u)}{p}\,du - \frac{dQ}{p} = \frac{\Gamma(t)f(t,u) - \dfrac{dQ}{du}}{p}\,du - \frac{\dfrac{dQ}{dt}}{p}\,dt.$$

Ce sera donc une seule et même chose que de vouloir rendre une différentielle exacte en t, u, soit dQ, soit dv, dans l'équation (10).

On pourra aussi prendre v, p comme variables indépendantes. Il faudra alors que, dans le second membre de l'équation (10), on fasse usage des relations primitives

$$t = \varphi(v,p),$$
$$u = \psi(v,p),$$

au moyen desquelles on aura généralement

$$dt = \frac{dt}{dv}\,dv + \frac{dt}{dp}\,dp,$$

$$du = \frac{du}{dv}\,dv + \frac{du}{dp}\,dp.$$

En posant ensuite

$$\Gamma(t)f(t,u)\frac{du}{dv} = X,$$

$$\Gamma(t)f(t,u)\frac{du}{dp} = Y,$$

l'équation (10) se réduira à

$$dQ = (X - p)\,dv + Y\,dp,$$

et entraînera les deux relations distinctes

$$X - p = \frac{dQ}{dv},$$

$$Y = \frac{dQ}{dp},$$

ce qui exigera que l'on ait

$$\frac{d}{dp}(X - p) = \frac{dY}{dv},$$

ou

$$\frac{dX}{dp} - \frac{dY}{dv} = 1.$$

En faisant encore

$$\Gamma(t)f(t, u) = Z,$$

on aura

$$X = Z\frac{du}{dv},$$

$$Y = Z\frac{du}{dp},$$

et, en considérant d'abord Z comme une fonction inconnue en v, p, la condition trouvée deviendra

$$1 = \frac{d}{dp}\left(Z\frac{du}{dv}\right) - \frac{d}{dv}\left(Z\frac{du}{dp}\right) = \frac{dZ}{dp}\frac{du}{dv} - \frac{dZ}{dv}\frac{du}{dp}.$$

En considérant ensuite la même quantité Z comme une fonction donnée en t, u, on aura

$$\frac{dZ}{dp} = \frac{dZ(t, u)}{dt}\frac{dt}{dp} + \frac{dZ(t, u)}{du}\frac{du}{dp},$$

$$\frac{dZ}{dv} = \frac{dZ(t, u)}{dt}\frac{dt}{dv} + \frac{dZ(t, u)}{du}\frac{du}{dv},$$

et, par suite, la condition nécessaire se changera en

$$(12) \qquad 1 = \frac{d}{dt}\left(\Gamma(t)f(t, u)\right)\left(\frac{du}{dv}\frac{dt}{dp} - \frac{du}{dp}\frac{dt}{dv}\right).$$

Ce sera l'équation (11) mise sous une nouvelle forme, et quand on y fera

$$\frac{du}{dv} = \frac{X}{\Gamma(t)f(t, u)} = \frac{p + \dfrac{dQ}{dv}}{\Gamma(t)F(t, u)},$$

$$\frac{du}{dp} = \frac{Y}{\Gamma(t)F(t, u)} = \frac{\dfrac{dQ}{dp}}{\Gamma(t)F(t, u)},$$

on trouvera encore

$$(12\ bis) \qquad \frac{\Gamma(t)F(t, u)}{\dfrac{d}{dt}(\Gamma(t)F(t, u))} = \left(p + \frac{dQ}{dv}\right)\frac{dt}{dp} - \frac{dQ}{dp}\frac{dt}{dv}.$$

D'autre part, on conclura de l'équation (10),

$$du = \frac{p + \dfrac{dQ}{dv}}{Z}\, dv + \frac{\dfrac{dQ}{dp}}{Z}\, dp,$$

et, pour que cette expression de du devienne une différentielle exacte, il faudra que l'on ait

$$\frac{d}{dp}\left(\frac{p+\frac{dQ}{dv}}{Z}\right)=\frac{d}{dv}\left(\frac{\frac{dQ}{dp}}{Z}\right),$$

ou, en développant,

$$Z\left(1+\frac{d^2Q}{dv\,dp}\right)-\left(p+\frac{dQ}{dv}\right)\frac{dZ}{dp}=Z\frac{d^2Q}{dv\,dp}-\frac{dQ}{dp}\frac{dZ}{dv},$$

puis, en réduisant,

$$Z=\left(p+\frac{dQ}{dv}\right)\frac{dZ}{dp}-\frac{dQ}{dp}\frac{dZ}{dv}.$$

En y remplaçant, enfin, les dérivées de la quantité Z en v, p par les valeurs déjà connues de ces dérivées en fonction des dérivées correspondantes de la même quantité Z en t, u, et en tenant compte de la relation auxiliaire assez facile à trouver,

$$\left(p+\frac{dQ}{dv}\right)\frac{du}{dp}-\frac{dQ}{dp}\frac{du}{dv}=0,$$

on retombera précisément sur l'équation (12 *bis*).

Ce sera donc aussi une seule et même chose que de vouloir rendre une différentielle exacte en v, p, soit dQ, soit du, dans l'équation (10).

Et, en effet, il y a un théorème général d'après lequel toute expression de la forme

$$X\,dx+Y\,dy+Z\,dz=0,$$

qui est une différentielle exacte, reste encore une différentielle exacte quand on en tire l'une quelconque des trois différentielles dx, dy, dz en fonction des deux autres.

Le théorème persiste, d'ailleurs, quand on exprime une ou plusieurs des quantités x, y, z en fonction d'autres variables indépendantes ; par conséquent, quand on joindra à l'équation (10) les deux relations fondamentales

$$\varphi(v,p)=t,\quad \psi(v,p)=u,$$

et qu'on passera successivement à toutes les combinaisons possibles des quantités Q, v, p, t, u prises deux à deux, l'on se trouvera conduit naturellement à un grand nombre de manières différentes d'exprimer une seule et même chose, qui se réduira au fond à la nécessité de pouvoir envisager l'équation (10) comme une pure identité par rapport à deux quelconques des quantités Q, v, p, t, u qui s'y trouveront actuellement ou qui pourront y être introduites, à volonté, d'après les autres relations du sujet.

L'une ou l'autre des équations (11) et (12) eût pu être trouvée plus simplement, en apparence, si, dans la relation connue

$$dS=\Gamma(t')\,dq'-\Gamma(t)\,dq=\{\Gamma(t')f(t',u)-\Gamma(t)f(t,u)\}\,du,$$

on avait fait

$$t'=t+dt,$$

ce qui eût donné, pour l'aire quadrilatérale infiniment petite BB'B', B,,

$$dS = \frac{d}{dt}\left(\Gamma(t)f(t,u)\right)dt\,du = \frac{d^2\left(\Gamma(t)\,F(t,u)\right)}{dt\,du}\,dt\,du,$$

tandis que, d'un autre côté, on eût pu déterminer synthétiquement sur la *fig.* 1 la grandeur de la même aire dS, d'après les équations supposées données,

$$\varphi(v,p) = t, \quad \varphi(v,p) = t + dt,$$
$$\psi(v,p) = u, \quad \psi(v,p) = u + du,$$

des quatre arcs de courbe qui servent à renfermer l'aire dS, et que, enfin, on eût pu égaler les deux expressions.

Mais, de cette autre manière, on se fût trouvé engagé dans des combinaisons synthétiques assez pénibles et différentes pour chaque système de variables indépendantes, sans la moindre idée de la diversité des formes et de la signification multiple des équations (11), (11 *bis*), (12), (12 *bis*), (13), (13 *bis*), etc., qui acquerront une très-grande importance par la suite.

Ainsi, par exemple, M. Thompson a jugé convenable de prendre v, t pour variables indépendantes, ce qui obligerait à de nouvelles recherches synthétiques, tandis que, au moyen de la formule (10), on aura à faire immédiatement

$$f(t,u)\,du = f(t,u)\frac{du}{dv}\,dv + f(t,u)\frac{du}{dt}\,dt.$$

Cette expression ayant été représentée par M. Thompson dès l'abord par

$$M\,dv + N\,dt,$$

on voit que la formule (10) deviendra

$$dQ = \left(M\,\Gamma(t) - p\right)dv + N\,\Gamma(t)\,dt,$$

et entraînera les deux relations distinctes

$$M\,\Gamma(t) - p = \frac{dQ}{dv},$$

$$N\,\Gamma(t) = \frac{dQ}{dt},$$

ce qui exigera que l'on ait

$$\frac{d}{dt}\left(M\,\Gamma(t) - p\right) = \frac{d}{dv}\left(N\,\Gamma(t)\right),$$

ou

$$\frac{dp}{dt} = \frac{d}{dt}\left(M\,\Gamma(t)\right) - \frac{d}{dv}\left(N\,\Gamma(t)\right) = M\frac{d\Gamma(t)}{dt} + \Gamma(t)\left(\frac{dM}{dt} - \frac{dN}{dv}\right).$$

F. R. 5

On aura, d'ailleurs,

$$M \Gamma(t) = \Gamma(t) f(t, u) \frac{du}{dv} = Z \frac{du}{dv},$$

$$N \Gamma(t) = \Gamma(t) f(t, u) \frac{du}{dt} = Z \frac{du}{dt},$$

et, par suite, en considérant d'abord Z comme une fonction en v, t,

$$\frac{dp}{dt} = \frac{d}{dt}\left(Z \frac{du}{dv}\right) - \frac{d}{dv}\left(Z \frac{du}{dt}\right) = \frac{dZ}{dt} \frac{du}{dv} - \frac{dZ}{dv} \frac{du}{dt};$$

puis, en considérant Z comme une fonction en u, t,

$$\frac{dZ}{dt} = \frac{dZ}{du} \frac{du}{dt} + \frac{dZ}{dt} \times 1,$$

$$\frac{dZ}{dv} = \frac{dZ}{du} \frac{du}{dv} + \frac{dZ}{dt} \times 0;$$

et, en substituant dans la relation précédente,

$$(13) \qquad \frac{dp}{dt} = \frac{dZ}{dt} \frac{du}{dv} = \frac{d}{dt}\{\Gamma(t) f(t, u)\} \frac{du}{dv}.$$

Ce sera la même condition que celle des équations (11) et (12); puis, quand on en éliminera la dérivée partielle $\frac{du}{dv}$ au moyen de la relation connue

$$\Gamma(t) f(t, u) \frac{du}{dv} = M \Gamma(t) = p + \frac{dQ}{dv},$$

elle se changera en

$$(13 \; bis) \qquad \frac{\Gamma(t) f(t, u)}{\dfrac{d}{dt}\{\Gamma(t) f(t, u)\}} = \frac{p + \dfrac{dQ}{dv}}{\dfrac{dp}{dt}},$$

et ne différera pas de ce que l'on trouvera directement quand on voudra rendre une différentielle exacte la valeur de du tirée de la formule (10) sous la forme

$$du = \frac{p + \dfrac{dQ}{dv}}{Z} dv + \frac{\dfrac{dQ}{dt}}{Z} dt.$$

On pourrait de même prendre comme variables indépendantes (p, t), (v, u), (p, u), et toujours la nécessité de rendre une différentielle exacte le deuxième membre de l'équation (10) ferait trouver de la manière la plus simple la condition qui devrait avoir lieu entre les fonctions Q, $\Gamma(t)$, $f(t, u)$ et les autres quantités du problème v, p, t, u.

L'équation (10) devra subsister, en un mot, comme une pure identité entre les quantités Q, v, p, t, u par rapport à deux quelconques d'entre elles comme variables indépendantes, et, par suite d'une telle identité, il devra être possible d'en tirer sous la forme d'une différentielle exacte chacune des quantités infiniment petites $d\dot{Q}$, dv, dp, dt, du. C'est là ce que je suis parvenu à exprimer de différentes manières par les équations (11), (11 *bis*), (12), (12 *bis*), (13), (13 *bis*), et ce que je pourrais exprimer encore d'un grand nombre d'autres manières, qui seraient toutes parfaitement équivalentes entre elles, en ce que chacune d'elles n'exprimerait que l'idée mère d'une pure identité de l'équation (10) par rapport à deux quelconques des quantités Q, v, p, t, u prises comme variables indépendantes.

Si la formule (10) n'avait pas d'autre avantage que celui-là, on pourrait tout aussi bien, en place de l'équation (9 *bis*), écrire

$$S = -\int_0^s v\,dp,$$

le sens de l'intégration étant le même que dans la formule (7), c'est-à-dire le même que celui des flèches marquées sur la *fig.* 3, et, alors, on serait conduit à rendre une différentielle exacte la quantité

$$\Gamma(t) f(t, u)\,du + v\,dp.$$

Cela reviendrait à faire, dans l'équation (10),

$$p\,dv = d(vp) - p\,dv,$$

et, par suite, à poser

(10 *bis*) $$d(Q + vp) = \Gamma(t) f(t, u)\,du + v\,dp,$$

ou bien, en se servant de l'équation (6), on pourrait écrire d'abord

$$dQ = \frac{d}{du}(\Gamma(t)\,F(t, u))\,du - p\,dv;$$

puis, on observerait que, en désignant spécialement par $d(\Gamma(t)\,F(t, u))$ la différentielle complète de la fonction $\Gamma(t)\,F(t, u)$, on aura en principe

$$d(\Gamma(t)\,F(t, u)) = \frac{d}{du}(\Gamma(t)\,F(t, u))\,du + \frac{d}{dt}(\Gamma(t)\,F(t, u))\,dt,$$

et, par suite, en en retranchant l'équation (10),

(10 *ter*) $$d(\Gamma(t)\,F(t, u) - Q) = \frac{d}{dt}(\Gamma(t)\,F(t, u))\,dt + p\,dv.$$

En retranchant encore de celle-là l'expression

$$d(vp) = v\,dp + p\,dv,$$

5..

on aurait la quatrième transformée

$$(\text{10 } quater) \qquad d[\Gamma(t)\,F(t,u) - Q - \varphi p] = \frac{d}{dt}(\Gamma(t)\,F(t,u))\,dt - v\,dp,$$

et il devrait être parfaitement indifférent, au point de vue abstrait des choses, de rendre une différentielle exacte le second membre de celle des quatre équations (10), (10 *bis*), (10 *ter*), (10 *quater*) que l'on voudrait. C'est, en effet, ce que l'on parviendrait à vérifier directement sur chacune des équations en question, en faisant attention seulement que, à raison de la formule (6), on aura

$$\frac{d}{dt}(\Gamma(t)\,f(t,u)) = \frac{d^2(\Gamma(t)\,F(t,u))}{dt\,du},$$

et que, en même temps, l'aire quadrilatérale infiniment petite BB′B′₁B, des *fig.* 1 et 2 devra être identiquement égale à

$$\frac{d^2(\Gamma(t)\,F(t,u))}{dt\,du}\,dt\,du.$$

Mais l'équation (10) méritera d'être distinguée tout particulièrement de chacune des trois autres, en ce que la quantité Q qui s'y trouve au premier membre acquerra une signification physique très-nette et très-importante, ainsi que je vais le faire voir.

Le deuxième membre de la formule (10) devant toujours être une différentielle exacte, il s'ensuit que, en intégrant la formule (10) le long d'un arc de courbe quelconque s d'un point t, u à un autre point t', u' sur l'une des *fig.* 1 et 2, on trouvera toujours le même résultat, quel que soit l'arc de courbe s le long duquel on fera l'intégration.

Ainsi, la fonction Q aura une valeur parfaitement déterminée au point t, u et une autre valeur parfaitement déterminée au point t', u'.

Quelle que puisse être la courbe s qu'on mènera du premier point au second, on aura toujours identiquement

$$Q' - Q = \int_{t,\,u}^{t',\,u'} (\Gamma(t)\,f(t,u)\,du - p\,dv) = \int_{t,\,u}^{t',\,u'} \Gamma(t)\,f(t,u)\,du - \int_{t,\,u}^{t',\,u'} p\,dv.$$

Chacune des intégrales définies du second membre variera très-manisfestement avec la forme de la courbe s, mais la différence de ces intégrales ne changera pas.

Cela étant, on n'aura qu'à choisir des courbes qui puissent annuler respectivement l'une ou l'autre intégrale définie, et l'on comprendra très-clairement sur les *fig.* 1 et 2 la signification de la quantité Q.

Je fais d'abord $u = $ constante, et, par suite, $du = $ 0, ce qui reviendra à aller de B en B′ sur les *fig.* 1 et 2; alors l'équation précédente se réduira à

$$Q' = Q + \text{aire ABB}'\text{A}'.$$

Donc, de B en B′, sans addition ni retranchement de chaleur, la quantité Q augmentera exactement de la quantité de travail qu'on dépensera pour produire un tel effet physique ; cette quantité de travail restera emmagasinée dans le gaz tant que les variables v, p, t ne changeront pas, et quand on reviendra de B' en B, le gaz restituera une telle quantité de travail, ce qui fera une diminution égale dans la quantité Q'.

La quantité totale de travail qu'un gaz pourra restituer sans addition ni retranchement de chaleur à partir d'un point donné B se trouvera représentée manifestement par l'aire triangulaire ABu sur les *fig*. 1 et 2 ; mais, au point u, sur l'axe Ov, on n'aura pas Q' = 0.

Si l'on désigne par u_A la valeur particulière de u pour celle des courbes $\psi(v, p) = u$ qui passera au point A, et par Q_A la valeur correspondante de la fonction Q, on aura manifestement du point A au point u, en désignant par t_0 la température constante ou variable qui régnera le long de l'axe Ov,

$$Q' = Q_\mathrm{A} + \int_{u_\mathrm{A}}^{u} \Gamma(t_0) f(t_0, u)\, du,$$

puis, de u en B, le long de la courbe $u = $ constante, on aura

$$Q = Q' + \text{aire } A\,u\,B;$$

par suite, en y substituant la valeur de Q',

$$Q = Q_\mathrm{A} + \int_{u_\mathrm{A}}^{u} \Gamma(t_0) f(t_0, u)\, du + \text{aire } A\,u\,B.$$

Cela signifie qu'on pourra faire naître dans le fluide élastique la quantité Q qu'il possédera en B, en lui communiquant d'abord la quantité de chaleur nécessaire pour faire aller le volume v du fluide de O en A, et de là en u le long de l'axe des v, sans faire aucune dépense de travail, et à comprimer ensuite le fluide élastique de u en B le long de la courbe uB, en dépensant une quantité de travail égale à l'aire AuB sans ôter ni retrancher de la chaleur.

La même quantité Q pouvant être produite dans le fluide élastique le long de toute autre courbe, je supposerai, en second lieu, que l'on veuille faire aller les variables v, p du fluide de A en B le long de la perpendiculaire AB ; alors l'intégrale de $p\,dv$ sera nulle, et l'on aura

$$Q = Q_\mathrm{A} + \int_{u_\mathrm{A}}^{u} \Gamma(t) f(t, u)\, du.$$

Ce sera une dépense purement calorifique qui fera naître la quantité Q, et il faudra que les deux expressions trouvées soient identiques. De la formule (9), appliquée tout à l'entour de la ligne fermée ABuA, on conclura, en effet,

$$\text{aire } AB\,u = \int_{u_\mathrm{A}}^{u} \Gamma(t) f(t, u)\, du - \int_{u_\mathrm{A}}^{u} \Gamma(t_0) f(t_0, u)\, du,$$

et, au moyen de cette relation, l'identité en question sera parfaitement évidente.

Ainsi la fonction Q représentera la quantité de travail ou de force vive susceptible d'être produite par la totalité de la chaleur contenue actuellement dans un gaz ou dans un fluide élastique au point B des *fig.* 1 et 2.

Mais de la quantité totale Q, le fluide ne sera capable de restituer qu'une partie égale à l'aire du triangle ABu. Quand cette partie aura été restituée, le fluide se trouvera constitué sous une pression égale à zéro, et la chaleur qui s'y trouvera encore ne pourra être convertie en force motrice qu'autant que l'on parviendra à faire passer cette chaleur dans un autre fluide élastique susceptible d'être constitué sous une pression suffisamment élevée à la température t_0, où le précédent fluide atteignait la limite $p = 0$.

Pour exprimer simplement une propriété aussi importante que celle-là dans la théorie des effets dynamiques de la chaleur, je désignerai à l'avenir par B l'aire du triangle AuB, et je conclus de ce qui précède que l'on aura, d'une part,

$$(14) \quad \begin{cases} B = \displaystyle\int_{u_A}^{u} \Gamma(t) f(t, u)\, du - \int_{u_A}^{u} \Gamma(t_0) f(t_0, u)\, du, \\[2ex] \text{d'autre part,} \\[1ex] Q = Q_A + \displaystyle\int_{u_A}^{u} \Gamma(t) f(t, u)\, du = Q_A + \int_{u_A}^{u} \Gamma(t_0) f(t_0, u)\, du + B, \end{cases}$$

l'une des intégrales devant être prise de u_A à u le long de la perpendiculaire AB, et l'autre de u_A à u le long de l'axe Ov.

J'observe encore que, dans le second membre de l'expression de Q, la somme des deux premiers termes sera une certaine fonction $\omega(u)$ de la seule variable u, ce qui permettra d'écrire

$$(14 \; bis) \quad \begin{cases} \omega(u) = Q_A + \displaystyle\int_{u_A}^{u} \Gamma(t_0) f(t_0, u)\, du, \\[2ex] Q = \omega(u) + B. \end{cases}$$

Je veux faire voir enfin que, si telle est la signification de la quantité Q en un point B de la *fig* 1, la même signification se reproduira d'une manière bien évidente quand on passera de B en B'_1 le long d'une courbe quelconque BB'_1.

L'intégrale de la formule (10) me donnera, en effet, de B en B'_1, le long d'un arc de courbe quelconque BB'_1,

$$Q' - Q = \int_{t, u}^{t', u_1} \Gamma(t) f(t, u)\, du - \text{aire } ABB'_1 A'_1.$$

D'autre part, en remontant à la signification bien connue des quantités $q\,\Gamma(t)$, $q'\,\Gamma(t')$ des formules (3), (4) et (5), ou en appliquant directement la formule (9), j'aurai

$$\text{aire } u BB'_1 u_1 = \int_{t, u}^{t', u_1} \Gamma(t) f(t, u)\, du - \int_{u}^{u_1} \Gamma(t_0) f(t_0, u)\, du.$$

et, en éliminant l'intégrale commune des seconds membres, je trouverai

$$Q' - Q = \text{aire } u\,BB'_{\text{,}}u_{\text{,}} - \text{aire } ABB'_{\text{,}}A'_{\text{,}} + \int_{u}^{u_{\text{,}}} \Gamma(t_0)\,f(t_0, u)\,du\,;$$

puis, en y substituant la valeur de Q des formules (14) et en transposant

$$Q' = Q_A + \int_{u_A}^{u} \Gamma(t_0)\,f(t_0, u)\,du + B + \text{aire } u\,BB'_{\text{,}}u_{\text{,}} - \text{aire } A\,BB'_{\text{,}}A'_{\text{,}} + \int_{u}^{u_{\text{,}}} \Gamma(t_0)\,f(t_0, u)\,du.$$

Mais, à la simple inspection de la figure, en désignant par B′ l'aire triangulaire A′$_{\text{,}}$B′$_{\text{,}}$$u_{\text{,}}$, on aura

$$B' = B + \text{aire } u\,BB'_{\text{,}}u_{\text{,}} - \text{aire } ABB'_{\text{,}}A'_{\text{,}}\,;$$

d'autre part, les deux intégrales partielles le long de l'axe des v, l'une de A en u, l'autre de u en $u_{\text{,}}$, se réuniront en une seule, et l'on aura enfin

$$Q' = Q_A + \int_{u_A}^{u_{\text{,}}} \Gamma(t_0)\,f(t_0, u)\,du + B' = \omega(u_{\text{,}}) + B'. \qquad \text{c. q. f. d.}$$

En résumé, la fonction Q des équations (10) et (14) représentera cette somme de travail ou de force vive de laquelle différents savants se sont occupés avec tant de persistance depuis les travaux de M. Carnot, comme devant être *le parfait équivalent mécanique de la quantité totale de chaleur contenue dans un fluide élastique*.

La somme Q se composera de deux parties, dont l'une, égale à l'aire B du triangle AB u, sera susceptible d'être restituée, en effet, par la dilatation d'un fluide élastique le long de la courbe B u, *fig.* 1, et dont l'autre $\omega(u)$, égale à l'intégrale du terme calorifique $\Gamma(t_0)f(t_0, u)\,du$ le long de l'axe des v sous une pression $p = 0$, ne pourra être convertie réellement en force motrice qu'autant que l'on saura faire passer la chaleur encore existante du premier fluide dans un autre fluide, susceptible d'être constitué sous une pression suffisamment élevée à la température t_0 où le premier fluide atteindra la limite $p = 0$; cette autre partie méritera d'être nommée la quantité de *force vive latente* d'un fluide élastique sous une pression nulle.

Dans la discussion de la fonction Q, j'ai mis à dessein Q_A pour la quantité de force vive latente d'un fluide élastique en un point donné A sur l'axe Ov de la *fig.* 1, afin de ne pas distraire l'attention de mes lecteurs par des idées de liquéfaction et de solidification qui se présentent naturellement à l'esprit quand on songe au fait physique du refroidissement indéfini d'un fluide sous une pression $p = 0$ jusqu'à la température la plus basse possible dans la nature.

Mais je puis dire, à présent, que la fonction $\omega(u)$ peut et doit naturellement être conçue comme ayant pour point de départ le moindre volume possible d'un corps à l'état solide sous une pression nulle.

La fonction Q ayant été ainsi bien exactement définie d'après les formules (10) et (14), alors que la condition voulue par les équations (11),..., (13) est supposée remplie, on connaîtra en même temps la fonction $Q + vp$ de la formule (10 *bis*); ce sera l'aire B augmentée du rectangle OABG, plus la fonction $\omega(u)$; on aura, en un mot,

$$Q + vp = \omega(u) + \text{aire } OuBG,$$

et, d'après l'équation (10 *bis*),

$$d(Q + vp) = \Gamma(t)f(t, u)\,du + v\,dp.$$

Pour parvenir à interpréter tout aussi clairement les équations (10 *ter*), (10 *quater*), il faut que je découvre la signification de la fonction $\Gamma(t)F(t, u)$ sur la *fig.* 1.

Je remonte donc à la formule (9) et je m'en sers pour trouver l'aire I_0IBuI_0 comprise entre une courbe donnée quelconque I_0II', la courbe IB ou $\varphi(v, p) = $ constante t, la courbe Bu ou $\psi(v, p) = u$, et l'axe Ov.

Je désigne par u_1 la valeur particulière de la variable u au point I, et, alors, comme la variable t sera constante le long de l'arc IB, j'aurai, de I en B, la quantité partielle

$$\int_{u_1}^{u} \Gamma(t)f(t, u)\,du = \Gamma(t)\int_{u_1}^{u} f(t, u)\,du = \Gamma(t)F(t, u) - \Gamma(t)F(t, u_1).$$

De B en u, je trouverai o, à cause de

$$u = \text{constante}, \quad du = \text{o}.$$

Le long de l'axe des v rien ne m'empêchera d'aller d'abord de u jusqu'en O, sauf ensuite à revenir de O en I_0 avant de remonter le long de la courbe donnée I_0II'.

J'aurai, de cette manière, de u jusqu'en O, la quantité connue $\omega(u)$ prise avec le signe $-$, c'est-à-dire

$$-\omega(u) = -Q_A - \int_{u_A}^{u} \Gamma(t_v)f(t_v, u)\,du = -\int_{u_0}^{u} \Gamma(t_v)f(t_v, u)\,du.$$

Puis de O en I_0, et de là jusqu'en I le long de la courbe donnée I_0II', je trouverai l'expression

$$\int_{u_0}^{u_1} \Gamma(t)f(t, u)\,du,$$

dans laquelle les variables t, u devront être assujetties pendant le cours de l'intégration à une certaine relation

$$\chi(t, u) = \text{o},$$

qui sera l'équation de la ligne donnée OI_0II'.

Pour plus de simplicité, et pour bien fixer les idées, je désignerai par t_0, u_0 les variables t, u à partir du point O, et alors l'intégrale en question pourra être déterminée à volonté sous la forme

$$a(t) - a(t_0),$$

ou sous la forme

$$b(u_1) - b(u_0).$$

Si la lettre t ne devait servir qu'à désigner un nombre déterminé, il serait parfaitement indifférent d'employer l'une ou l'autre forme ; mais quand il s'agira de trouver une expression générale qui puisse être applicable à tous les points I, I',... où la courbe donnée $I_0 II'$ sera rencontrée par différentes courbes BI, B'I' de l'espèce générale $\varphi(v, p) = t$, alors il est clair que les quantités t, u_1 devront elles-mêmes être assujetties à l'équation de la courbe donnée, et que l'on devra avoir

$$\chi(t, u_1) = 0,$$

ce qui reviendra finalement à représenter la quantité cherchée par une certaine fonction de la variable t seulement.

Donc, en ajoutant toutes les quantités partielles à l'entour de la ligne fermée $IB u I_0 OI_0 I$, et en ayant égard à cette dernière considération, on trouvera

$$\text{aire } 1B u I_v 1 = \Gamma(t) F(t, u) - \Gamma(t) F(t, u_1) + 0 - \omega(u) + a(t) - a(t_0),$$

et le deuxième terme du second membre ne sera lui-même qu'une certaine fonction de t, à cause de la relation $\chi(t, u_1) = 0$ au point limite I.

J'observe, en outre, que, lorsqu'on s'avisera de calculer l'aire $OI_0 IH$ comprise entre les deux axes Ov, Op et une courbe donnée $I_0 II'$ jusqu'au point de rencontre I de cette courbe avec l'arc BI ou $\varphi(v, p) = t$, on trouvera nécessairement aussi une certaine fonction de t que je représenterai par $\alpha(t)$.

Donc, en désignant par C l'aire $OHIB u$, on aura généralement

$$C = \Gamma(t) F(t, u) - \Gamma(t) F(t, u_1) + 0 - \omega(u) + a(t) - a(t_0) + \alpha(t).$$

Or, rien ne changera dans la relation connue

$$f(t, u) = \frac{d F(t, u)}{du}$$

quand on augmentera la fonction $F(t, u)$ d'une fonction arbitraire de t, et l'égalité précédente subsistera après comme avant, parce que les deux premiers termes du second membre augmenteront d'une même quantité l'un et l'autre, et que les trois derniers ne changeront pas.

Donc, quelle que soit la courbe donnée $OI_0 II'$, la fonction $F(t, u)$ pourra toujours être modifiée par l'adjonction d'une certaine fonction de t, de manière que l'on aura simplement

$$(15) \quad \begin{cases} C = \Gamma(t) F(t, u) - \omega(u), \\ \text{ou inversement,} \\ \Gamma(t) F(t, u) = C + \omega(u), \end{cases}$$

la fonction $\omega(u)$ de cette dernière équation étant précisément la même que celle des équations (14) et (14 *bis*), c'est-à-dire la quantité que l'on trouvera en posant

$$\omega(u) = Q_A + \int_{u_A}^{u} \Gamma(t_0) f(t_0, u)\, du = \int_{u_0}^{u} \Gamma(t_0) f(t_0, u)\, du = \int_{u_0}^{u} \cdot \Gamma(t_0) \frac{d F(t_0, u)}{du}\, du.$$

Dès lors, la fonction $\Gamma(t) F(t,u) - Q$ du premier membre de l'équation (10 *ter*) représentera l'aire OABIH sur la *fig.* 1, et, si je conviens de désigner cette aire par la lettre A, les équations (10 *ter*) et (10 *quater*) deviendront respectivement

$$d A = \frac{d}{dt} \{ \Gamma(t) F(t,u) \}\, dt + p\, dv,$$

$$d(A - vp) = \frac{d}{dt} \{ \Gamma(t) F(t,u) \}\, dt - v\, dp.$$

On aura, en même temps, sur la *fig.* 1,

$$C = A + B,$$

et, par suite, en substituant cette valeur de C dans la seconde des formules (15),

$$\Gamma(t) F(t,u) = A + \overset{\bullet}{B} + \omega(u) = A + Q.$$

Quelles que puissent être du reste les valeurs des fonctions A, Q, dès l'instant qu'on s'avisera de faire la somme $dA + dQ$, on trouvera par l'addition des équations (10) et (10 *ter*), comme aussi par l'addition des équations (10 *bis*), (10 *quater*),

$$dA + dQ = d\{ \Gamma(t) F(t,u) \},$$

et, par suite, sous forme finie, en disposant convenablement de la constante qui proviendra de l'intégration,

$$A + Q = \Gamma(t) F(t,u).$$

Il est tout aussi facile de voir que si, sans connaître encore la signification de la fonction A, je m'avisais de raisonner directement sur le second membre de l'équation (10 *ter*) comme j'ai raisonné sur le premier membre de l'équation (10), je parviendrais à démontrer que toute aire S délimitée par une ligne fermée s, pourra être calculée exactement par une application de la formule nouvelle

$$(16) \qquad S = \int_0^s \frac{d}{dt} \{ \Gamma(t) F(t,u) \}\, dt\, du,$$

en lieu et place de la formule (9), à la condition que, après avoir effectué d'abord la différentiation indiquée sous le signe de l'intégration par rapport à la seule variable t, on établira ensuite entre t, u, la relation voulue $\chi(t,u) = 0$ tout à l'entour de la ligne s, avant de procéder à la sommation des termes différentiels qui en proviendront.

Mais au lieu de raisonner ainsi, il me paraît préférable de remonter à la commune origine des formules (9) et (16).

J'observe donc que la fonction composée $\Gamma(t)\,F(t,u)$ est la double intégrale par rapport aux variables t, u de la différentielle seconde

$$\frac{d^2}{dt\,du}\left(\Gamma(t)\,F(t,u)\right) dt\,du,$$

et, comme il a été démontré plus haut que, d'après les formules (3) et (7), cette différentielle doit être identiquement égale à l'aire infiniment petite $BB'B'_1B_1$ de la *fig.* 1, comprise entre deux courbes infiniment proches,

$$\varphi(v,p) = t, \quad \varphi(v,p) = t + dt,$$

et deux autres courbes infiniment proches

$$\psi(v,p) = u, \quad \psi(v,p) = u + du,$$

j'en conclus que l'intégrale en question, augmentée d'une fonction arbitraire de t et d'une autre fonction arbitraire de u, doit être l'expression générale de toute aire S susceptible d'être délimitée sur la figure par deux courbes

$$\varphi(v,p) = t, \quad \psi(v,p) = u,$$

et une autre courbe quelconque située en deçà de celles-là.

Pour le faire voir bien clairement et pour reconnaître en même temps ce qui devra servir à déterminer dans chaque cas particulier les fonctions arbitraires en t et en u de l'intégrale générale, je retourne à la *fig.* 3, et, après y avoir mené une multitude de courbes infiniment proches de chacune des espèces φ, ψ à travers l'étendue S ayant pour contour une ligne fermée quelconque s, j'essaye de faire la somme de tous les parallélogrammes infiniment petits dans lesquels se trouvera partagée l'aire entière S.

Chacun des petits parallélogrammes sera mesuré par la différentielle seconde proposée, et je pourrai d'abord faire la somme de tous les parallélogrammes qui se trouveront situés entre deux courbes consécutives

$$\psi(v,p) = u, \quad \psi(v,p) = u + du,$$

ce qui reviendra à regarder u, du comme des constantes, et à faire varier t seulement.

Or l'intégrale générale, à ce point de vue, sera

$$\frac{d}{du}\left(\Gamma(t)\,F(t,u)\right) du + \text{fonction arbitraire } u;$$

puis, quand je m'arrêterai aux deux limites t, t' sur le contour de l'aire S, j'aurai la différence

$$\frac{d}{du}\left(\Gamma(t')\,F(t',u)\right) du - \frac{d}{du}\left(\Gamma(t)\,F(t,u) du\right),$$

qui sera égale à l'aire de la bande cherchée le long d'une courbe quelconque $\psi(v,p) = u$.

6..

Cette différence se réduira d'abord à

$$\Gamma(t')f(t',u)\,du - \Gamma(t)f(t,u)\,du$$

et se confondra identiquement avec celle qui m'a conduit à la formule (9); par conséquent, quand je ferai la somme de toutes les différences analogues pour toutes les valeurs consécutives de u, du dans l'étendue de l'aire S, je retrouverai identiquement la relation connue de la formule (9),

$$S = \int_{u_0}^{u_1}\Gamma(t')f(t',u)\,du - \int_{u_0}^{u_1}\Gamma(t)f(t,u)\,du = \int_0^s \Gamma(t)f(t,u)\,du.$$

Mais je vois tout aussi clairement que je pourrais m'y prendre d'une autre manière, en faisant d'abord la somme de tous les petits parallélogrammes compris entre deux courbes infiniment proches

$$\varphi(v,p) = t, \quad \varphi(v,p) = t + dt,$$

ce qui reviendra à regarder t, dt comme des constantes et à faire varier u seulement.

L'intégrale générale, à ce point de vue, sera

$$\frac{d}{dt}\{\Gamma(t)\,\mathrm{F}(t,u)\}\,dt + \text{fonction arbitraire } t\,;$$

puis, quand je m'arrêterai aux deux limites u_0, u_1 sur le contour de l'aire S, j'aurai la différence

$$\frac{d}{dt}\{\Gamma(t)\,\mathrm{F}(t,u_1)\}\,dt - \frac{d}{dt}\{\Gamma(t)\,\mathrm{F}(t,u_0)\}\,dt$$

pour la bande cherchée le long d'une courbe quelconque $\varphi(v,p) = t$.

Quand, ensuite, je ferai la somme de toutes les bandes analogues pour toutes les valeurs consécutives de t, dt, dans l'étendue de l'aire S, j'aurai manifestement aussi la quantité cherchée S; mais je l'aurai sous la forme nouvelle

$$S = \int_{t_0}^{t_1}\frac{d}{dt}\{\Gamma(t)\,\mathrm{F}(t,u_1)\}\,dt - \int_{t_0}^{t_1}\frac{d}{dt}\{\Gamma(t)\,\mathrm{F}(t,u_0)\}\,dt,$$

qui, dans son espèce, pourra être représentée à la manière de la formule (9) par la formule (16) déjà écrite.

Il doit donc être possible de démontrer que les formules (9) et (16) sont identiques toutes les fois qu'on les appliquera à une même ligne rentrante sur elle-même s.

Et, en effet, quand on prendra la différentielle complète de la fonction $\Gamma(t)\,\mathrm{F}(t,u)$, on aura, comme à l'occasion des formules (10 *ter*), (10 *quater*),

$$d\{\Gamma(t)\,\mathrm{F}(t,u)\} = \frac{d}{dt}\{\Gamma(t)\,\mathrm{F}(t,u)\}\,dt + \Gamma(t)f(t,u)\,du\,;$$

puis rien n'empêchera d'écrire une telle relation pour tous les éléments successifs d'une

ligne quelconque menée d'un point t, u, à un autre point t', u'; rien aussi n'empêchera de faire la somme de toutes les équations successives, c'est-à-dire de faire l'intégration d'une telle équation différentielle, ce qui donnera

$$(17)\quad \Gamma(t')F(t',u') - \Gamma(t)F(t,u) = \int_{t,u}^{t',u'} \frac{d}{dt}((t)F(t,u))\,dt + \int_{t,u}^{t',u'} \Gamma(t)f(t,u)\,du.$$

Il est d'ailleurs évident que chacune des intégrales du second membre variera avec
la forme de la courbe qu'on mènera d'un point donné t, u à un autre point donné t', u';
mais, dans l'équation (17), le premier membre ne changera pas, et, par conséquent, la
somme des deux intégrales du second membre sera exactement indépendante de la
forme de la courbe à laquelle on voudra les appliquer; cette somme ne dépendra
jamais que du point de départ et du point d'arrivée; elle sera rigoureusement égale à
l'accroissement de la fonction générale $\Gamma(t)F(t,u)$, à partir du point initial t, u jusqu'au point final t', u'. Par conséquent, toutes les fois que l'extrémité d'une ligne s en
t', u' reviendra au point de départ de cette ligne en t, u, le premier membre de l'équation (17), se réduira à o et l'on aura exactement entre les deux intégrales du second
membre,

$$(17\ bis)\qquad 0 = \int_0^s \frac{d}{dt}(\Gamma(t)F(t,u))\,dt + \int_0^s \Gamma(t)f(t,u)\,du,$$

d'où l'on voit enfin que les quantités S des formules (9) et (16) seront toujours égales,
mais de signes contraires, et que, pour éviter une telle opposition de signe, le sens de
l'intégration devra changer de l'une à l'autre.

La véritable identité entre les formules (9) et (16) ne pourra, en un mot, être exprimée que par la relation

$$(17\ ter)\qquad \int_0^s \frac{d}{dt}(\Gamma(t)F(t,u))\,dt = \int_s^0 (\Gamma(t)F(t,u))\,du;$$

et, en effet, si l'on essayait d'appliquer directement chacune des formules (9) et (16)
à l'aire quadrilatère $BB'B'_1B_1$ de la *fig* 1, on s'en assurerait très-facilement.

Je vais le faire voir d'une manière tout à fait générale, en me servant de la formule (16) pour déterminer l'aire S comprise entre deux courbes BI, Bu et une autre
courbe quelconque menée de I en C sur la *fig*. 1. Je continuerai à désigner par u_1 la
valeur particulière de la variable u au point I, et je désignerai par t_C la valeur particulière de t au point C.

Cela convenu, en appliquant d'abord la formule (16) le long de l'arc CB, il me faudra regarder u comme constant, et, par suite, je trouverai la quantité

$$\int_{t_C}^t \frac{d}{dt}(\Gamma(t)F(t,u))\,dt = \Gamma(t)F(t,u) - \Gamma(t_C)F(t_C,u).$$

Le long de l'arc BI j'aurai $t = $ constante, $dt = $ o, et, par suite, je trouverai o.

De I en C, le long de la courbe donnée, j'aurai à déterminer l'intégrale définie d'une fonction en t, u dans laquelle les variables t, u devront être assujetties à l'équation $\chi(t, u) = 0$ de la courbe donnée ; cette intégrale définie pourra donc être obtenue à volonté sous la forme

$$a(t_c) - a(t),$$

ou sous la forme

$$b(u) - b(u_1),$$

et si je n'avais en vue que la valeur numérique de l'aire S pour des valeurs déterminées de t, u, je serais parfaitement libre d'employer l'une ou l'autre de ces deux expressions ; mais quand il s'agira de trouver la formule générale de l'aire S pour toutes les valeurs imaginables des variables t, u, et pour une courbe indéfinie menée à travers les points C, I de la figure, je ne pourrai me dispenser d'avoir égard à la considération incidente que voici :

Dans la différence $a(t_c) - a(t)$ la quantité, t_c variera avec u d'après la forme de la courbe donnée, c'est-à-dire d'après la relation

$$\chi(t_c, u) = 0,$$

et, par conséquent, la quantité $a(t_c)$ deviendra une fonction déterminée de u.

Pareillement, dans la différence $b(u) - b(u_1)$, la quantité u_1 variera avec t d'après la relation

$$\chi(t, u_1) = 0,$$

et, par conséquent, la quantité $b(u_1)$ deviendra une fonction déterminée de t.

Ainsi, l'on aura

$$a(t_c) = \text{fonction } u = b'(u),$$
$$b(u_1) = \text{fonction } t = a'(t),$$

et, par suite,

$$a(t_c) - a(t) = b'(u) - a(t),$$
$$b(u) - b(u_1) = b(u) - a'(t).$$

Mais la quantité cherchée ne pourra avoir qu'une seule valeur, et, par suite de ce que t, u sont des variables arbitraires, il faudra que l'on ait identiquement

$$a'(t) = a(t), \quad b'(u) = b(u).$$

Par suite, enfin, l'on trouvera l'aire S par l'expression parfaitement déterminée

$$S = \Gamma(t) F(t, u) - \Gamma(t_c) F(t_c, u) + b(u) - a(t),$$

dans laquelle le terme $\Gamma(t_c) F(t_c, u)$ représentera une fonction de la variable u seulement.

Si l'on remonte au point de départ de ces raisonnements, et que, pour deux valeurs

(47)

déterminées de t, u, on conçoive une autre courbe $\chi_1(t, u) = 0$, par les deux mêmes points I, C, il est bien clair que les deux premiers termes de la formule ne changeront pas et que, au lieu de la différence $b(u) - a(t)$, on trouvera une expression analogue $b_1(u) - a_1(t)$.

On aura donc

$$S_1 - S = [b_1(u) - a_1(t)] - [b(u) - a(t)],$$

et l'on arriverait au même résultat en appliquant directement la formule (9) tout à l'entour de l'aire $S_1 - S$ le long des deux arcs

$$\chi(t, u) = 0, \quad \chi_1(t, u) = 0,$$

qui serviront à délimiter l'aire $S_1 - S$; mais la différence $S_1 - S$ ne sera qu'une constante, puisque les quantités t, u sont supposées avoir les valeurs déterminées t_C, u_1 des points I, C.

La deuxième courbe $\chi_1(t, u) = 0$ pouvant être prolongée indéfiniment sur la figure, on aura l'expression générale correspondante

$$S_1 = \Gamma(t) F(t, u) - \Gamma(t_C) F(t_C, u) + b_1(u) - a_1(t),$$

et, au point de vue purement algébrique de la question, pour deux courbes indéfinies supposées données, la différence $S_1 - S$ se réduira toujours à une expression de la forme

$$\sigma = S_1 - S = \alpha(t) + \beta(u);$$

puis, quand on passera de t à t' sans faire varier u, on aura

$$\sigma' - \sigma = \alpha(t') - \alpha(t),$$

et pareillement, quand on passera de u à u' sans faire varier t, on aura

$$\sigma' - \sigma = \beta(u') - \beta(u),$$

ce qui fera comprendre très-clairement la signification générale des fonctions $\alpha(t)$, $\beta(u)$ sur la figure.

Je reviens maintenant à la formule (16), et je suppose que la courbe donnée au lieu d'aller d'une manière quelconque de I en C, descende d'abord en I_0, et suive ensuite l'axe des v jusqu'au point u.

Alors, de u en B le long de la courbe $\psi(v, p) = $ constante u, je trouverai la quantité

$$\Gamma(t) F(t, u) - \Gamma(t_0) F(t_0, u).$$

De B en I le long de la courbe $\varphi(v, p) = $ constante, je trouverai o.

De I en I_0, je trouverai une expression déterminée qui devra finalement être envisagée comme une fonction $a(t)$ de la variable t.

Au lieu d'aller directement de I_0 en u, je pourrai aller d'abord de I_0 en O, et ensuite de O en u.

En allant de I_0 en O, je ne trouverai qu'une certaine constante; puis, de O en u, j'aurai à m'occuper de la quantité

$$\int_{t_0,\,u_0}^{t_0,\,u} \frac{d}{dt}\left(\Gamma(t)\,F(t,\,u)\right)dt,$$

dans laquelle, après avoir effectué la différentiation indiquée, je devrai établir entre t, u la relation voulue le long de l'axe des v; cela étant sous-entendu, j'aurai l'expression générale

$$S = \Gamma(t)\,F(t,\,u) - \Gamma(t_0)\,F(t_0,\,u) + a(t) + \text{constante} + \int_{t_0,\,u_0}^{t_0,\,u} \frac{d}{dt}\left(\Gamma(t)\,F(t,\,u)\right)dt;$$

puis, de la formule (17), appliquée spécialement de O en u, je conclurai

$$\Gamma(t_0)\,F(t_0,\,u) - \Gamma(t_0)\,F(t_0,\,u_0) = \int_{t_0,\,u_0}^{t_0,\,u} \frac{d}{dt}\,\Gamma(t)\,F(t,\,u)\,dt + \int_{u_0}^{u} \Gamma(t_0)\,f(t_0,\,u)\,du,$$

et, par conséquent, l'expression trouvée de S sera de la forme

$$S = \Gamma(t)\,F(t,\,u) + a(t) + \text{constante} - \int_{u_0}^{u} \Gamma(t_0)\,f(t_0,\,u)\,du,$$

comme celle que j'ai eue précédemment par une application de la formule (9); par conséquent aussi, j'en déduirai toutes les mêmes conséquences et je retrouverai les formules (15).

J'observe maintenant que, d'après les formules (14) et (15), il me sera toujours permis d'écrire

$$(18)\quad \begin{cases} dQ = dB + \dfrac{d\omega(u)}{du}\,du, \\[2mm] d\left(\Gamma(t)\,F(t,\,u)\right) = dC + \dfrac{d\omega(u)}{du}\,du, \\[2mm] \dfrac{d}{dt}\left(\Gamma(t)\,F(t,\,u)\right) = \dfrac{dC}{dt}, \\[2mm] \dfrac{d}{du}\left(\Gamma(t)\,F(t,\,u)\right) = \Gamma(t)\,f(t,\,u) = \dfrac{dC}{du} + \dfrac{d\omega(u)}{du}, \end{cases}$$

et que, par suite, les équations (10), (10 *ter*) se réduiront aux relations purement géométriques

$$(19)\quad \begin{cases} dB = \dfrac{dC}{du}\,du - p\,dv, \\[2mm] dA = \dfrac{dC}{dt}\,dt + p\,dv, \end{cases}$$

dont la simple addition me fera trouver

$$dA + dB = dC,$$

et, sous forme finie,

$$A + B = C.$$

De même, s'il me plaisait d'abaisser une perpendiculaire du point B sur l'axe Op, et de désigner par A_1, B_1 les deux aires correspondantes, les équations (10 *bis*), (10 *quater*) se réduiraient à

(19 *bis*)
$$\begin{cases} dB_1 = \dfrac{dC}{du}\, du + v\, dp, \\[2mm] dA_1 = \dfrac{dC}{dt}\, dt - v\, dp, \end{cases}$$

et me feraient trouver par leur simple addition

$$A_1 + B_1 = C;$$

puis, par leur soustraction des formules (19),

$$B_1 - B = A - A_1 = vp;$$

ce qui est évident de soi-même sur la *fig.* 1 et rendra les formules (19 *bis*) inutiles, puisqu'on sera toujours libre de parvenir aux mêmes résultats en faisant

$$v\, dp = d(vp) - p\, dv,$$
$$B + vp = B_1,$$
$$A - vp = A_1.$$

Je ne m'arrêterai pas à faire voir avec quelle grande facilité on parviendrait à représenter exactement dans leurs grandeurs finies les aires uBB_1u_1, $uB'B'_1u_1$, $ABB'A'$, $A_1B_1B'_1A'_1$, ABB_1A_1, $A'B'B'_1A'_1$, et, enfin, l'aire quadrilatérale $BB'B'_1B_1$, si l'on connaissait les fonctions A, B_1 C en t, u.

Je me bornerai à faire remarquer que lorsque les différences $t' - t$, $u_1 - u$ seront infiniment petites, on trouvera les mêmes relations sous les formes plus simples que voici

$$\frac{dC}{du}\, du = \text{aire } uBB_1u_1,$$

$$\frac{dC}{dt}\, dt = \text{aire } \text{R}IBB'I'H',$$

$$\frac{dB}{dt}\, dt = - p\, \frac{dv}{dt}\, dt = \text{aire } ABB'A',$$

$$\frac{dA}{du}\, du = + p\, \frac{dv}{du}\, du = \text{aire } ABB_1A_1.$$

F. R.

7

On trouvera encore :

$$\frac{d\mathrm{B}}{du}\,du = \text{aire } u\mathrm{BB}_1u_1 - \text{aire } \mathrm{ABB}_1\mathrm{A}, = \frac{d\mathrm{C}}{du}\,du - \frac{d\mathrm{A}}{du}\,du,$$

$$\frac{d\mathrm{A}}{dt}\,dt = \text{aire } \mathrm{HIBB'T'H'} - \text{aire } \mathrm{ABB'A'} = \frac{d\mathrm{C}}{dt}\,dt - \frac{d\mathrm{B}}{dt}\,dt,$$

et il ne sera pas nécessaire de chercher tout cela sur la *fig.* 1, car la première des
équations (19) équivaudra aux deux équations partielles

$$\frac{d\mathrm{B}}{dt} = -p\,\frac{dv}{dt},$$

$$\frac{d\mathrm{B}}{du} = \frac{d\mathrm{C}}{du} - p\,\frac{dv}{du},$$

et la seconde équivaudra aux deux équations partielles

$$\frac{d\mathrm{A}}{dt} = \frac{d\mathrm{C}}{dt} + p\,\frac{dv}{dt},$$

$$\frac{d\mathrm{A}}{du} = +p\,\frac{dv}{du};$$

mais, à raison de la relation

$$\mathrm{C} = \mathrm{A} + \mathrm{B},$$

cela ne fera que les deux conditions distinctes

$$(20)\qquad \begin{cases} \dfrac{d\mathrm{B}}{dt} = -p\,\dfrac{dv}{dt}, \\[2mm] \dfrac{d\mathrm{A}}{du} = +p\,\dfrac{dv}{du}, \end{cases}$$

et les deux équations (19) se réduiront elles-mêmes à la formule unique

$$(21)\qquad p\,dv = \frac{d\mathrm{A}}{du}\,du - \frac{d\mathrm{B}}{dt}\,dt,$$

qui est directement évidente sur la *fig.* 1, et dont le second membre, après avoir été
divisé par p, devra être une différentielle exacte.

Les équations (19 *bis*) se réduiront de même à la relation unique

$$(21\ bis)\qquad v\,dp = -\frac{d\mathrm{A}_1}{du}\,du + \frac{d\mathrm{B}_1}{dt}\,dt.$$

Les équations (19), où la valeur de dv tirée de la formule (21), comme aussi la valeur de dp tirée de la formule (21 *bis*), seront naturellement des différentielles exactes,
sans condition aucune, quand on aura réussi à calculer les deux quantités A, B d'après
les formes algébriques supposées données des fonctions $\varphi(v, p) = t$, $\psi(v, p) = u$;
mais quand l'une de ces fonctions ne sera pas connue, ou que le calcul des aires A, B

n'aura pu être effectué complétement, on sera obligé de faire marcher de pair avec les formules (19), ou avec la formule (21), la condition algébriquement nécessaire pour que celle des formules que l'on voudra ou devra employer soit, en effet, une différentielle exacte.

J'ai fait voir depuis longtemps comment cette condition pourra être exprimée par l'une des équations (11), (11 *bis*), (12), (12 *bis*), (13), (13 *bis*), dans lesquelles il sera toujours permis de remplacer les quantités $\Gamma(t)f(t, u)$ et Q par C et B, et qui, elles-mêmes, prendraient encore de nouvelles formes si je voulais y introduire la quantité A, ou bien les quantités vp, A_1, B_1, C_1, sans parler des cas non examinés où il me plairait de prendre comme variables indépendantes, soit p, t, soit v, u, soit p, u.

Je ne veux pas m'arrêter à de pareils développements ici.

J'ai voulu faire voir seulement quelle était la plus simple expression possible en même temps que la fécondité des relations purement géométriques du sujet que j'ai à traiter. Je dis des relations purement géométriques du sujet que j'ai à traiter, car les équations (19), (19 *bis*), (20) et (21) s'appliqueront à tels systèmes de courbes entre-croisées que l'on voudra dans un plan, et si j'exprimais que l'angle d'entre-croise-ment doit être égal à un angle droit, je me trouverais amené aux difficultés du problème des courbes orthogonales.

Toute cette théorie ne prendra une signification calorifique que lorsqu'aux équa-tions (19), (20) et (21) on joindra les équations (14), (15), (18), et alors, plutôt que d'employer un si long cortége d'équations, il sera préférable de ne faire usage que des deux relations (10) et (10 *ter*), qui se confondront, en réalité, avec les équa-tions (19).

Je poserai donc

$$(22) \quad \left\{ \begin{array}{l} \Gamma(t)\,\mathrm{F}(t, u) = \mathrm{R}, \\[2mm] \Gamma(t)\,dq = \Gamma(t)f(t, u)\,du = \dfrac{d\mathrm{R}}{du}\,du, \end{array} \right.$$

$$(23) \quad \left\{ \begin{array}{l} d\mathrm{Q} = \Gamma(t)f(t, u)\,du - p\,dv = \dfrac{d\mathrm{R}}{du}\,du - p\,dv, \\[3mm] d\mathrm{A} = \dfrac{d}{dt}\big[\Gamma(t)\,\mathrm{F}(t, u)\big]\,dt + p\,dv = \dfrac{d\mathrm{R}}{dt}\,dt + p\,dv, \end{array} \right.$$

et, en ajoutant les deux formules (23), je trouverai sous forme finie

$$\mathrm{A} + \mathrm{Q} = \mathrm{R},$$

la quantité Q devant avoir la signification voulue par les formules (14) et (14 *bis*), c'est-à-dire

$$\mathrm{Q} = \mathrm{B} + \int_{u_0}^{u} \Gamma(t_0)f(t_0, u)\,du,$$

7..

ce qui entraînera

$$R = A + Q = C + \int_{u_0}^{u} \Gamma(t_0) f(t_0, u)\, du,$$

conformément aux équations (15).

Les formules (22) *et* (23) *seront, en un mot, les équations nécessaires et suffisantes de la théorie des effets dynamiques de la chaleur*, et les dissertations auxquelles je me suis livré jusqu'ici n'auront servi qu'à en faire comprendre l'entière portée ainsi que la vraie signification.

Le but essentiel que j'avais en vue, indépendamment du désir de répandre un grand nombre d'éclaircissements purement géométriques sur la *fig.* 1, c'était de faire voir que l'on sera toujours parfaitement libre d'intégrer chacune des équations (23) le long d'une courbe menée arbitrairement sur la *fig.* 1 d'un point donné t_0, u_0 à un autre point donné t_1, u_1, et que, de cette manière, on aura généralement

$$(24) \quad \begin{cases} Q_1 - Q_0 = \displaystyle\int_0^1 \frac{dR}{du}\, du - \int_0^1 p\, dv, \\[2ex] A_1 - A_0 = \displaystyle\int_0^1 \frac{dR}{dt}\, dt + \int_0^1 p\, dv, \end{cases}$$

la différence $Q_1 - Q_0$ et chacun des deux termes de cette différence ayant des significations physiques très importantes, tandis que la différence $A_1 - A_0$ et les deux termes de cette différence ne seront que des quantités auxiliaires, venues d'une règle abstraite de calcul, en vertu de laquelle on aura toujours

$$(24\ bis) \quad R_1 - R_0 = \int_0^1 \frac{dR}{dt}\, dt + \int_0^1 \frac{dR}{du}\, du,$$

ce qui fera trouver

$$(Q_1 - Q_0) + (A_1 - A_0) = R_1 - R_0,$$

et, en intervertissant,

$$A_1 + Q_1 - R_1 = A_0 + Q_0 - R_0,$$

conformément à la relation déjà connue

$$A + Q = R;$$

ou, réciproquement, ce qui à l'aide de cette dernière relation, fera rentrer les équations (23) l'une dans l'autre.

De ce point de vue général de la question, j'ai voulu notamment faire dépendre le cas particulier où, en allant le long d'un arc de courbe quelconque s, de t_0, u_0 en t_1, u_1, l'arc s se refermera par la jonction de ses deux extrémités, ce qui réduira les formules (24) à

(24 *ter*)

$$\begin{cases} 0 = \displaystyle\int_0^s \frac{d\mathrm{R}}{du}\, du - \int_0^s p\, dv, \\[2ex] 0 = \displaystyle\int_0^s \frac{d\mathrm{R}}{dt}\, dt + \int_0^s p\, dv; \end{cases}$$

et la formule (24 *bis*) à

(24 *quater*)
$$0 = \int_0^s \frac{d\mathrm{R}}{dt}\, dt + \int_0^s \frac{d\mathrm{R}}{du}\, du.$$

J'ai d'ailleurs été amené à concevoir directement la première des formules (24 *ter*) d'après la seule connaissance de la formule (3) qui provenait du mode de raisonnement un peu étendu ou perfectionné de M. Carnot, et de cette unique donnée j'ai pu m'élever au cas le plus général des formules (23) et (24) par une marche de raisonnement absolument rigoureuse.

Il m'a fallu chercher la condition algébriquement nécessaire pour que les formules (24 *ter*) et (24) pussent réellement avoir lieu, et cette condition exigeait que le second membre de l'une ou de l'autre des équations (23) fût une différentielle exacte, ce qui m'a fait trouver les équations (11) et (11 *bis*), (12) et (12 *bis*), (13) et (13 *bis*), selon que je prenais comme variables indépendantes ou u, t, ou v, p, ou v, t.

J'ai fait voir encore que la condition en question était susceptible d'être transformée de bien des manières entre les dérivées partielles des quantités v, p, vp, A, Q, R en t, u, et que, finalement, les équations (23) devaient avoir lieu comme de pures identités par rapport à deux quelconques des quantités t, u, v, p, vp, A, Q, R prises comme variables indépendantes, ce qui faisait entrevoir un nouveau champ de transformations fort étendu; ce qui me permettrait, enfin, à l'aide de la relation fondamentale

(25)
$$\mathrm{R} = \mathrm{A} + \mathrm{Q},$$

de laisser entièrement de côté les deux équations (23) et d'y substituer la relation unique

(26)
$$p\, dv = \frac{d\mathrm{A}}{du}\, du - \frac{d\mathrm{Q}}{dt}\, dt,$$

qui ne sera plus une différentielle exacte, mais de laquelle il devra être possible de tirer sous la forme d'une différentielle exacte soit dv; soit du, soit dt, et même dp quand on voudra faire usage encore de la relation auxiliaire

$$v\, dp = d(vp) - p\, dv = d(vp) - \frac{d\mathrm{A}}{du}\, du + \frac{d\mathrm{Q}}{dt}\, dt.$$

La formule (26) est directement évidente à la seule inspection de la *fig.* 1, et, au point de vue purement algébrique des choses, il pourrait être assez avantageux d'en faire usage en lieu et place des équations (23); mais, du moment où il s'agira d'avoir égard aux significations physiques des quantités A, Q, R, l'équation (26) perdra toute son importance, et il sera préférable d'y substituer la première des équations (23) qui est

$$(27) \quad \begin{cases} d\mathrm{Q} = \Gamma(t)f(t, u)\,du - p\,dv, \\ \text{sauf quelquefois à y joindre la relation complémentaire} \\ d\mathrm{A} = \dfrac{d}{dt}\left[\Gamma(t)f(t, u)\right]dt + p\,dv, \end{cases}$$

dont la simple addition, avec la précédente, fera avoir

$$\mathrm{A} + \mathrm{Q} = \mathrm{R}.$$

Je réussirai, par la suite, à trouver sous formes finies et bien explicites les solutions générales des formules (23) et (26), ainsi que des équations (11), (11 *bis*), (12), (12 *bis*), (13), (13 *bis*), etc., en me donnant arbitrairement, soit A en v, t et R en t, u, soit Q en v, u et R en t, u, soit enfin A en v, t et Q en v, u.

J'aurais pu expliquer ces méthodes générales d'intégration ici ; mais après y avoir réfléchi, il m'a semblé préférable de ne les exposer que progressivement dans l'ordre naturel des idées par lesquelles j'y ai été conduit en voulant résoudre des problèmes de plus en plus élevés de la théorie des gaz permanents et de celle des vapeurs.

CHAPITRE IV.

Discussion des propriétés calorifiques d'un fluide élastique par rapport à des accroissements infiniment petits des quantités v, p, t, u sans que l'on préjuge rien de la nature intime de la chaleur. — De la manière dont ces propriétés générales dépendront des différentielles exactes $d\mathrm{Q} = \Gamma(t)\,f(t, u)\,du - p\,dv$,

$$d\mathrm{A} = \frac{d}{dt}\left(\Gamma(t)\,\mathrm{F}(t, u)\right)dt + p\,dv.$$

La théorie des effets dynamiques de la chaleur ayant été ramenée par les formules (23) ou (27) à l'équation principale

$$(\mathrm{A}) \quad \begin{cases} d\mathrm{Q} = \Gamma(t)f(t, u)\,du - p\,dv = \dfrac{d\mathrm{R}}{du}\,du - p\,dv, \\ \text{à laquelle n'est venue s'adjoindre l'équation complémentaire} \\ d\mathrm{A} = \dfrac{d}{dt}\left(\Gamma(t)\,\mathrm{F}(t, u)\right)dt + p\,dv = \dfrac{d\mathrm{R}}{dt}\,dt + p\,dv, \end{cases}$$

que par une règle abstraite de calcul en vertu de laquelle on aura toujours, sous forme finie,

$$\mathrm{A} + \mathrm{Q} = \mathrm{R},$$

il me reste encore à développer la partie la plus importante du sujet, celle des quantités de chaleur nécessaires pour faire aller les variables v, p d'un fluide élastique d'un point donné B à un autre point quelconque B'_1 sur la *fig.* 1.

Pour cela, je retourne à la seconde des formules (22), ou plutôt à la première des formules (7), qui est

$$(\mathrm{B}) \qquad\qquad dq = f(t, u)\, du,$$

et qui représente, en principe, la quantité de chaleur nécessaire de B en B_1 pour un accroissement infiniment petit de la variable u le long de la courbe $\varphi(v, p) =$ constante t. Cette quantité est de la *chaleur latente*, c'est-à-dire de la chaleur qui ne peut impressionner le thermomètre, parce que la température t est constante le long de la courbe BB_1, et la dénomination usitée de chaleur latente acquiert ainsi pour tous les gaz permanents la même signification que celle qu'elle a reçue depuis longtemps pour les vapeurs. La seule différence qu'il y aura, c'est que pendant la formation d'une vapeur, la courbe $\varphi(v, p) =$ constante t deviendra une ligne droite parallèle à l'axe Ov, comme sur la *fig.* 2.

D'un point quelconque t, u à un autre point t, u_1 le long d'une courbe $\varphi(v, p) =$ constante t, la quantité de chaleur latente sera

$$(\mathrm{C}) \qquad\qquad q = \int_u^{u_1} f(t, u)\, du = \mathrm{F}(t, u_1) - \mathrm{F}(t, u).$$

Quand il s'agira d'aller du point B à un autre point infiniment rapproché B'_1 à côté de la courbe BB_1, on pourra aller, d'abord de B en B_1, puis de B_1 en B'_1 le long d'une courbe $\psi(v, p) =$ constante u_1.

De B en B_1, on dépensera une quantité de chaleur

$$dq = f(t, u)\, du,$$

et le thermomètre restera stationnaire. De B_1 en B'_1, la température augmentera par suite d'une dépense de travail égale à l'aire $A_1 B_1 B'_1 A'_1$, mais on ne fera aucune dépense de chaleur.

D'un autre côté, on pourra aller, d'abord de B en B', puis de B' en B'_1.

De B en B', par suite d'une dépense de travail égale à l'aire $ABB'A'$, la température éprouvera le même accroissement dt que de B_1 en B'_1, mais on ne fera aucune dépense de chaleur. De B' en B'_1, la variable u éprouvera le même accroissement du que de B en B_1, et l'on dépensera une quantité de chaleur

$$dq' = f(t + dt, u)\, du = f(t, u)\, du + \frac{d}{dt} f(t, u)\, dt\, du.$$

Ainsi, les quantités dq, dq' différeront infiniment peu l'une de l'autre quand les points B, B'_1 seront infiniment rapprochés, et de cette circonstance je conclus que, pour aller de B en B'_1 le long d'une courbe quelconque, il suffira que le chemin BB'_1 soit d'une longueur infiniment petite ds, pour que, à un infiniment petit du second ordre près, la quantité de chaleur à dépenser soit égale au terme différentiel du premier ordre $dq = f(t, u)\, du$.

Donc, le long d'une courbe indéfinie BB', E, à partir d'un point donné t_0, u_0 jusqu'à un autre point t_1, u_1 d'une telle courbe, j'aurai à faire la somme de tous les termes consécutifs $dq = f(t, u)\, du$, ce qui me ramènera à la formule (8) déjà connue,

$$(D) \qquad C = \int_{u_0}^{u_1} f(t, u)\, du,$$

les variables t, u de cette formule devant être assujetties, pendant le cours de l'intégration, à la relation

$$\chi(t, u) = 0,$$

qui sera l'équation de la courbe BB', E en t, u, et au moyen de laquelle on trouvera l'équation de la même courbe en v, p sous la forme

$$\chi\left[\varphi(v, p), \psi(v, p)\right] = 0.$$

Je crois avoir mis cela hors de toute contestation à l'occasion des formules (7) et (8), et je ne m'y arrêterai pas davantage ici.

Mais je dois faire observer que la formule (D) suppose implicitement qu'il est permis de faire une somme de différentes quantités de chaleur dq venant de températures très-différentes, ce qui est choquant en soi-même au point de vue physique des choses tant que la fonction $\Gamma(t)$ ne devra pas être remplacée par une constante dans la théorie; car, j'ai fait remarquer depuis longtemps, aussitôt après l'établissement de la formule (3), que si l'on veut éviter la nécessité d'admettre une perte de force vive dans le phénomène de la transmission libre de la chaleur entre deux corps A, A' à des températures différentes t, t', alors que la fonction universelle $\Gamma(t)$ n'est pas supposée égale à une constante, il faut que l'on érige en principe que toute somme de chaleur q', venue librement d'un corps à une température t' dans un autre corps à une température t, acquerra dans ce dernier corps une valeur différente q, d'après la relation

$$0 = q'\,\Gamma(t') - q\,\Gamma(t),$$

de laquelle on tirera

$$q = \frac{q'\,\Gamma(t')}{\Gamma(t)}.$$

Or, à ce point de vue, la formule (8) ou (D) n'aurait plus de sens, et pour la rectifier, il faudrait concevoir une certaine température fixe T, à laquelle on commencerait par rapporter toute quantité élémentaire de chaleur dq venue d'une température différente t.

Une somme de chaleur dq à la température t vaudrait, en réalité,

$$\frac{\Gamma(t)\, dq}{\Gamma(T)},$$

$$(\, 5_7 \,)$$

à la température fixe T, et, par suite, la formule (8) ou (D) devrait être remplacée par

$$(\text{D}') \qquad\qquad \text{C} = \frac{1}{\Gamma(\text{T})} \int_{u_0}^{u_1} \Gamma(t) f(t, u) \, du,$$

ce qui reviendrait à dire, en d'autres termes, que la vraie mesure de la chaleur doit être, non pas le terme $f(t, u) \, du$, mais le produit $\Gamma(t) f(t, u) \, du$.

Il ne s'agirait plus, enfin, que de savoir si les quantités de chaleur mesurées par les physiciens sont véritablement de l'espèce $\Gamma(t) dq$, ou de l'espèce dq seulement, de mes raisonnements : dans le premier cas, il faudrait s'empresser de remplacer la fonction $\Gamma(t)$ par une constante G dans la théorie ; et, dans le second cas, il faudrait conserver la fonction $\Gamma(t)$ comme une quantité variable avec t.

Or, dans ce qui va suivre ici, je n'aurai à m'occuper que des quantités de chaleur nécessaires pour aller d'un point t, u à un autre point infiniment rapproché $t + dt$, $u + du$; je ne me servirai donc ni de la formule (D), ni de la formule (D'), mais de la formule (B) seulement. Les quantités de chaleur dq dont je m'occuperai seront toujours de l'espèce des quantités q, q' de la formule (3), c'est-à-dire des quantités de chaleur venant d'un corps entretenu à une température donnée t ou t', et allant dans un autre corps dont la température sera infiniment peu différente.

De cette manière, je resterai dans l'entière rectitude de mes raisonnements sans être obligé de me prononcer absolument, ni sur la nature de la fonction universelle $\Gamma(t)$ (que, pour plus de généralité, je conserverai dans mes formules), ni sur la manière dont la chaleur pourra se transmettre, et changer ou ne pas changer dans sa quantité, entre des corps librement en présence, à des températures très-différentes t, t'.

Ainsi d'un point quelconque t, u à un autre point infiniment rapproché $t + dt$, $u + du$, j'aurai constamment

$$dq = f(t, u) \, du ;$$

puis, des expressions algébriques des quantités v, p en t, u, je conclurai

$$dv = \frac{dv}{dt} dt + \frac{dv}{du} du,$$

$$dp = \frac{dp}{dt} dt + \frac{dp}{du} du.$$

Ce seront les accroissements des coordonnées v, p pour deux accroissements donnés dt, du sur la *fig.* 1, et toutes les fois que je supposerai $u = $ constante, je trouverai

$$dv = \frac{dv}{dt} dt, \quad dp = \frac{dp}{dt} dt, \quad dq = 0.$$

Quand, au contraire, je supposerai $t = $ constante, je trouverai

$$dv = \frac{dv}{du} du, \quad dp = \frac{dp}{du} du,$$

F. R.   8

ou, inversement,

$$du = \frac{dv}{\dfrac{dv}{du}} = \frac{dp}{\dfrac{dp}{du}},$$

et, par suite, *la quantité de chaleur latente proprement dite de B en B$_1$*, le long d'une courbe $\varphi(v, p) = $ constante t, pourra être mise sous les deux formes équivalentes

(E)
$$\left\{ \begin{aligned} dq &= f(t, u)\, du = \frac{f(t, u)}{\dfrac{dv}{du}}\, dv, \\[2ex] &= \frac{f(t, u)}{\dfrac{dp}{du}}\, dp. \end{aligned} \right.$$

Le long de toute autre courbe BB$'_1$, la température t variera, et l'on aura à volonté

F)
$$\left\{ \begin{aligned} dq &= f(t, u)\, du = \frac{f(t, u)}{\dfrac{dv}{du}}\left(dv - \frac{dv}{dt}\, dt \right); \\[2ex] &\text{ou} \\[1ex] dq &= f(t, u)\, du = \frac{f(t, u)}{\dfrac{dp}{du}}\left(dp - \frac{dp}{dt}\, dt \right): \end{aligned} \right.$$

puis, quand on fera

$$p = \text{constante} \quad \text{ou} \quad dp = 0,$$

on trouvera *la chaleur spécifique à pression constante* sous la forme

F')
$$c_0 = \left(\frac{dq_0}{dt} \right) = - \frac{f(t, u)\dfrac{dp}{dt}}{\dfrac{dp}{du}},$$

et quand on fera

$$v = \text{constante} \quad \text{ou} \quad dv = 0,$$

on trouvera *la chaleur spécifique à volume constant* sous la forme

F'')
$$c_1 = \left(\frac{dq_1}{dt} \right) = - \frac{f(t, u)\dfrac{dv}{dt}}{\dfrac{dv}{du}}.$$

Les produits $c_0\, dt$, $c_1\, dt$ sont nommés ordinairement les quantités de chaleur sensibles à pression constante et à volume constant.

Les formules (F) peuvent être interprétées alors très-simplement en disant que la quantité de chaleur dq pour aller d'un point à un autre sera toujours la somme de la chaleur sensible à volume constant et de la chaleur latente proprement dite qui dépendra du seul accroissement de volume, ou bien la somme de la chaleur sensible à pression constante et de la chaleur latente proprement dite qui dépendra du seul accroissement de la pression, ces deux sommes étant nécessairement égales à cause de l'équation de condition

$$du = \frac{dv - \dfrac{dv}{dt}\,dt}{\dfrac{dv}{du}} = \frac{dp - \dfrac{dp}{dt}\,dt}{\dfrac{dp}{du}}.$$

On pourra aussi se donner arbitrairement les accroissements dv, dp, et alors il n'y aura ni double interprétation ni équation de condition, car l'on trouvera les deux relations parfaitement déterminées

$$dt = \frac{-\dfrac{dp}{du}\,du + \dfrac{dv}{du}\,dp}{\dfrac{dp}{dt}\dfrac{dv}{du} - \dfrac{dp}{du}\dfrac{dv}{dt}},$$

$$du = \frac{\dfrac{dp}{dt}\,dv - \dfrac{dv}{dt}\,dp}{\dfrac{dp}{dt}\dfrac{dv}{du} - \dfrac{dp}{du}\dfrac{dv}{dt}},$$

dont la première fera connaître l'accroissement dt et dont la seconde entraînera

$$dq = f(t, u)\,du = \frac{f(t, u)\dfrac{dp}{dt}}{\dfrac{dp}{dt}\dfrac{dv}{du} - \dfrac{dp}{du}\dfrac{dv}{dt}}\,dv - \frac{f(t, u)\dfrac{dv}{dt}}{\dfrac{dp}{dt}\dfrac{dv}{du} - \dfrac{dp}{du}\dfrac{dv}{dt}}\,dp;$$

puis, au moyen de l'équation (11), il sera permis d'écrire

$$dt = -\frac{\dfrac{dp}{du}}{\dfrac{d}{dt}(\Gamma(t)f(t, u))}\,dv + \frac{\dfrac{dv}{du}}{\dfrac{d}{dt}(\Gamma(t)f(t, u))}\,dp,$$

$$dq = \frac{f(t, u)\dfrac{dp}{dt}}{\dfrac{d}{dt}(\Gamma(t)f(t, u))}\,dv - \frac{f(t, u)\dfrac{dv}{dt}}{\dfrac{d}{dt}(\Gamma(t)f(t, u))}\,dp,$$

et quand on fera d'abord

$$p = \text{constante}, \quad dp = 0,$$

on trouvera

$$\vartheta_0 = \left(\frac{dt}{dv}\right) = -\frac{\dfrac{dp}{du}}{\dfrac{d}{dt}\{\Gamma(t)f(t,u)\}} ,$$

$$q_0 = \left(\frac{dq}{dv}\right) = \frac{f(t,u)\dfrac{dp}{dt}}{\dfrac{d}{dt}\{\Gamma(t)f(t,u)\}} .$$

Quand, au contraire, on fera $v = $ constante, $dv = 0$, on trouvera

(G)

$$\vartheta_1 = \left(\frac{dt}{dp}\right) = \frac{\dfrac{dv}{du}}{\dfrac{d}{dt}\{\Gamma(t)f(t,u)\}} ,$$

$$q_1 = \left(\frac{dq}{dp}\right) = -\frac{f(t,u)\dfrac{dv}{dt}}{\dfrac{d}{dt}\{\Gamma(t)f(t,u)\}} ,$$

et, à l'aide des quatre quantités ϑ_0, ϑ_1, q_0, q_1, on aura généralement

$$dt = \vartheta_0\, dv + \vartheta_1\, dp ,$$

$$dq = q_0\, dv + q_1\, dp ;$$

par suite, l'on pourra calculer la quantité

$$c = \frac{dq}{dt} = \frac{q_0\, dv + q_1\, dp}{\vartheta_0\, dv + \vartheta_1\, dp} ,$$

qui méritera d'être nommée la chaleur spécifique d'un fluide élastique dans la direction ds allant d'un point quelconque v, p à un autre point infiniment voisin $v + dv$, $p + dp$; car il suffira d'y faire respectivement $p = $ constante et $v = $ constante, pour en déduire, comme cas particuliers, les quantités de chaleur spécifiques, déjà connues dans des directions parallèles aux axes Ov et Op sur la *fig.* 1,

$$c_0 = \frac{q_0}{\vartheta_0} , \qquad c_1 = \frac{q_1}{\vartheta_1} .$$

Le produit $c\,dt$ représentera, en un mot, de la chaleur sensible dans la direction ds allant d'un point v, p à un autre point $v + dv$, $p + dp$, et la dénomination de chaleur latente n'aura plus aucune signification directe ; car, pour déduire des formules (G) ce qui vraiment sera de la chaleur latente le long d'une courbe $\varphi(v,p) = $ constante t, de B en B_1, il faudra qu'on fasse $dt = 0$, et, par conséquent,

$$0 = \vartheta_0\, dv + \vartheta_1\, dp ,$$

(61)

d'où

$$dp = -\frac{\vartheta_0}{\vartheta_1}\,dv \quad\text{ou}\quad dv = -\frac{\vartheta_1}{\vartheta_0}\,dp,$$

et, par suite,

$$dq = \frac{q_0\vartheta_1 - q_1\vartheta_0}{\vartheta_1}\,dv = -\frac{q_0\vartheta_1 - q_1\vartheta_0}{\vartheta_0}\,dp,$$

ce qui, toute réduction faite après la substitution des valeurs de ϑ_0, ϑ_1, q_0, q_1, d'après les formules (G), coïncidera, il est vrai, avec les formules (E), mais ne pourra plus être considéré comme une chose simple à cause de la manière indirecte dont j'y serai parvenu.

Il y a à faire remarquer encore que, dans ce cas-là, on trouvera une valeur infiniment grande pour c, et que jamais la connaissance des deux chaleurs spécifiques principales c_0, c_1 ne suffira pour faire connaître la quantité finie c ou le produit infiniment petit $c\,dt$ dans une direction quelconque ds; j'en conclus que, lorsqu'on voudra prendre v, p comme variables indépendantes, on devra abandonner à la fois l'idée de chaleur latente et l'idée de chaleur sensible ou de chaleur spécifique, pour ne considérer comme des choses simples que les quatre quantités ϑ_0, ϑ_1, q_0, q_1 des formules (G).

J'ai voulu faire voir, en un mot, par cette dissertation, que les locutions usitées de chaleur latente, de chaleur spécifique et de chaleur sensible ne devaient pas être entendues comme ayant des significations absolument distinctes applicables chacune à des phénomènes calorifiques très-différents les uns des autres; car j'ai fait voir très-clairement que, pour aller de B en B', sur la *fig.* 1, la même quantité $dq = f(t, u)\,du$, qui était de la chaleur latente seulement quand t, u étaient les deux variables indépendantes, a dû être remplacée par de la chaleur latente proprement dite et par de la chaleur sensible quand je voulais prendre comme variables indépendantes soit v, t, soit p, t, et que, enfin, quand il me plaira de prendre v, p comme variables indépendantes, il ne devra plus être question ni de chaleur latente ni de chaleur sensible, mais bien des quantités de chaleur q_0, q_1 susceptibles de produire une augmentation égale à 1, d'une part dans le volume v, d'autre part dans la pression p d'un fluide élastique, tandis que la température éprouvera les accroissements correspondants ϑ_0, ϑ_1.

Ce dernier système, auquel on est conduit naturellement quand on prend v, p comme variables indépendantes, est le plus convenable au point de vue des relations fondamentales

$$\varphi(v, p) = t, \quad \psi(v, p) = u$$

et des interprétations géométriquement possibles sur la *fig.* 1; je vais donc le développer en entier, en partant directement de l'équation (B).

J'aurai d'abord

$$dt = \frac{dt}{dv}\,dv + \frac{dt}{dp}\,dp,$$

$$du = \frac{du}{dv}\,dv + \frac{du}{dp}\,dp,$$

et, par suite,

$$dq = f(t, u)\, du = f(t, u)\frac{du}{dv}\, dv + f(t, u)\frac{du}{dp}\, dp.$$

Je conviendrai de poser

$$\frac{dt}{dv} = \vartheta_0, \quad \frac{dt}{dp} = \vartheta_1,$$

$$f(t, u)\frac{du}{dv} = q_0, \quad f(t, u)\frac{du}{dv} = q_1,$$

ce qui me donnera les deux relations essentielles

$$dt = \vartheta_0\, dv + \vartheta_1\, dp,$$
$$dq = q_0\, dv + q_1\, dp.$$

Je désignerai encore par ds la petite longueur menée d'un point v, p à un point voisin $v + dv$, $p + dp$, et par δ l'angle de la droite ds avec l'axe Ov sur la *fig.* 1, ce qui me donnera

$$(\mathrm{H})\quad\left\{\begin{array}{l} dv = ds\cos\delta, \quad dp = ds\sin\delta, \\[4pt] dt = (\vartheta_0\cos\delta + \vartheta_1\sin\delta)\, ds, \\[4pt] dq = f(t, u)\, du = (q_0\cos\delta + q_1\sin\delta)\, ds, \\[4pt] c = \dfrac{dq}{dt} = \dfrac{q_0\cos\delta + q_1\sin\delta}{\vartheta_0\cos\delta + \vartheta_1\sin\delta} \end{array}\right.$$

De cette manière, les rapports des accroissements dt, dq à l'élément ds seront toujours finis et la quantité c ne passera à l'infini que lorsque le dénominateur de la dernière des formules (H) se réduira à zéro, ce qui entraînera

$$dt = 0, \quad t = \text{constante}.$$

La quantité c deviendra nulle, au contraire, quand le numérateur se réduira à zéro, ce qui entraînera

$$dq = 0, \quad du = 0, \quad u = \text{constante}.$$

Il suit de là que, en désignant par α, β les obliquités des tangentes aux courbes φ, ψ avec l'axe Ov, on devra avoir respectivement

$$0 = \vartheta_0\cos\alpha + \vartheta_1\sin\alpha, \quad 0 = q_0\cos\beta + q_1\sin\beta,$$

d'où l'on tirera

$$\tang\alpha = -\frac{\vartheta_0}{\vartheta_1}, \quad \tang\beta = -\frac{q_0}{q_1}.$$

Je fais

$$a = \sqrt{\vartheta_0^2 + \vartheta_1^2}, \quad b = \sqrt{q_0^2 + q_1^2},$$

puis, en tenant compte du sens de la direction α, de B en B_1, et du sens de la direction β, de B en B′ sur la *fig.* 1, je trouve

$$\cos \alpha = + \frac{\vartheta_1}{a}, \quad \cos \beta = - \frac{q_1}{b},$$

$$\sin \alpha = - \frac{\vartheta_0}{a}, \quad \sin \beta = + \frac{q_0}{b}.$$

J'en conclus d'abord

$$\sin (\beta - \alpha) = \frac{q_0 \vartheta_1 - q_1 \vartheta_0}{ab},$$

(I)

la différence β — α représentant l'angle B′ BB₁, sur la *fig.* 1.

Je remonte ensuite aux formules (H) et je trouve, d'une part, le long de la courbe BB₁,

$$dq_\varphi = f(t, u)\, du = (q_0 \cos \alpha + q_1 \sin \alpha)\, ds_\varphi = \frac{q_0 \vartheta_1 - q_1 \vartheta_0}{a}\, ds_\varphi,$$

d'autre part, le long de la courbe BB′,

$$dt_\psi = (\vartheta_0 \cos \beta + \vartheta_1 \sin \beta)\, ds_\psi = \frac{q_0 \vartheta_1 - q_1 \vartheta_0}{b}\, ds_\psi.$$

Ainsi, du moment où les physiciens seront parvenus à trouver expérimentalement les quatre quantités ϑ_0, ϑ_1, q_0, q_1 d'un fluide élastique en un point donné v, p sur la *fig.* 1, on connaîtra non-seulement les directions des tangentes aux courbes BB₁, BB′, mais encore la quantité de chaleur latente ou le terme calorifique fondamental $f(t, u)\, du$ le long de l'arc BB₁, ainsi que l'augmentation de température le long de l'arc BB′ par rapport à un élément de longueur ds sur l'un et l'autre arc.

On voit surtout que, à part les facteurs respectifs

$$\frac{1}{ab}, \quad \frac{ds_\varphi}{a}, \quad \frac{ds_\psi}{b},$$

ce sera la même quantité

$$q_0 \vartheta_1 - q_1 \vartheta_0$$

qui représentera à la fois le sinus de l'angle B′ BB₁, la quantité de chaleur latente le long de l'arc BB₁ et l'accroissement de la température le long de l'arc BB′.

Pour aller plus loin encore, j'observe que la discussion des formules (H) se rapporte à deux expressions seulement dont chacune est de l'espèce

$$r = m_0 \cos \delta + m_1 \sin \delta,$$

l'une pour les valeurs de dt et l'autre pour les valeurs de dq.

Or, si l'on désigne par

$$d = \sqrt{m_0^2 + m_1^2}$$

la diagonale d'un rectangle construit sur les longueurs m_0, m_1 comme côtés, et par i l'angle que fera avec cette diagonale une droite menée du commun sommet des longueurs d, m_0 comme foyer, sous une obliquité δ avec le côté m_0 du rectangle, il est facile de voir que la quantité r de la formule, considérée comme une longueur sur une telle droite oblique, deviendra la projection de la diagonale d sur la droite oblique, et que l'on aura simplement

$$r = d \cos i.$$

Donc le lieu des extrémités des longueurs r sera une circonférence de cercle décrite sur la longueur d comme diamètre, et, une fois qu'une telle circonférence aura été décrite, la quantité r sera constamment égale à la longueur du rayon vecteur qu'on pourra mener du commun sommet des longueurs d, m_0 comme foyer jusqu'à la rencontre de la circonférence.

Telle sera donc la loi mathématique, d'une part, des accroissements de température dt, et, d'autre part, des quantités de chaleur dq des formules (H).

De plus, il est facile de voir que ce que je viens de nommer la diagonale d du rectangle ou le diamètre de la circonférence deviendra, d'une part, en ce qui concerne les accroissements de température dt, la quantité a du calcul, portée comme une longueur à partir du point B sur la normale à la courbe BB_1 à travers l'aire $BB'B'_1B_1$, et, d'autre part, en ce qui concerne les quantités de chaleur dq, la quantité b du calcul, portée comme une longueur à partir du même point B sur la normale à la courbe BB', aussi à travers l'aire $BB'B'_1B_1$.

De cette manière, on comprendra de suite dans quelle direction on devra marcher pour que, à une longueur constante ds corresponde, d'une part, la plus grande valeur de dt, et, d'autre part, la plus grande valeur de dq ; ce sera sur les normales aux courbes BB_1, BB' que l'on trouvera de telles valeurs maxima.

Quand on mènera une longueur ds du côté extérieur à la circonférence passant par le point B, il faudra que l'on prolonge cette longueur en sens opposé jusqu'à la rencontre de la circonférence, et l'on reconnaîtra facilement qu'un tel renversement de construction dénotera un changement de signe dans la quantité correspondante dt ou dq.

Si l'on désigne ensuite par i_a, i_b les angles i d'un rayon vecteur quelconque avec les deux diamètres a, b dirigés normalement aux courbes BB_1, BB', on aura simultanément, dans la direction de ce rayon vecteur,

$$(\mathrm{K}) \qquad \begin{cases} dt = a \cos i_a \, ds, \\ dq = b \cos i_b \, ds. \end{cases}$$

Si l'on désigne encore par ε l'angle compris entre les deux longueurs a, b, on aura, d'une part,

$$i_a - i_b = \text{constante } \varepsilon,$$

et, d'autre part, l'angle ε sera le supplément de l'angle $\beta - \alpha$, d'où l'on conclura

$$\sin \varepsilon = \sin (i_a - i_b) = \sin (\beta - \alpha) = \frac{q_0 \vartheta_1 - q_1 \vartheta_0}{ab},$$

et, inversement,

$$q_0 \vartheta_1 - q_1 \vartheta_0 = ab \sin \varepsilon,$$

ce qui apprend que la quantité $q_0 \vartheta_1 - q_1 \vartheta_0$ sera égale à l'aire du parallélogramme qu'on pourra former sur les longueurs a, b comme côtés.

On voit aussi qu'une telle relation ne s'appliquera pas plutôt aux quantités ϑ_0, q_0 et ϑ_1, q_1 de deux directions parallèles aux axes Ov, Op, qu'aux quantités analogues ϑ'_0, q'_0 et ϑ'_1, q'_1 de deux directions perpendiculaires quelconques menées par le point B sur la *fig.* 1.

Les deux dernières des formules (I) deviendront ensuite

$$dq_\varphi = f(t; u)\, du = \frac{q_0 \vartheta_1 - q_1 \vartheta_0}{a}\, ds_\varphi = b \sin \varepsilon\, ds_\varphi,$$

$$dt_\psi = \frac{q_0 \vartheta_1 - q_1 \vartheta_0}{b}\, ds_\psi = a \sin \varepsilon\, ds_\psi,$$

et par là on voit que, sauf les facteurs ds_φ, ds_ψ, la quantité de chaleur latente, le long de la courbe BB_1, sera égale à la plus courte distance de l'extrémité de la droite b à la longueur a, tandis que l'accroissement de la température, le long de la courbe BB', sera égale à la plus courte distance de l'extrémité de la droite a à la longueur b ; c'est, en effet, ce que l'on trouverait directement dans l'un et l'autre cas, si, dans les formules (K), on mettait respectivement $\sin \varepsilon$ en place de $\cos i_a$ et $\cos i_b$, ainsi que cela résulterait de la simple inspection d'une figure sur laquelle on tracerait les deux circonférences dont a, b sont les diamètres dirigés normalement aux courbes BB_1, BB' sous un angle compris ε.

Quand on cherchera à déterminer l'écartement normal ds_a de deux courbes infiniment proches dont les équations sont $\varphi(v,p) = t$, $\varphi(v,p) = t + dt$, et, de même, l'écartement normal ds_b de deux courbes infiniment proches dont les équations sont $\psi(v,p) = u$, $\psi(v,p) = u + du$, on trouvera respectivement

$$ds_a = \frac{dt}{a}, \quad ds_b = \frac{dq}{b},$$

puis, de la seule inspection de la figure, on conclura

$$ds_\varphi \sin \varepsilon = ds_b, \quad ds_\psi \sin \varepsilon = ds_a;$$

mais je ne m'arrêterai point à cela. Je me bornerai à faire remarquer que, d'après les premières des formules (H), on aura encore

$$(I') \quad \begin{cases} dv_\varphi = ds_\varphi \cos \alpha = + \dfrac{\vartheta_1}{a}\, ds_\varphi, \quad dv_\psi = ds_\psi \cos \beta = - \dfrac{q_1}{b}\, ds_\psi, \\[2ex] dp_\varphi = ds_\varphi \sin \alpha = - \dfrac{\vartheta_0}{a}\, ds_\varphi, \quad dp_\psi = ds_\psi \sin \beta = + \dfrac{q_0}{b}\, ds_\psi, \\[2ex] \text{et que, par suite, les deux dernières des formules (I) deviendront} \\[2ex] dq_\varphi = f(t, u)\, du = \dfrac{q_0 \vartheta_1 - q_1 \vartheta_0}{a}\, ds_\varphi = (q_0 \vartheta_1 - q_1 \vartheta_0)\dfrac{dv_\varphi}{\vartheta_1} = - (q_0 \vartheta_1 - q_1 \vartheta_0)\dfrac{dp_\varphi}{\vartheta_0}, \\[2ex] dt_\psi = \dfrac{q_0 \vartheta_1 - q_1 \vartheta_0}{b}\, ds_\psi = - (q_0 \vartheta_1 - q_1 \vartheta_0)\dfrac{dv_\psi}{q_1} = + (q_0 \vartheta_1 - q_1 \vartheta_0)\dfrac{dp_\psi}{q_0}. \end{cases}$$

F. R.   9

Quand, enfin, on voudra y faire entrer les chaleurs spécifiques principales c_0, c_1, on aura

$$q_0 = c_0 \vartheta_0, \quad q_1 = c_1 \vartheta_1,$$

ce qui donnera

$$(\mathrm{I}'') \quad \begin{cases} q_0 \vartheta_1 - q_1 \vartheta_0 = \vartheta_0 \vartheta_1 (c_0 - c_1); \\[4pt] \text{et, de même que, pour des directions rectangulaires quelconques, on aura toujours} \\[4pt] q'_0 \vartheta'_1 - q'_1 \vartheta'_0 = ab \sin \varepsilon = q_0 \vartheta_1 - q_1 \vartheta_0, \\[4pt] \text{de même aussi, pour de telles directions rectangulaires, on aura} \\[4pt] \vartheta'_0 \vartheta'_1 (c'_0 - c'_1) = ab \sin \varepsilon = \vartheta_0 \vartheta_1 (c_0 - c_1). \end{cases}$$

Donc il sera nécessaire et suffisant que la chaleur spécifique à pression constante c_0 excède la chaleur spécifique à volume constant c_1 pour que les propriétés calorifiques d'un fluide élastique puissent être d'accord avec les relations géométriques des *fig.* 1 et 2.

Si l'on avait $c_0 = c_1$ (par suite $c'_0 = c'_1$), l'angle ε serait nul et les deux courbes BB₁, BB′₁ se confondraient l'un avec l'autre. On aurait à la fois $dq_p = 0$, $dt_\psi = 0$, et il ne saurait plus y avoir de phénomènes calorifiques comme ceux des *fig.* 1 et 2. Si l'on avait $c_0 < c_1$, des phénomènes analogues se produiraient dans un ordre exactement renversé.

Telles sont les propriétés générales des effets calorifiques d'un fluide élastique à l'entour d'un point donné B de la *fig.* 1 sans que l'on ait à faire aucune hypothèse sur la nature intime de la chaleur; car toute expression d'une quantité infiniment petite dz de la forme

$$dz = \mathrm{X}\, dx + \mathrm{Y}\, dy,$$

qu'elle soit une différentielle exacte ou non, comportera exactement les mêmes interprétations que l'expression de r des raisonnements précédents, et quand on aura à considérer le rapport de deux pareilles expressions par rapport aux mêmes accroissements dx, dy des coordonnées rectangulaires x, y d'un point dans un plan, on parviendra nécessairement à toutes les relations géométriques que je viens de développer au sujet des quantités infiniment petites dt, dq sur la *fig.* 1.

Ces relations ne prendront une signification mécanique que lorsqu'on invoquera, en outre, les formules (Λ) du commencement de cette dissertation, et, alors, il ne sera plus permis de considérer les quantités ϑ_0, ϑ_1, q_0, q_1 comme étant complétement indépendantes les unes des autres.

Il faudra que les quantités ϑ_0, ϑ_1, q_0, q_1 soient déterminées par les quatre premières des équations (G) quand on voudra employer t, u comme variables indépendantes; mais ce système de notations n'est pas celui qui me réussira par la suite.

Ce qu'il y aura de mieux à faire, en général, ce sera de réunir les équations (22) et la première des équations (23), c'est-à-dire l'équation (B) et la première des équations (A) en une seule expression de la forme

$$(\text{L}) \qquad \Gamma(t)\,dq = \Gamma(t)f(t,u)\,du = dQ + p\,dv,$$

sauf, ensuite, à développer les différentielles exactes du, dQ, dv en fonction de celles des quantités v, p, t, u que l'on voudra faire servir de variables indépendantes.

Il y a à faire remarquer, d'ailleurs, que par cela seul qu'on aura

$$dq = f(t,u)\,du,$$

la quantité infiniment petite dq ne saurait être une différentielle exacte qu'autant que la fonction $f(t,u)$ ne dépendrait pas de la variable t.

Cela convenu, quand v, p devront être les deux variables indépendantes, on conclura immédiatement de l'équation (L),

$$(\text{M}) \qquad \begin{cases} q_0\,\Gamma(t) = \Gamma(t)f(t,u)\,\dfrac{du}{dv} = \dfrac{dQ}{dv} + p, \\[2ex] q_1\,\Gamma(t) = \Gamma(t)f(t,u)\,\dfrac{du}{dp} = \dfrac{dQ}{dp}; \end{cases}$$

puis, quand on éliminera Q par voie de différentiation entre les équations (M), on retrouvera la condition (12), et quand on substituera dans celle-là les dérivées de u en v, p tirées des équations (M), ou bien quand on éliminera directement par voie de différentiation les dérivées de u en v, p des équations (M), on trouvera la condition (12 *bis*).

Il faudra, en un mot, que, en ne perdant pas de vue la relation connue

$$dt = \frac{dt}{dv}\,dv + \frac{dt}{dp}\,dp = \vartheta_0\,dv + \vartheta_1\,dv,$$

on ait

$$(\text{N}) \quad \begin{cases} \dfrac{1}{\dfrac{d}{dt}\{\Gamma(t)f(t,u)\}} = \dfrac{du}{dv}\dfrac{dt}{dp} - \dfrac{du}{dp}\dfrac{dt}{dp}, \\[3ex] \text{ou, ce qui reviendra au même,} \\[2ex] \dfrac{f(t,u)}{\dfrac{d}{dt}\{\Gamma(t)f(t,u)\}} = f(t,u)\left(\dfrac{du}{dv}\dfrac{dt}{dp} - \dfrac{du}{dp}\dfrac{dt}{dv}\right) = q_0\vartheta_1 - q_1\vartheta_0 = (c_0 - c_1)\vartheta_0\vartheta_1, \\[3ex] \text{ou encore} \\[2ex] \dfrac{\Gamma(t)f(t,u)}{\dfrac{d}{dt}\{\Gamma(t)f(t,u)\}} = \Gamma(t)f(t,u)\left(\dfrac{du}{dv}\dfrac{dt}{dp} - \dfrac{du}{dp}\dfrac{dt}{dv}\right) = \left(\dfrac{dQ}{dv} + p\right)\dfrac{dt}{dp} - \dfrac{dQ}{dp}\dfrac{dt}{dv}. \end{cases}$$

Quand, ensuite, on voudra connaître les chaleurs spécifiques c_0, c_1, ainsi que la chaleur latente dq_φ, on se servira des relations

$$(\mathrm{O})
\begin{cases}
c_0\,\Gamma(t)=\dfrac{q_0\,\Gamma(t)}{\vartheta_0}=\dfrac{\dfrac{dQ}{dv}+p}{\dfrac{dt}{dv}}=\dfrac{\left(\dfrac{dQ}{dv}+p\right)\dfrac{dt}{dp}}{\dfrac{dt}{dv}\dfrac{dt}{dp}}\,,\\[4ex]
c_1\,\Gamma(t)=\dfrac{q_1\,\Gamma(t)}{\vartheta_1}=\dfrac{\dfrac{dQ}{dp}}{\dfrac{dt}{dp}}=\dfrac{\dfrac{dQ}{dp}\dfrac{dt}{dv}}{\dfrac{dt}{dv}\dfrac{dt}{dp}}\,,\\[4ex]
(c_0-c_1)\,\Gamma(t)=\dfrac{\left(\dfrac{dQ}{dv}+p\right)\dfrac{dt}{dp}-\dfrac{dQ}{dp}\dfrac{dt}{dv}}{\dfrac{dt}{dv}\dfrac{dt}{dp}}=\dfrac{\Gamma(t)f(t,u)}{\dfrac{dt}{dv}\dfrac{dt}{dp}\dfrac{d}{dt}\{\Gamma(t)f(t,u)\}}\,,\\[5ex]
\dfrac{dq_\varphi}{dv_\varphi}\Gamma(t)=\dfrac{q_0\vartheta_1-q_1\vartheta_0}{\vartheta_1}\Gamma(t)=(c_0-c_1)\vartheta_0\,\Gamma(t)=\dfrac{\left(\dfrac{dQ}{dv}+p\right)\dfrac{dt}{dp}-\dfrac{dQ}{dp}\dfrac{dt}{dv}}{\dfrac{dt}{dp}}\\[4ex]
\qquad=\dfrac{\Gamma(t)f(t,u)}{\dfrac{dt}{dp}\dfrac{d}{dt}\{\Gamma(t)f(t,u)\}}\,,\\[5ex]
\dfrac{dq_\varphi}{dp_\varphi}\Gamma(t)=\dfrac{q_0\vartheta_1-q_1\vartheta_0}{\vartheta_0}\Gamma(t)=(c_0-c_1)\vartheta_1\,\Gamma(t)=\dfrac{\left(\dfrac{dQ}{dv}+p\right)\dfrac{dt}{dp}-\dfrac{dQ}{dp}\dfrac{dt}{dv}}{\dfrac{dt}{dv}}\\[4ex]
\qquad=\dfrac{\Gamma(t)f(t,u)}{\dfrac{dt}{dv}\dfrac{d}{dt}\{\Gamma(t)f(t,u)\}}\,.
\end{cases}$$

Avec ce système de formules, les dérivées de t en v, p devront être tirées de l'équation $\varphi(v,p)=t$, supposée donnée, et l'on ne fera aucun usage de la seconde des équations (A).

Cependant, au point de vue purement algébrique des relations du sujet, on aura encore, par la seconde des équations (A),

$$\frac{d}{dt}(\Gamma(t)\,\mathrm{F}(t,u))\,dt=d\mathrm{A}-p\,dv=\left(\frac{d\mathrm{A}}{dv}-p\right)dv+\frac{d\mathrm{A}}{dp}\,dp,$$

et, par suite,

$$(\mathrm{M'})
\begin{cases}
\dfrac{d}{dt}(\Gamma(t)\,\mathrm{F}(t,u))\dfrac{dt}{dv}=\dfrac{d\mathrm{A}}{dv}-p,\\[3ex]
\dfrac{d}{dt}(\Gamma(t)\,\mathrm{F}(t,u))\dfrac{dt}{dp}=\dfrac{d\mathrm{A}}{dp};
\end{cases}$$

puis, quand on éliminera la fonction A par voie de différentiation, on retrouvera la première des équations (N) sous la forme exactement équivalente

$$\cfrac{1}{\cfrac{d^2\left(\Gamma(t)\,F(t,\,u)\right)}{dt\,du}} = \frac{du}{dv}\frac{dt}{dp} - \frac{du}{dp}\frac{dt}{dv};$$

et, quand, dans celle-là, on substituera les dérivées de t en v, p tirées des équations (M′),
on trouvera, en place de la dernière des équations (N),

$$(\text{N}')\qquad \cfrac{\dfrac{d}{dt}\left(\Gamma(t)\,F(t,\,u)\right)}{\dfrac{d^2\left(\Gamma(t)\,F(t,\,u)\right)}{dt\,du}} = \frac{dA}{dp}\frac{du}{dv} - \left(\frac{dA}{dp} - p\right)\frac{du}{dv}.$$

Les équations (M′), (N′) seront en A et u ce que les équations (M), (N) seront en
Q et t; mais je ne m'arrêterai pas à développer à ce point de vue lés expressions des
quantités c_u, c_t, dq_{q}, parce que je n'en retirerai aucune utilité par la suite.

On pourra réunir enfin les deux systèmes d'équations, et alors en désignant, pour
abréger, par R $(t,\,u)$ la fonction composée $\Gamma(t)\,F(t,\,u)$, on aura, par les équations (M),

$$(\text{M}'')\qquad
\left\{
\begin{aligned}
\frac{du}{dp} &= \cfrac{\dfrac{dQ}{dv} + p}{\dfrac{d\,\mathrm{R}\,(t,\,u)}{du}},\\[2em]
\frac{du}{dp} &= \cfrac{\dfrac{dQ}{dp}}{\dfrac{d\,\mathrm{R}\,(t,\,u)}{dp}},\\[1em]
&\text{et, par les équations M}',\\[1em]
\frac{dt}{dv} &= \cfrac{\dfrac{dA}{dv} - p}{\dfrac{d\,\mathrm{R}\,(t,\,u)}{dt}},\\[2em]
\frac{dt}{dp} &= \cfrac{\dfrac{dA}{dp}}{\dfrac{d\,\mathrm{R}\,(t,\,u)}{dt}};
\end{aligned}
\right.$$

au moyen de quoi l'équation (N′), comme aussi la dernière des équations (N), se
réduiront l'une et l'autre à

$$(\text{N}'')\quad
\left\{
\begin{aligned}
\cfrac{\dfrac{d\,\mathrm{R}\,(t,\,u)}{dt}\dfrac{d\,\mathrm{R}\,(t,\,u)}{du}}{\dfrac{d^2\mathrm{R}\,(t,\,u)}{dt\,du}} &= \left(\frac{dQ}{dv} + p\right)\frac{dA}{dp} - \frac{dQ}{dp}\left(\frac{dA}{dv} - p\right)\\[1.5em]
&= \frac{dQ}{dv}\frac{dA}{dp} - \frac{dQ}{dp}\frac{dA}{dv} + p\,\frac{d(A + Q)}{dp}.
\end{aligned}
\right.$$

On aura ensuite, en place des équations (O),

$$c_o \, \Gamma(t) = \frac{\dfrac{dQ}{dv} + p}{\dfrac{dA}{dv} - p} \, \frac{dR(t,u)}{dt},$$

$$c_1 \, \Gamma(t) = \frac{\dfrac{dQ}{dv}}{\dfrac{dA}{dp}} \, \frac{dR(t,u)}{dt},$$

$$(c_o - c_1) \, \Gamma(t) = \frac{\dfrac{dR(t,u)}{dt} \left\{ \left(\dfrac{dQ}{dv} + p \right) \dfrac{dA}{dp} - \dfrac{dQ}{dv} \left(\dfrac{dA}{dv} - p \right) \right\}}{\left(\dfrac{dA}{dv} - p \right) \dfrac{dA}{dp}}$$

$$= \frac{\left(\dfrac{dR(t,u)}{dt} \right)^2 \dfrac{dR(t,u)}{du}}{\dfrac{d^2 R(t,u)}{dt\,du} \left(\dfrac{dA}{dv} - p \right) \dfrac{dA}{dp}},$$

$$\frac{dq_2}{dv_2} \, \Gamma(t) = - \frac{\dfrac{dR(t,u)}{dt} \dfrac{dR(t,u)}{du}}{\dfrac{d^2 R(t,u)}{dt\,du} \dfrac{dA}{dp}},$$

$$\frac{dq_2}{dp_2} \, \Gamma(t) = \frac{\dfrac{dR(t,u)}{dt} \dfrac{dR(t,u)}{du}}{\dfrac{d^2 R(t,u)}{dt\,du} \left(\dfrac{dA}{dv} - p \right)}.$$

Ces différentes formules auront une grande importance par la suite quand il s'agira de trouver les expressions algébriques des fonctions A , Q, R,..., d'après certains résultats expérimentaux. On arriverait à des relations analogues en prenant soit v, t, soit v, u,..., comme variables indépendantes; mais je ne m'en occuperai pas ici.

Je me bornerai à faire remarquer que la seconde des équations (N) ne dépendra au premier membre que des fonctions $f(t, u)$ et $\Gamma(t)$, tandis que le deuxième membre sera cette quantité si remarquable des formules (I), (I'), (I''), dont le produit par différents facteurs représentait à la fois le sinus de l'angle B'BB₁, la quantité de chaleur latente le long de l'arc BB₁, l'accroissement de la température le long de l'arc BB', la différence des chaleurs spécifiques principales, et encore la différence des chaleurs spécifiques dans deux directions perpendiculaires quelconques; une quantité, enfin, dont la valeur, parfaitement indépendante de tout système de directions perpendiculaires qui aura servi à la trouver sur la *fig.* 1, sera égale à l'aire du parallélogramme qu'on pourra former avec des longueurs a, b, comme côtés sur les normales aux courbes BB₁, BB'.

La seconde des équations (N) fera voir de nouveau que, si l'on avait $c_0 = c_1$, il ne saurait plus y avoir de phénomènes calorifiques.

Dans une telle hypothèse, un fluide élastique pourrait être dilaté et comprimé à volonté le long d'une courbe unique parfaitement déterminée sur la *fig.* 1, sans changer de température et sans prendre ni céder de la chaleur.

Le fluide élastique ferait l'office d'un de ces ressorts abstraits que l'on a imaginés depuis longtemps dans les applications usuelles de la Mécanique, et qui, avec une vertu analogue à celle des forces de la pesanteur, à cela près que l'intensité de leur action est plus ou moins variable au lieu d'être constante, n'existent sans doute pas dans la vraie nature des choses.

Au point de vue de Carnot et Clapeyron, la fonction $f(t, u)$ ne devait pas renfermer la variable t, et, par suite, la seconde des équations (N) devenait

$$\frac{1}{\frac{d}{dt}\Gamma(t)} \quad \text{ou} \quad \frac{1}{C} = q_0\vartheta_1 - q_1\vartheta_0 = (c_0 - c_1)\vartheta_1\vartheta_0,$$

c'est-à-dire que la différence $q_0\vartheta_1 - q_1\vartheta_0$ devenait une même fonction de la température pour tous les corps de la nature; donc, dans ce cas-là, toutes les quantités que j'ai énumérées comme étant des produits de $q_0\vartheta_1 - q_1\vartheta_0$ par différents facteurs, ne dépendaient plus que de ces facteurs et de la fonction universelle C, ce qui entraînait une foule de théorèmes très-remarquables, surtout quand on s'appuyait encore sur les lois de Mariotte et de Gay-Lussac pour tous les gaz permanents, et sur les propriétés connues de la formation des vapeurs.

Mais, du moment où la fonction $f(t, u)$ dépendra de la variable t et pourra être différente d'un fluide élastique à un autre, tous ces théorèmes disparaîtront, et il s'agira principalement de trouver un système d'expérimentation au moyen duquel on parviendra un jour à connaître la fonction universelle $\Gamma(t)$ et la fonction spéciale $f(t, u)$ pour chaque espèce de fluides élastiques.

Il faudra, dans ce but, que les physiciens s'attachent à déterminer expérimentalement les formes de courbes $\varphi(v, p) = t$, $\psi(v, p) = u$, et les valeurs des quantités q_0, q_1, c_0, c_1, c, dq_φ en un grand nombre de points de la *fig.* 1. Il faudra, surtout, qu'ils visent à trouver les variations progressives des quantités q_0, q_1, c_0, c_1, c, dq_φ, le long de certaines courbes bien déterminées, de manière que, à l'aide du calcul, on puisse parvenir à remonter de quelques-unes des parties connues des équations (L), (M), (N), (O),…, aux lois générales des fonctions $\Gamma(t)$, $f(t, u)$, Q et A en v, p ou t, u,…, comme variables indépendantes.

J'espère ne rien laisser à désirer à ce sujet, par la suite, en discutant la question sous toutes ses faces, et en parvenant en fin de compte à satisfaire aux conditions (N) d'une manière excessivement générale.

CHAPITRE V.

La quantité Q doit être envisagée de telle manière qu'il n'y aura plus de perte de travail ou de force vive quand on tiendra compte à la fois des effets mécaniques et des effets calorifiques des corps.

La fonction Q des formules (10), (14), (23) et (A), (L), (M), (N), (O) étant précisément ce que l'on a cherché à connaître avec tant de persistance depuis les recherches de Carnot, à savoir, la quantité de force vive susceptible d'être produite en physique rationnelle par la quantité totale de chaleur contenue dans un fluide élastique, il s'ensuit que, une masse m de fluide supposée entraînée dans l'espace parallèlement à elle-même, avec une vitesse constante w, aura pour équivalent mécanique une quantité de force vive ou de travail Q, représentée par la somme

$$(\text{I}) \qquad Q_{\scriptscriptstyle 1} = Q + \frac{1}{2}\, m w^2.$$

Quand le volume v ira en augmentant ou en diminuant d'une manière assez lente pour que les vitesses w ne soient pas modifiées sensiblement, pendant que de la chaleur traversera l'enveloppe du dehors au dedans ou du dedans au dehors, et pourvu que la température soit sensiblement égale à chaque instant dans toute l'étendue du volume v, la quantité Q variera d'après la relation connue

$$(\text{II}) \qquad dQ = \Gamma(t)\, f(t, u)\, du - p\, dv,$$

et, par conséquent, avec l'hypothèse $w = \text{const.}$, la quantité $Q_{\scriptscriptstyle 1}$ de la formule (I) éprouvera la même augmentation ou la même diminution que Q.

Je suppose maintenant que l'enveloppe servant à renfermer le gaz vienne à être saisie et détournée d'une manière quelconque de son état de mouvement rectiligne uniforme; alors les vitesses, les pressions et les températures cesseront d'être égales dans toute l'étendue du volume v, et, pendant le temps qu'il y aura de pareilles inégalités, on ne pourra songer à appliquer ni la formule (I) ni la formule (II) à la masse totale m du gaz.

Je suppose ensuite que, après un certain intervalle de temps, l'enveloppe servant à renfermer le gaz vienne à être entraînée de nouveau avec une vitesse constante w' différente, en grandeur et en direction, de la vitesse initiale w; alors, aux premiers instants du nouveau mouvement, il y aura encore des agitations intérieures, et les formules (I) et (II) continueront à être inapplicables; mais, au bout d'un certain temps, quand toutes les agitations auront complétement cessé, on devra pouvoir écrire

$$(\text{I } bis) \qquad Q'_{\scriptscriptstyle 1} = Q' + \frac{1}{2}\, m w'^2$$

en place de la formule (I), et, pareillement,

$$(\text{II } bis) \qquad dQ' = \Gamma(t')\, f(t', u')\, du' - p'\, dv'$$

en place de la formule (II), pour le cas où de nouveau il y aurait des changements de volume dv' avec une assez grande lenteur pour que les changements correspondants des vitesses v' fussent sensiblement négligeables.

Cela posé, la question sera de savoir quelle sorte de relation il devra y avoir entre les quantités Q, Q' des formules (I) et (I *bis*), et, pour résoudre cette question, il me faudra discuter très-attentivement l'équation générale des forces vives, qui est

$$(\text{III}) \qquad \frac{1}{2} \Sigma \, \partial \, m v_1'^2 - \frac{1}{2} \Sigma \, \partial \, m v_0'^2 = T_m - T_r + \Sigma \int_0^1 R \, dr.$$

On sait que cette équation sera applicable à tous les instants du phénomène que je viens de décrire, pourvu qu'au deuxième membre on mette en ligne de compte *toutes les forces sans exception* qu'il pourra y avoir dans le système.

Or toutes les forces sans exception ne pourront être que de deux sortes: ou des forces intérieures mutuellement égales et opposées, ou des forces extérieures.

Les premières concourront toutes ensemble à former le terme résultant $\Sigma \int_0^1 R \, dr$.

Les autres comprenant, d'une part, les forces de pesanteur sur toutes les parcelles ∂m d'un système, et, d'autre part, les pressions à la surface ou paroi du volume v du système, seront ou des forces mouvantes ou des forces résistantes.

Le terme résultant de toutes les forces mouvantes extérieures sera T_m, et le terme résultant de toutes les forces résistantes extérieures sera T_r.

L'équation (III) étant ainsi conçue, le terme résultant $\Sigma \int_0^1 R \, dr$ des forces inté-rieures sera manifestement nul toutes les fois qu'un système se mouvra d'une seule pièce à la manière d'un corps rigide, et alors on aura l'ancienne formule du principe de la conservation des forces vives

$$(\text{IV}) \qquad \frac{1}{2} \Sigma \, \partial \, m v_1'^2 - \frac{1}{2} \Sigma \, \partial \, m v^2 = T_m - T_r;$$

mais, hormis ce cas-là qui ne se rencontre guère, le terme résultant $\Sigma \int_0^1 R \, dr$ ne saurait généralement être égal à zéro. On l'a reconnu depuis longtemps, en ce que l'équation (IV) ne devenait applicable aux phénomènes usuels de la mécanique ter-restre qu'à la condition d'y faire figurer le plus souvent une certaine perte, et d'autres fois un certain gain de travail.

On a donc dû laisser de côté la formule (IV) et n'employer que la formule (III) pour exprimer la véritable loi de la somme des forces vives d'un système, toutes les fois qu'il survenait des changements de figure pendant la durée du mouvement.

Les forces R n'ont été considérées d'abord que comme des fonctions parfaitement déterminées des longueurs des droites r dans les directions desquelles elles agissent; par

F. R. 10

suite, on a eu

$$R = f(r), \quad \Sigma \int_0^1 R\, dr = \Sigma \int_0^1 f(r)\, dr,$$

et la quantité $\Sigma \int_0^1 R\, dr$ redevenait identiquement la même quand toutes les distances r redevenaient les mêmes. Cela dénotait un état de parfaite élasticité, et la formule (III) ne cessait pas d'être celle du principe de l'entière conservation des forces vives.

Avec des corps ainsi constitués, il suffirait que l'on pût faire disparaître toutes les forces extérieures pour qu'un mouvement quelconque d'agitation des parcelles ∂m par rapport à leur commun centre de gravité, ou plutôt par rapport à l'état de mouvement moyen de translation et de rotation de Coriolis, dût se perpétuer indéfiniment.

On n'observe pas, à la vérité, qu'un mouvement d'agitation entre les différentes parcelles ∂m d'un corps ait jamais une durée un peu longue ; mais aussi ne pouvons-nous jamais parfaitement isoler un corps de tous les autres, ni, par conséquent, annuler toutes les forces extérieures sur ce corps ; de plus, nous voyons journellement que tout mouvement d'agitation dans un corps se communique promptement à des corps environnants, et, d'après cette simple remarque, on a pu concevoir la cessation finale de toute agitation dans un corps donné, sans que cela préjudiciât en rien à la signification générale du principe de la conservation des forces vives, dès l'instant qu'on supposait un état de parfaite élasticité.

Mais on a rencontré d'autres phénomènes où l'on n'a pu se refuser à regarder les fonctions f des relations $R = f(r)$ comme étant susceptibles de varier, soit graduellement, soit brusquement, d'un instant à l'autre, et alors la quantité $\Sigma \int_0^1 R\, dr$ échappait à toute appréciation directe.

Il y a, en un mot, des corps imparfaitement élastiques, comme, par exemple, des matières molles et visqueuses, et, pareillement, des matières pulvérulentes, qu'on peut faire changer de figure indéfiniment, avec une dépense continuelle de travail, et qui, une fois abandonnées à elles-mêmes, reprennent très-promptement une figure bien déterminée, sans qu'une partie notable de travail ou de force vive ait pu se transmettre au dehors.

Pour de telles matières, la formule (III) serait absurde si l'on n'admettait pas que la quantité inconnue $\Sigma \int_0^1 R\, dr$ a la propriété de croître négativement aussi longtemps qu'il y aura des changements de figure, c'est-à-dire des mouvements de rapprochement, d'écartement et de glissement entre les différentes parcelles ∂m du système.

Mais toute valeur négative de la quantité $\Sigma \int_0^1 R\, dr$ une fois produite dans un corps et non susceptible d'être restituée ultérieurement par ce corps, dénotera une perte de force vive qui aura eu lieu pendant la durée du mouvement.

Ainsi donc, pour toutes les matières molles et visqueuses, et, pareillement, pour toutes les matières pulvérulentes, on devra admettre une perte de force vive pendant la durée du changement de figure de ces matières.

On a été conduit au même résultat pour les liquides et pour les fluides élastiques toutes les fois que les différentes parcelles δm de pareilles sortes de matières se sont trouvées dans un état d'agitation très-considérable et non assujetti à une loi de continuité d'un point à un autre du système.

Or, en réfléchissant, à priori, sur le phénomène physique d'une matière molle ou d'une matière pulvérulente qui est susceptible d'être pétrie et déformée indéfiniment avec une dépense continuelle de travail, on ne peut se soustraire à la question de savoir ce qu'il en adviendra d'une telle dépense de travail dans la nature physique ou chimique du système.

Au point de vue purement mathématique de la formule (III), tout est dit quand on a admis la variabilité, soit graduelle, soit brusque, des fonctions $R = f(r)$ d'un instant à l'autre ; mais quelle est la circonstance physique ou chimique qui se trouve intimement liée à un tel changement des fonctions $f(r)$? Cette question-là reste entière bien manifestement, et il doit y avoir une réponse à y faire.

Or, tout le monde sait que, dans les opérations de percussion, d'écrouissage et d'étirement des corps solides, il y a généralement une élévation de température, et, par suite, un dégagement de chaleur. Il en est de même du frottement des corps solides les uns contre les autres sous de très-grandes charges. Tous les frottements paraissent, à la vérité, être accompagnés de mouvements vibratoires, et c'est pour cela que je n'en ai pas encore parlé, parce que, dès qu'il y a des mouvements vibratoires quelque part, ces mouvements se transmettent très-rapidement à tous les corps environnants et produisent, de cette manière, une diminution dans la somme des forces vives des corps frottants sans qu'il faille admettre une destruction ou perte absolue de force vive ; mais tous les frottements contre des surfaces peu unies et mal graissées, sous de grandes charges particulièrement, produisent en même temps une élévation de température, et, par suite, on a lieu de croire que toute perte de force vive dans la formule (III), non susceptible d'être attribuée à une transmission de mouvements vibratoires, se transformera en une quantité correspondante de chaleur, de telle sorte que si l'on avait égard à la fois aux phénomènes mécaniques et aux phénomènes calorifiques des corps, il ne saurait plus y avoir de perte de force vive.

Il a été reconnu, en effet, dès l'établissement de la formule (3) et démontré ensuite surabondamment par la discussion de la formule (10), que tout fluide élastique peut être employé à faire de la chaleur avec de la force motrice, ou, réciproquement, à produire de la force motrice avec de la chaleur [alors qu'on n'admettra pas l'égalité $q' = q$ dans la formule (3)].

La formule (III) pourra d'ailleurs être appliquée directement au phénomène de la

10..

dilatation d'un fluide élastique sur les *fig.* 1 et 2, à la condition d'y faire à la fois

$$w_0 = 0, \quad w_1 = 0, \quad T_m = 0,$$

ce qui donnera simplement

$$0 = -T_r + \Sigma \int_0^1 R\, dr,$$

tandis que sur les *fig.* 1 et 2 on trouvera

$$0 = -T_r + \int_0^1 p\, dv.$$

Donc, dans ce cas-là, on aura identiquement

$$\Sigma \int_0^1 R\, dr = \int_0^1 p\, dv,$$

et ce sera une seule et même chose que d'écrire soit $-p\, dv$, soit $-\Sigma R\, dr$ dans le deuxième membre de l'équation (II); par conséquent, l'équation (II) fera voir immédiatement comment la quantité $\Sigma R\, dr$ variera avec l'état calorifique d'un fluide élastique sur les *fig.* 1 et 2, ce dont on ne s'est jamais occupé dans la mécanique ordinaire.

On aura, en un mot,

$$(V) \qquad\qquad dQ = \Gamma(t) f(t, u)\, du - \Sigma R\, dr$$

pour tel fluide qu'on voudra, non animé de vitesses, et renfermé dans une enveloppe de volume variable v susceptible de laisser passer une somme de chaleur $f(t, u)\, du$ du dehors en dedans, ou, inversement, du dedans au dehors, selon que du sera positif ou négatif.

D'après cette équation, la quantité $\Sigma R\, dr$ ne saurait augmenter ni diminuer sans qu'il survienne un changement égal et contraire dans la fonction Q, et, par suite, la fonction Q devra être envisagée comme étant la quantité totale d'espèce $\Sigma \int R\, dr$ dont un corps donné sera capable.

Je suppose maintenant qu'un fluide élastique soit renfermé dans un volume constant v parfaitement immobile, et, par conséquent, non susceptible de laisser passer des mouvements vibratoires au dehors, pendant qu'une quantité quelconque de travail T_m sera dépensée intérieurement à produire de l'agitation dans le fluide; alors l'équation (II) cessera d'être applicable à cause des vitesses qui naîtront et des changements qui surviendront à la fois dans les vitesses, dans les pressions et dans les températures des différentes parcelles δm d'un instant à l'autre; mais l'équation (III) subsistera à tout instant et donnera, à partir de l'état initial,

$$\frac{1}{2} \Sigma \delta m\, w_1^2 = T_m + \Sigma \int_0^1 R\, dr.$$

Je suppose encore que, après qu'une certaine quantité de travail T_m aura été dépensée, le système se trouve abandonné à lui-même, et que, au bout d'un certain temps, toutes les vitesses w_i soient redevenues égales à zéro ; alors, pourvu que l'expérience vérifie la possibilité de l'extinction finale de toutes les vitesses w_i, la formule (II) redeviendra manifestement applicable sous la forme

$$dQ' = \Gamma(t')f(t', u')\,du' - p'\,d\omega',$$

et, tandis que, dans l'état initial, on avait, le long de la droite AB, *fig.* 1,

$$Q = Q_0 + \int_{u_0}^{u} \Gamma(t)f(t, u)\,du,$$

on aura, dans l'état final, le long de la même droite AB prolongée s'il le faut,

$$Q' = Q_0 + \int_{u_0}^{u'} \Gamma(t)f(t, u)\,du.$$

Cela étant, il s'agira de savoir trouver, en principe, la relation des quantités Q, Q'. J'admets d'ailleurs que le phénomène ait pu avoir lieu dans une enveloppe non perméable à la chaleur, et, dans cette supposition, il est manifeste que, en écrivant $Q' = Q$, il faudra qu'il y ait une perte de force vive représentée par l'expression

$$T_m = -\Sigma \int_0^1 R\,dr,$$

sans production de chaleur, au lieu que, en écrivant

$$Q' = Q + T_m = Q - \Sigma \int_0^1 R\,dr,$$

il y aura une production de chaleur tout à fait équivalente à la quantité de force vive disparue ; et comme, dans le cas d'une parfaite élasticité, la quantité $\Sigma \int_0^1 R\,dr$ ne pourra jamais augmenter ni diminuer sans qu'il survienne un changement égal et contraire dans la fonction Q, ainsi que je l'ai fait voir tout à l'heure par la formule (V), il faudrait véritablement vouloir se refuser à toute évidence pour ne pas continuer à attribuer une telle signification à la quantité $\Sigma \int_0^1 R\,dr$ dans le cas d'une élasticité plus ou moins imparfaite.

La relation

$$(VI) \qquad Q' = Q - \Sigma \int_0^1 R\,dr$$

paraît avoir été admise, en effet, par MM. Regnault, Joule et d'autres physiciens qui se sont occupés de cette matière.

Quant à la manière de trouver les variables p', t', u' du nouvel état calorifique du fluide élastique par rapport aux valeurs correspondantes p, t, u de l'état initial, il faudrait que l'on connût les formes algébriques des fonctions

$$\varphi(v, p) = t, \quad \psi(v, p) = u, \quad f(t, u), \quad \Gamma(t),$$

et que, ensuite, le long de la perpendiculaire AB, à partir du point B, on écrivît la condition

$$(\text{VII}) \qquad \int_u^{u'} \Gamma(t) f(t, u)\, du = Q' - Q = -\Sigma \int_0^1 R\, dr.$$

Telle est la théorie à laquelle je suis conduit pour les expériences qui ont été publiées depuis longtemps par M. Joule.

La même théorie sera directement applicable aux deux expériences qui ont été annoncées par M. Regnault dans le *Compte rendu de l'Académie des Sciences* (séance du 18 avril 1853, tome XXXVI, page 180, premier exemple).

Dans l'une des expériences de M. Regnault, la dilatation a eu lieu dans une enveloppe extensible peu perméable à la chaleur, de manière que, en regardant les vitesses w des parcelles de gaz δm comme négligeables, la dilatation a dû se faire sensiblement de B en C sur la *fig.* 1 pendant que le volume v augmentait de OA à OA₁. La température a été notablement abaissée, et il y a eu une production de travail au dehors égale à l'aire ABCA₁.

Dans l'autre expérience, la dilatation a été la même, de OA à OA₁, dans une enveloppe peu perméable à la chaleur, mais l'enveloppe n'était pas extensible, et il n'y a pas eu une production de travail au dehors; une quantité de force motrice égale à l'aire ABCA₁ a dû être employée à imprimer des vitesses aux parcelles δm, puis ces vitesses se sont éteintes et ont reformé de la chaleur; par suite, la pression et la température du fluide élastique ont dû monter le long de la perpendiculaire AC jusqu'en un certain point D qui dépendra de la condition $dQ = 0$, c'est-à-dire de l'équation différentielle

$$(\text{VIII}) \qquad 0 = \Gamma(t) f(t, u)\, du - p\, dv.$$

représentant une certaine courbe BD à mener du point B jusqu'à la rencontre de l'axe Ov sur la *fig.* 1.

Il y aura manifestement à concevoir une telle courbe par chaque point B de la *fig.* 1, mais on ne voit pas directement, jusqu'ici, de quelle manière une courbe de l'espèce Q = constante pourra se présenter par rapport aux deux courbes fondamentales $\varphi(v, p) = t$, $\psi(v, p) = u$, et, d'après la seconde expérience de M. Regnault, la courbe Q = constante se confondrait avec la courbe $\varphi(v, p) = t$.

Une telle coïncidence, supposée générale, entraînerait des relations particulières dont je m'occuperai tout à l'heure, et qui ne sauraient avoir lieu pour des vapeurs, ainsi que je le ferai voir.

Quoi qu'il en soit de la forme de la courbe représentée par l'équation (VIII), il me sera très-facile de donner une entière généralité à ce nouvel ordre d'idées dans la science de la mécanique en remontant aux formules (I), (I *bis*), qui étaient

$$(\text{IX}) \quad \begin{cases} Q_{\text{\tiny I}} = Q + \dfrac{1}{2}\, m\, \omega^2, \\[2ex] Q'_{\text{\tiny I}} = Q' + \dfrac{1}{2}\, m\, \omega'^2, \end{cases}$$

et en y joignant, non-seulement la relation générale des forces vives sous la forme

$$(\text{X}) \qquad \frac{1}{2}\, m\, \omega'^2 - \frac{1}{2}\, m\, \omega^2 = T_m - T_r + \Sigma \int R\, dr,$$

mais encore la relation nouvelle dont j'ai fait usage dans l'établissement de la formule (VI), et dont l'expression sera

$$(\text{XI}) \qquad Q' - Q + \Sigma \int R\, dr = o,$$

au moyen de quoi je trouverai

$$(\text{XII}) \quad \begin{cases} Q'_{\text{\tiny I}} - Q_{\text{\tiny I}} = (Q' - Q) + \left(\dfrac{1}{2}\, m\, \omega'^2 - \dfrac{1}{2}\, m\, \omega^2 \right), \\[2ex] = Q' - Q + T_m - T_r + \Sigma \int R\, dr = T_m - T_r, \end{cases}$$

c'est-à-dire que, du moment où l'on érigera en principe la relation (XI), il y aura toujours une parfaite conservation des forces vives ou des quantités de travail produites par les seules forces extérieures d'un système, en ce sens que toute différence entre les quantités T_m, T_r se retrouvera par une quantité équivalente de chaleur, soit dans le corps même, où l'accroissement négatif de l'intégrale $\Sigma \int R\, dr$ aura fait naître, en effet, une telle quantité de chaleur, soit dans les corps environnants, où la quantité de chaleur produite aura pu s'écouler.

La formule (XI) ne servira d'ailleurs qu'à étendre aux corps imparfaitement élastiques ce qui, d'après l'équation (V), aura lieu nécessairement pour les fluides parfaitement élastiques.

CHAPITRE VI.

Développement de l'hypothèse qui consiste à regarder la quantité Q *comme une fonction de la variable* t *seulement.*

Les règles fondamentales de ma théorie des effets dynamiques de la chaleur étant actuellement établies, il ne me reste plus qu'à en développer les conséquences; et, d'abord, je m'occuperai des deux expériences déjà citées de M. Regnault.

Dans l'une de ces expériences, un volume d'air a été dilaté du simple au double, de OA à OA, par exemple, sur la *fig.* 1, dans une enveloppe extensible peu perméable à la chaleur, et sans que les particules d'air aient pu prendre des vitesses appréciables. La dilatation a dû se faire alors à très-peu près de B en C, le long de la courbe Bu, et il a dû y avoir à la fois un abaissement de température et une production de travail égale à l'aire ABCA$_1$.

Dans l'autre expérience, une capacité pleine d'air a été mise en communication avec une capacité de volume égal, dans laquelle était le vide pneumatique; à la fin de l'expérience, le volume de l'air s'est trouvé augmenté du simple au double comme tout à l'heure, mais aucun travail n'a pu être produit au dehors. Toute la force expansive de l'air a été employée à produire des vitesses, et, par suite, des tournoiements, puis les tournoiements se sont éteints et ont dû être remplacés par une quantité équivalente de chaleur.

Ainsi, dans la première expérience, la quantité Q aura dû éprouver une diminution égale à l'aire ABCA$_1$ sur la *fig.* 1, et, dans la seconde expérience, la quantité Q aura dû être constante. La température, à la fin de la seconde expérience, aura dû être égale à celle que l'on trouverait sur la *fig.* 1 à l'intersection de la perpendiculaire A$_1$C prolongée avec une certaine courbe BD dont l'équation différentielle sera

$$dQ = 0 \quad \text{ou} \quad \Gamma(t) f(t, u)\, du - p\, dv = 0.$$

Or, M. Regnault a trouvé que la température finale t' était égale à la température initiale t; donc, dans ce cas-là, le point D ne différerait pas du point B$_1$, et si l'on faisait d'une telle coïncidence une règle générale, il faudrait que la courbe BD ne différât pas de la courbe BB$_1$; il faudrait, en un mot, que le long de chacune des courbes $\varphi(v, p) = $ constante t on eût Q $=$ constante, et, par suite, dans toute l'étendue de la *fig.* 1, Q $=$ fonction (t), ce qui entraînerait différentes conséquences que je me propose de développer à fond.

Et, d'abord, j'observe que de B en B$_1$ le long d'une courbe $\varphi(v, p) = $ constante t, la première des formules (A) fera avoir généralement

$$Q_1 - Q = \Gamma(t) \int_u^{u_1} f(t, u)\, du - \int_u^{u_1} p \frac{dv}{du}\, du = q\, \Gamma(t) - \text{aire ABB}_1\text{A}_1.$$

Pareillement, de B' en B$_1'$ le long d'une courbe $\varphi(v, p) = $ constante t', on aura

$$Q_1' - Q' = \Gamma(t') \int_u^{u_1} f(t', u)\, du - \int_u^{u_1} p' \frac{dv'}{du}\, du = q'\, \Gamma(t') - \text{aire A'B'B}_1'\text{A}_1'.$$

Donc, en premier lieu, pour que l'on puisse trouver à la fois Q$_1 = $ Q, Q$_1' = $ Q', il faudra que l'on ait

$$q\, \Gamma(t) = \text{aire ABB}_1\text{A}_1$$
$$q'\, \Gamma(t') = \text{aire A'B'B}_1'\text{A}_1'.$$

D'autre part, de B en B', le long d'une courbe $\psi(v, p) = u$, la première des formules (A) fera avoir généralement

$$Q' - Q = 0 - \int_t^{t'} p \frac{dv}{dt}\, dt = 0 + \text{aire ABB'A'},$$

et, pareillement, de B_1 en B'_1, le long d'une courbe $\psi(v, p) = u_1$, on aura

$$Q'_1 - Q_1 = 0 - \int_t^{t'} p' \frac{dv'}{dt}\, dt = 0 + \text{aire } A_1 B_1 B'_1 A'_1.$$

Donc, en second lieu, pour que l'accroissement de Q puisse être le même de B en B' que de B_1 en B'_1, il faudra encore que l'on ait

$$\text{aire } A_1 B_1 B'_1 A'_1 = \text{aire } ABB'A'.$$

D'après cette dernière égalité, il suffira que toutes les courbes $\varphi(v, p) = t$ soient tracées sur la *fig.* 1, et qu'une seule des courbes $\psi(v, p) = u$ soit donnée pour que l'on parvienne à déterminer toutes les autres courbes ψ d'après celle-là.

Je suppose, en effet, que l'on me donne la courbe $B'Bu$ et un autre point quelconque B_1 sur l'arc indéfini BB_1 ou $\varphi(v, p) = t$; l'aire $ABB'A'$ aura alors une valeur parfaitement déterminée pour chacune des autres courbes $\varphi(v, p) = t'$ situées au-dessus comme au-dessous de l'arc BB_1, et, en cherchant à construire pour chacune d'elles une aire $A_1 B_1 B'_1 A'_1$ égale à l'aire correspondante $ABB'A'$, il est bien évident que je trouverai un arc correspondant $B_1 B'_1$, parfaitement déterminé ; je réussirai donc à trouver la courbe $B'_1 B_1 u_1$ tout entière, et de même pour tous les points B_1 imaginables situés sur le prolongement de l'arc IB.

Réciproquement, quand on me donnera la courbe $B'_1 B_1 u_1$, j'en déduirai la courbe $B'Bu$, et la construction me réussira sans difficulté jusqu'au point de rencontre β avec celle des courbes $\varphi(v, p) = $ constante t, qui partira du point u_1 et que je suppose être l'arc $u_1 \beta$ sur la *fig.* 1.

Pour ce point-là, j'aurai à construire une aire $AB\beta\alpha$ égale à l'aire triangulaire $A_1 B_1 u_1$, et l'arc βu me restera inconnu.

Mais il est facile de démontrer encore que la quantité de force vive latente de u en u_1 le long de l'axe Ov devra être égale à zéro, et qu'il en résultera d'abord les deux égalités

$$\text{aire } uBB_1 u_1 = \text{aire } ABB_1 A_1,$$
$$\text{aire } A_1 B_1 u_1 = \text{aire } ABu,$$

par suite, la coïncidence de l'arc $u_1 \beta$ avec l'axe Ov, et, enfin, la coïncidence du dernier élément ds de la courbe $B'Bu$ avec l'axe Ov.

Pour le faire voir, j'observe que, du moment où l'égalité

$$q \, \Gamma(t) = \text{aire } ABB_1 A_1$$

devra avoir lieu dans toute l'étendue de la *fig.* 1, on aura spécialement pour l'arc $u_1 \beta$, en désignant par t_0 la température constante le long de cet arc,

$$q_0 \Gamma(t_0) = \text{aire } \alpha \beta u_1 ;$$

quand ensuite il me plaira de considérer deux courbes infiniment rapprochées $\psi(v, p) = u$, $\psi(v, p) = u + du$, la quantité q_0 devra naturellement être envisagée

F. R. 11

comme un infiniment petit du premier ordre égal au terme différentiel $f(t_0, u)\,du$, tandis que l'aire $\alpha\beta u_1$ deviendra une quantité infiniment petite du second ordre.

J'en conclus que la relation

$$q_0\,\Gamma(t_0) = \text{aire } \alpha\beta u_1$$

ne saurait être applicable jusqu'à la dernière limite de petitesse de la différence $u_1 - u$ qu'autant que le rapport de q_0 à $u_1 - u$ se réduira à zéro à la limite $u_1 = u$, ce qui exigera que l'on ait

$$f(t_0, u) = 0.$$

Il s'ensuit que, dans la relation bien connue

$$\text{aire } u\,BB_1\,u_1 = q\,\Gamma(t) - \int_u^{u_1} \Gamma(t_0)\,f(t_0, u)\,du,$$

on aura d'abord

$$0 = \int_u^{u_1} \Gamma(t_0)\,f(t_0, u)\,du,$$

puis

$$\text{aire } u\,BB_1\,u_1 = q\,\Gamma(t) = \text{aire } ABB_1\,A_1;$$

et comme, en tout état de choses, on aura sur la *fig.* 1,

$$\text{aire } A_1\,B_1\,u_1 = \text{aire } AB\,u + \text{aire } u\,BB_1\,u_1 - \text{aire } ABB_1\,A_1,$$

il s'ensuivra manifestement

$$\text{aire } A_1\,B_1\,u_1 = \text{aire } AB\,u.$$

Donc l'arc $u_1\,\beta$, représenté par l'équation

$$\varphi(v, p) = t_0,$$

devra se confondre avec l'axe $O\,v$, et, à cause de la relation démontrée

$$f(t_0, u) = 0,$$

aucune somme de chaleur ne sera nécessaire pour faire aller le volume v du fluide de u en u_1 le long de l'axe $O\,v$.

Par suite, enfin, de ce que l'on aura

$$f(t_0, u) = 0,$$

le dernier élément ds de la courbe $B\,u$ devra tomber dans la direction de l'arc $\beta\,u_1$, laquelle direction est celle de l'axe $O\,v$.

Or, de pareilles conséquences ne sauraient guère être admises au point de vue physique de la question pour un gaz permanent, et bien moins encore pour un mélange de liquide et de vapeur saturée de ce liquide, ainsi que je vais le faire voir en peu de mots et d'une manière bien frappante.

Dès l'instant que, sur la *fig.* 2, on admettra les relations

$$q'\,\Gamma(t') = \text{aire } A'B'B_1'A_1',$$

$$q\,\Gamma(t) = \text{aire } ABB_1A_1,$$

et, par suite, l'égalité

$$\text{aire } A_1 B_1 B'_1 A'_1 = \text{aire } ABB'A',$$

toutes les courbes de détente $B'Bu$, $B'_1 B_1 u_1,\ldots$ deviendront une seule et même courbe transportée parallèlement à elle-même le long de l'axe Ov, et l'aire curviligne $BB'B'_1 B_1$ ne sera ni plus ni moins grande que le rectangle correspondant $bB'B'_1 b_1$, qui aura même base $B'B'_1$ et même hauteur bB'. Tous les triangles $hi'k$, $bB'B$, $b_1 B'_1 B_1,\ldots$ seront égaux, et chacune des aires curvilignes $ki'B'_1 B_1$ sera égale au rectangle correspondant $hi'B'_1 b_1$.

Or, l'aire du triangle $b_1 B'_1 B_1$ représente l'augmentation de force motrice que l'on peut obtenir avec une machine à vapeur à détente complète comparativement à une machine à vapeur à détente nulle.

L'aire curviligne $ki'B'_1 B_1$ représente le maximum de force motrice théoriquement possible avec la seule chaleur latente du mélange de liquide et de vapeur de i' en B'_1 sur la *fig.* 2.

L'aire du triangle $ii'k$, peu supérieure à l'aire des triangles égaux $hi'k$, $b_1 B'_1 B_1$, représente le maximum de force motrice théoriquement possible avec la quantité de chaleur sensible de la masse liquide de i en i' le long de la courbe $i_0 i i'$.

Les aires $ii'B'_1 b_1$, $hi'B'_1 b_1$ dont la différence est la même que celle des triangles $ii'k$, $hi'k$ représentent, à très-peu près, la quantité de force motrice directe de la valeur dépensée, c'est-à-dire la quantité de force motrice que l'on obtient dans une machine sans détente avec la même dépense de chaleur que celle qui, dans une machine à détente complète, fait obtenir en plus l'aire du triangle $b_1 B'_1 B$ [*].

---

[*] De la manière dont les machines à vapeur sont disposées, on obtient, à la vérité, dans le cylindre travailleur des quantités de force motrice égales à l'une des aires $PP'B'_1 B_1$, $PP'B_1 b_1$, selon que la machine est à détente complète ou à détente nulle; mais il faut qu'on en défalque ce que coûte l'alimentation de la chaudière.

Si l'on voulait satisfaire à la règle théorique de ne jamais mettre en présence des corps d'inégales températures, il faudrait que la pompe alimentaire pût saisir un volume $P'k$ d'eau et de vapeur à la température t du condenseur; puis il faudrait que le mélange saisi fût refoulé sur lui-même le long de la courbe ki', de manière que, avec une dépense de travail égale à l'aire $Pki'P'$, par coup de piston, la chaudière pût recevoir un volume $P'i'$ de liquide à la température t'.

De cette manière, il ne resterait comme bénéfice que l'une des aires $ki'B'_1 B_1$, $ki'B'_1 b_1$, selon que la machine serait à détente complète ou à détente nulle, et la chaudière n'aurait à dépenser que la quantité de chaleur latente de i' en B'_1.

Cela exigerait une pompe alimentaire trop volumineuse, et l'on préfère avec raison n'alimenter la chaudière qu'avec un volume Pi de liquide à la température t du condenseur.

On devra alors mener par le point i une courbe ih' de l'espèce $\phi(v, p) = $ constante u, par rapport à une masse d'eau entièrement liquide, et le travail de la pompe alimentaire sera représenté par l'aire $Pih'P'$; ce qui fera réaliser, en outre, l'aire quadrilatérale $ih'i'k$ dans la machine à détente complète, comme dans la machine sans détente; mais, par contre, la chaudière aura à fournir d'abord la quantité de chaleur sensible de h' en i' sur la *fig.* 2; plus, ensuite, la quantité de chaleur latente de i' en B'_1.

Ce que je viens de nommer la quantité de chaleur sensible de h' en i' sur la *fig.* 2 est la quantité

11..

Ainsi donc, l'aire $k i' B'_1 B_1$, ou le maximum de force motrice théoriquement possible avec la seule chaleur latente d'un mélange de liquide et de vapeur saturée de ce liquide, ne sera ni plus ni moins grand que l'aire $h i' B'_1 b_1$ ou la quantité de force motrice directe d'une machine sans détente dans laquelle on fera une dépense de chaleur égale à la somme de la chaleur latente et de la chaleur sensible de la vapeur employée.

Je suppose, par exemple, qu'il y ait une température de 100 degrés dans la chaudière et de 50 degrés dans le condenseur d'une machine à vapeur d'eau ; je suppose encore que le point B'_1 ne diffère pas sensiblement du point I' sur la *fig.* 2, c'est-à-dire,

---

de chaleur à dépenser par la chaudière pour que le volume d'eau introduit $P' h'$ sous la pression OP' dans la chaudière, soit porté à sa température d'ébullition t' pendant que le volume augmentera de $P' h'$ à $P' i'$. Il y a une distinction à faire entre cette quantité de chaleur et celle qu'il faudrait employer pour faire aller la masse liquide de i en i' le long de la courbe $i_0 i i'$ sous une pression variable $p = \Omega(t)$.

D'abord le volume d'eau $P' h'$, sous la pression OP' de la chaudière, différera excessivement peu du volume initial Pi sous la pression OP du condenseur, à cause de la compressibilité à peu près nulle de l'eau, et en même temps la température ϑ au point h' surpassera excessivement peu la température t au point i.

Ensuite, si je désigne par dq, dq' les quantités élémentaires de chaleur qu'il sera nécessaire d'employer pour faire aller la température du liquide de t à $t + dt$, d'une part, le long de la courbe $i i'$, et, d'autre part, le long de la petite ligne $h' i'$, en supposant, d'ailleurs, que la ligne $i h'$, presque droite et parallèle à l'axe $O p$, est une courbe d'espèce $\psi (v, p) = u$ par rapport à la masse liquide, je n'aurai qu'à appliquer à une telle masse liquide les principes généraux de ma théorie des fluides élastiques, pour trouver la condition nécessaire

$$\text{aire } i h' i' = \int_{\vartheta}^{t'} \Gamma(t)\, dq' - \int_{t}^{t'} \Gamma(t)\, dq.$$

D'autre part, en représentant par

$$v = w = \text{fonction } t,$$

l'équation de la courbe indéfinie $i_0 i i'$, je trouverai manifestement

$$\text{aire } i h' i' = \int_{t}^{t'} w\, dp - w (p' - p) = p' (w' - w) - \int_{t}^{t'} p\, dw,$$

et je serai conduit à égaler les seconds membres de ces équations pour avoir la condition mathématiquement nécessaire entre les quantités dq, dq'.

Il faudrait que le volume $P i$ de liquide à la température t du condenseur fût échauffé progressivement dans le cylindre de la pompe alimentaire jusqu'à la température t' de la chaudière sous une pression variable $p = \Omega(t)$, le long de la courbe $i_0 i i'$ sur la *fig.* 2, pour que le travail de la pompe alimentaire devînt exactement égal à l'aire $P i i' P'$ en place de l'aire $P i h' P'$, et pour que la quantité de chaleur à dépenser fût égale à l'intégrale

$$\int_{t}^{t'} dq,$$

le long de la courbe $i i'$, en place de l'autre intégrale

$$\int_{t}^{t'} dq',$$

le long de la droite $h' i'$.

en d'autres termes, que la vapeur employée soit sensiblement sèche: alors, chaque
kilogramme de vapeur dépensée fera sortir de la chaudière 537 unités de chaleur latente, plus 5o unités de chaleur sensible, en tout 587; et, d'après ce qui précède, le
maximum de force motrice théoriquement possible avec une dépense de 537 unités de
chaleur ne sera ni plus ni moins grand que ce que l'on obtiendra dans une machine
sans détente avec une dépense de $537 + 5o = 587$ unités de chaleur.

Par suite, dans une machine à détente complète, avec une dépense de 587 unités
de chaleur, le maximum de force motrice théoriquement possible ne saurait excéder la
quantité de force motrice correspondante de la machine sans détente dans une proportion plus grande que celle de

$$537 : 587 :: 100 : 109,$$

c'est-à-dire, en d'autres termes, que le bénéfice maximum de la détente, dans une machine théoriquement parfaite, ne saurait être que de 9 pour 100 au plus, ce qui n'est
certes pas croyable et ce que n'admettra aucun ingénieur.

Je dis donc que si le fait observé par M. Regnault a pu se vérifier à très-peu près
pour de l'air atmosphérique, il ne saurait être permis d'y voir une règle générale pour
des gaz permanents, et encore moins pour des vapeurs; que surtout l'on devra se gar-
der d'en faire le point de départ d'une théorie générale des effets dynamiques de la
chaleur.

Et qu'on ne croie pas que, pour arriver à de telles conclusions, il me faille avoir
établi d'abord la première des équations (A), qui est

$$dQ = \Gamma(t) f(t, u) \, du - p \, d\sigma;$$

car, si je remonte tout à fait à l'origine de la *fig.* 1, je vois d'une manière bien évidente que, en désignant par S l'aire quadrilatérale $BB'B'_1B_1$, j'aurai, d'une part,

$$S = \text{aire } A'B'B'_1A'_1 + \text{aire } A'_1B'_1B_1A_1 - \text{aire } A_1B_1BA - \text{aire } ABB'A',$$

et, d'autre part,

$$S = \text{aire } uB'B'_1u_1 - \text{aire } uBB_1u_1.$$

Je trouverais encore d'autres expressions de l'aire S, s'il me plaisait soit d'abaisser
des perpendiculaires des quatre points B, B', B_1, B'_1 sur l'axe Op, soit de prendre la
différence des aires curvilignes $HBB'I'H'$, $HIB_1B'_1H'$, et toutes ces manières d'évaluer
l'aire S seraient géométriquement équivalentes.

Leur entier développement me conduirait à la théorie connue des formules (19)
et (19 *bis*), qui, par elles-mêmes, n'ont aucune signification calorifique.

Il faudra que je raisonne à la manière de M. Carnot pour trouver une expression
purement calorifique de l'aire S sous la forme

$$S = q' \Gamma(t') - q \Gamma(t),$$

et, de plus, il faudra que je puisse identifier cette autre expression de l'aire S avec
d'une des expressions précédentes.

Or, je réussirai à cela très-directement sur la *fig.* 1, sans faire aucune hypothèse, en observant tout simplement que, entre deux courbes données $B'Bu$, $B'_1B_1u_1$, ou $\psi(v,p) = u$, $\psi(v,p) = u_1$, toute diminution de t ou tout accroissement de t' dans la formule calorifique entraînera sur la *fig.* 1 un accroissement correspondant dans l'aire de la bande curviligne uBB_1u_1 ou $uB'B'_1u_1$.

Il m'est parfaitement évident, en un mot, que, entre la formule calorifique et la seconde des formules géométriques, j'aurai

$$o = \left(q'\,\Gamma(t') - \text{aire } uB'B'_1u_1 \right) - \left(q\,\Gamma(t) - \text{aire } uBB_1u_1 \right),$$

ou, ce qui revient au même,

$$q'\,\Gamma(t') - \text{aire } uB'B'_1u_1 = q\,\Gamma(t) - \text{aire } uBB_1u_1 = D,$$

la valeur D de ces différences égales ne pouvant dépendre que de u, u_1.

Il m'est tout aussi évident que, par rapport à la courbe $u_1\beta$ déjà considérée sur la *fig.* 1, j'aurai

$$D = q_0\,\Gamma(t_0) - \text{aire } u\beta u_1.$$

Quand enfin il me plaira de faire une application de cette relation à deux courbes infiniment rapprochées $B'Bu$, $B'_1B_1u_1$, je concevrai parfaitement que, en place de la quantité $q_0\Gamma(t_0)$, j'aurai à considérer le terme infiniment petit du premier ordre

$$\Gamma(t_0)f(t_0,u)\,du,$$

et, en place de l'aire $u\beta u_1$, une quantité infiniment petite du deuxième ordre.

Donc, pour des bandes curvilignes uBB_1u_1, $uB'B'_1u_1$ comprises entre deux courbes infiniment rapprochées $\psi(v,p) = u$, $\psi(v,p) = u + du$, j'aurai

$$dD = \Gamma(t_0)f(t_0,u)\,du;$$

puis, quand il me plaira de juxtaposer une multitude de pareilles bandes, je n'aurai qu'à faire la somme de tous les termes différentiels correspondants pour trouver la différence finie D des deux précédentes équations. J'aurai donc

$$D = \int_u^{u_1} \Gamma(t_0)f(t_0,u)\,du,$$

ce qui me donnera généralement

$$q\,\Gamma(t) - \text{aire } uBB_1u_1 = \int_u^{u_1} \Gamma(t_0)f(t_0,u)\,du,$$

ou bien

$$q\,\Gamma(t) = \text{aire } uBB_1u + \int_u^{u_1} \Gamma(t_0)f(t_0,u)\,du,$$

et pareillement

$$q'\,\Gamma(t') = \text{aire } uB'B'_1u_1 + \int_u^{u_1} \Gamma(t_0)f(t_0,u)\,du,$$

l'intégrale définie des seconds membres pouvant avoir telle valeur que l'expérience fera trouver de u en u_1 le long de l'axe Ov sur les *fig.* 1 et 2.

N'est-ce pas là une théorie complète et entièrement satisfaisante, quelle que puisse être la nature de la fonction universelle $\Gamma(t)$? — J'y suis parvenu en identifiant d'une manière certainement exacte l'expression purement calorifique de l'aire S avec la seconde de mes expressions géométriques; mais il ne me sera pas plus difficile de démontrer toutes les mêmes choses en voulant identifier l'expression calorifique de l'aire S avec la première de mes expressions géométriques, qui était

$$S = \text{aire } A'B'B'_1 A'_1 + \text{aire } A'_1 B'_1 B_1 A_1 - \text{aire } A_1 B_1 BA - \text{aire } ABB' A'.$$

Je commencerai par attribuer à u, u_1 deux valeurs entièrement déterminées, ce qui me fera avoir deux courbes données $B'B\,u$, $B'_1 B_1\,u_1$ sur la *fig.* 1.

Je ferai remarquer ensuite que, dans ce cas-là, quand t' sera constant et que t variera, le premier terme seulement du second membre sera constant et que les trois autres varieront à la fois avec t. Quand, au contraire, t sera constant et que t' seul variera, il n'y aura que le troisième terme qui sera constant et les trois autres varieront à la fois avec t'.

Ainsi, le deuxième et le quatrième terme varieront à la fois avec t et t', et comme, dans l'expression calorifique de l'aire S, il n'y a aucun terme de cette espèce, il faudra que j'essaye de faire subir une transformation à ma formule géométrique, ce qui sera très-facile, car on aura sur la *fig.* 1,

$$\text{aire } ABB'A' = \text{aire } A'B'\,u - \text{aire } AB\,u,$$
$$\text{aire } A'_1 B'_1 B_1 A_1 = \text{aire } A'_1 B'_1\,u_1 - \text{aire } A_1 B_1 u_1,$$

puis, en substituant et en ordonnant, je trouverai

$$S = (\text{aire } A'B'B'_1 A'_1 + \text{aire } A'_1 B'_1\,u_1 - \text{aire } A'B'\,u)$$
$$- (\text{aire } A_1 B_1 BA + \text{aire } A_1 B_1\,u_1 - \text{aire } AB\,u);$$

c'est-à-dire que, au second membre, j'aurai deux groupes de termes dont le premier ne dépendra que de la seule variable t', et dont le second ne dépendra que de la seule variable t.

Il y aura, en un mot, parfaite conformité entre l'expression purement géométrique de l'aire S et l'expression purement calorifique

$$S = q'\,\Gamma(t') - q\,\Gamma(t),$$

et, de plus encore, à la simple inspection de la *fig.* 1, on verra que le premier groupe du second membre de l'expression géométrique sera précisément égal à l'aire $u B'B'_1 u_1$, tandis que l'autre groupe sera égal à l'aire $u BB_1 u_1$. Ainsi donc l'expression géométrique de l'aire S se confondra avec l'équation connue

$$S = \text{aire } u B'B'_1 u_1 - \text{aire } u BB_1 u_1;$$

et, par suite, on en conclura tout ce qui précède sans être obligé de supposer la relation auxiliaire

$$\text{aire } A_1 B_1 B'_1 A'_1 = \text{aire } ABB'A',$$

de laquelle ressortiront des conséquences si extraordinaires pour les gaz permanents et surtout pour les vapeurs, ainsi que je l'ai fait voir.

Je veux aller plus loin encore et admettre pour un instant que, à tort ou à raison, l'on doive avoir l'égalité

$$\text{aire} = A_1 B_1 B'_1 A'_1 = \text{aire } ABB'A';$$

alors ma première expression géométrique de l'aire S se réduira à

$$S = \text{aire } A'B'B'_1 A'_1 - \text{aire } ABB_1 A_1,$$

et comme on ne cessera pas d'avoir

$$S = \text{aire } u B'B'_1 u_1 - \text{aire } u B_1 B u_1,$$

l'on se trouvera pour le moins embarrassé de savoir avec laquelle des deux formules géométriques on devra identifier l'expression calorifique

$$S = q' \Gamma (t') - q \Gamma (t).$$

Quand on optera pour la seconde des deux formules géométriques, on trouvera, comme tout à l'heure,

$$q' \Gamma (t') - \text{aire } u B'B'_1 u_1 = q \Gamma (t) - \text{aire } u BB_1 u_1 = D,$$

et, en même temps, par rapport à la courbe $u_1 \beta$,

$$D = q_0 \Gamma (t_0) - \text{aire } u \beta u_1.$$

Quand on optera pour la première des formules géométriques, on sera autorisé seulement à écrire

$$q' \Gamma (t') - \text{aire } A'B'B'_1 A'_1 = q \Gamma (t) - \text{aire } ABB_1 A_1 = \Delta,$$

sans pouvoir faire à priori $\Delta = 0$, car, le long de la courbe $u_1 \beta$, on trouvera

$$\Delta = q_0 \Gamma (t_0) - \text{aire } \alpha\beta u.$$

Ainsi donc, de l'une des manières, on aura en principe

$$q \Gamma (t) = \text{aire } u BB_1 u_1 + D = \text{aire } u BB_1 u_1 + q_0 \Gamma (t_0) - \text{aire } u\beta u_1;$$

de l'autre manière, on aura

$$q \Gamma (t) = \text{aire } ABB_1 A + \Delta = \text{aire } ABB_1 A_1 + q_0 \Gamma (t_0) - \text{aire } \alpha\beta u,$$

et ces deux formules seront parfaitement équivalentes, car on aura généralement sur la *fig.* 1, d'une manière géométriquement évidente,

$$\text{aire } u BB_1 u_1 = \text{aire } ABB_1 A_1 + \text{aire } A_1 B_1 u_1 - \text{aire } AB u,$$

et, à raison de l'égalité supposée entre les aires $A_1 B_1 B'_1 A'_1$, $ABB'A'$, on aura encore

$$0 = \text{aire } A_1 B_1 u_1 - \text{aire } AB \beta\alpha;$$

puis, en soustrayant, on trouvera

$$\text{aire } u BB_1 u_1 = \text{aire } ABB_1 A_1 - \text{aire } \alpha\beta u,$$

et, par suite, il sera facile de reconnaître la parfaite identité des deux formules en question l'une avec l'autre.

Cela convenu, je suppose que l'on fasse $u_1 = u + du$, afin de n'avoir à considérer que deux courbes infiniment rapprochées $B'Bu$, $B'_1B_1u_1$ sur la *fig.* 1; alors la quantité $q_0 \Gamma(t_0)$ se réduira au terme différentiel de premier ordre

$$\Gamma(t_0) f(t_0, u) du,$$

et chacune des aires $\alpha\beta u_1$, $\alpha\beta u_1$ deviendra une quantité infiniment petite du second ordre.

Il me sera d'ailleurs loisible de juxtaposer une infinité de bandes infiniment étroites de chacune des espèces ABB_1A_1, uBB_1u_1, dont les sommes feront les aires totales ABB_1A_1, uBB_1u_1 de la *fig.* 1. J'aurai alors, de l'une des manières,

$$q\,\Gamma(t) = \text{aire } uBB_1u_1 + \int_u^{u_1} \Gamma(t_0) f(t_0, u)\, du,$$

et, de l'autre manière,

$$q\,\Gamma(t) = \text{aire } ABB_1A_1 + \int_u^{u_1} \Gamma(t_0) f(t_0, u)\, du.$$

Mais la première relation sera absolument vraie et ne dépendra de nulle hypothèse. La seconde ne subsistera qu'en vertu de l'égalité supposée

$$\text{aire } A_1B_1B'_1A'_1 = \text{aire } ABB'A'.$$

Donc, quand je n'invoquerai pas cette égalité, j'aurai la première relation seule, sans nulle condition ni pour l'intégrale définie qui s'y trouve, ni pour la direction de la courbe $u_1\beta$.

Quand, au contraire, j'invoquerai l'égalité en question, je trouverai à la fois l'une et l'autre relation, et, par suite, j'en conclurai l'égalité

$$\text{aire } uBB_1u_1 = \text{aire } ABB_1A_1;$$

par suite aussi, il faudra que l'on ait

$$\text{aire } A_1B_1u_1 = \text{aire } AB u,$$

et, par suite enfin, la courbe $u_1\beta$ devra coïncider avec l'axe Ov.

Cela ne fera aucune condition, il est vrai, pour le terme $\Gamma(t_0) f(t_0, u) du$; mais le produit $q\,\Gamma(t)$ ne représentera pas la commune valeur des aires égales ABB_1A_1, uBB_1u_1.

On aura

$$q\,\Gamma(t) = \text{aire } uBB_1u_1 + \int_u^{u_1} \Gamma(t_0) f(t_0, u)\, du,$$

et cette expression toujours vraie du produit $q\,\Gamma(t)$ ne pourra se réduire à

$$q\,\Gamma(t) = \text{aire } ABB_1A_1 = \text{aire } uBB_1u_1,$$

qu'autant que l'on aura

$$0 = f(t_0, u),$$

F. R.

12

ce qui fera coïncider encore le dernier élément ds de la courbe $B\beta u$ avec l'axe Ov.

De cette manière, je crois avoir expliqué et démontré toutes les mêmes choses sans faire intervenir la fonction Q; mais il m'est bien évident que la fonction Q doit jouer en effet le rôle que je lui ai assigné, et que, dans le cas actuel, avec l'égalité supposée

$$\text{aire } A_1B_1B_1'A_1' = \text{aire } ABB'A',$$

sans la relation

$$o = f(t_0, u),$$

la courbe BD de la *fig.* 1 rencontrerait la perpendiculaire A_1B_1 au-dessous du point B_1.

Je suis convaincu enfin que, dans la vraie nature des choses, la courbe BD représentée par l'équation différentielle $dQ = o$ ou

$$\Gamma(t) f(t, u)\, du - p\, dv = o,$$

tombera toujours dans l'espace angulaire CBB_1 de la *fig.* 1, ce qui exigerait que l'on eût en principe

$$\text{aire } ABB_1A_1 < q\, \Gamma'(t),$$

et, par conséquent,

$$\text{aire } ABB_1A_1 < \text{aire } u\, BB_1 u_1 + \int_u^{u_1} \Gamma(t_0) f(t_0, u)\, du.$$

Quoi qu'il en soit, je vais faire voir encore comment l'on peut développer algébriquement toute la théorie des effets dynamiques de la chaleur, en partant de l'hypothèse que la fonction Q ne doit varier qu'avec la température t sur les *fig.* 1 et 2.

Je remonte à l'équation (L), et je pose

$$\Gamma(t)\, dq = \Gamma(t) f(t, u)\, du = \frac{dQ(t)}{dt}\, dt + p\, dv = Q'(t)\, dt + p\, dv.$$

Je prends v, p comme variables indépendantes, et j'en tire

$$q_0\, \Gamma(t) = \Gamma(t) f(t, u) \frac{du}{dv} = Q'(t) \frac{dt}{dv} + p = Q'(t)\vartheta_0 + p,$$

$$q_1\, \Gamma(t) = \Gamma(t) f(t, u) \frac{du}{dp} = Q'(t) \frac{dt}{dp} = Q'(t)\vartheta_1.$$

Je trouve ensuite, pour les expressions des chaleurs spécifiques principales c_0, c_1,

$$c_0\, \Gamma(t) = \frac{q_0\, \Gamma(t)}{\vartheta_0} = Q'(t) + \frac{p}{\vartheta_0},$$

$$c_1\, \Gamma(t) = \frac{q_1\, \Gamma(t)}{\vartheta_1} = Q'(t),$$

$$(c_0 - c_1)\, \Gamma(t) = \frac{p}{\vartheta_0},$$

et, pour la chaleur spécifique c dans une direction quelconque,

$$c\, \Gamma(t) = \frac{dq}{dt}\, \Gamma(t) = \frac{\Gamma(t) f(t, u)\, du}{dt} = Q'(t) + p \frac{dv}{dt},$$

puis, pour les expressions de la chaleur latente,

$$\frac{dq_\varphi}{dv_\varphi} \Gamma(t) = (c_0 - c_1)\,\vartheta_0\,\Gamma(t) = p,$$

$$\frac{dq_\varphi}{dp_\varphi} \Gamma(t) = (c_0 - c_1)\,\vartheta_1\,\Gamma(t) = p\,\frac{\vartheta_1}{\vartheta_0},$$

et la dernière des équations (N), c'est-à-dire la condition nécessaire pour que l'expression de du puisse être une différentielle exacte, sera

$$\frac{\Gamma(t)f(t,u)}{\dfrac{d}{dt}\big(\Gamma(t)f(t,u)\big)} = p\,\vartheta_1 = p\,\frac{dt}{dp}.$$

Le fluide élastique pourra être d'ailleurs un gaz permanent ou un mélange de liquide et de vapeur saturée de ce liquide.

Dans le premier cas on aura, en vertu de la loi de Mariotte,

$$vp = a(t);$$

d'où

$$p = \frac{da(t)}{dt}\frac{dt}{dv},$$

$$v = \frac{da(t)}{dt}\frac{dt}{dp},$$

c'est-à-dire

$$\vartheta_0 = \frac{dt}{dv} = \frac{p}{a'(t)},$$

$$\vartheta_1 = \frac{dt}{dp} = \frac{v}{a'(t)};$$

par suite,

$$q_0\Gamma(t) = \left(\frac{Q'(t)}{a'(t)} + 1\right)p,$$

$$q_1\Gamma(t) = \frac{Q'(t)}{a'(t)}v,$$

$$c_0\Gamma(t) = Q'(t) + a'(t),$$

$$c_1\Gamma(t) = Q'(t),$$

$$(c_0 - c_1)\Gamma(t) = a'(t),$$

$$\frac{dq_0}{dv_\varphi}\Gamma(t) = p,$$

$$\frac{dq_\varphi}{dp_\varphi}\Gamma(t) = v,$$

et la condition nécessaire deviendra

$$\frac{\Gamma(t)f(t,u)}{\dfrac{d}{dt}(\Gamma(t)f(t,u))} = p\,\frac{dt}{dp} = \frac{a(t)}{a'(t)};$$

ou, ce qui reviendra au même,

$$a(t)\frac{d}{dt}(\Gamma(t)f(t,u)) - \Gamma(t)f(t,u)\frac{d}{dt}a(t) = 0,$$

ou encore

$$\frac{d}{dt}\left(\frac{\Gamma(t)f(t,u)}{a(t)}\right) = 0,$$

et de là on tirera, par voie d'intégration,

$$\frac{\Gamma(t)f(t,u)}{a(t)} = \text{constante} = \text{fonction } u.$$

Donc, en désignant par $\varepsilon(u)$ une fonction arbitraire de la variable u, il faudra que l'on ait

$$\Gamma(t)f(t,u) = a(t)\varepsilon(u),$$

et la fonction $f(t,u)$ sera nécessairement de l'espèce

$$f(t,u) = \gamma(t)\varepsilon(u),$$

à la condition d'avoir

$$\Gamma(t)\gamma(t) = a(t).$$

Ce résultat ne changera rien aux expressions des quantités q_0, q_1, c_0, c_1, dq ; mais la relation initiale

$$\Gamma(t)f(t,u) = dQ + p\,dv$$

deviendra

$$a(t)\varepsilon(u)\,du = Q'(t)\,dt + a(t)\frac{dv}{v},$$

et, en la divisant par $a(t)$, on aura la différentielle exacte

$$\varepsilon(u)\,du = \frac{Q'(t)}{a(t)}\,dt + \frac{dv}{v},$$

de laquelle on tirera, par voie d'intégration,

$$\int \varepsilon(u)\,du = \int \frac{Q'(t)}{a(t)}\,dt + \log v.$$

Ce sera l'équation générale des courbes $\psi(v,p) = u$ en v, t, et pour avoir l'équation des mêmes courbes en v, p, il ne s'agirait que d'éliminer t entre l'équation trouvée et la relation $vp = a(t)$.

On aura, en même temps, pour la somme de chaleur nécessaire d'un point t, u à un autre point infiniment voisin $t + dt$, $u + du$,

$$dq = f(t,u)\,du = \gamma(t)\varepsilon(u)\,du,$$

(9³)

ou, ce qui reviendra au même,

$$\Gamma(t)\,dq = \Gamma(t)\,\gamma(t)\,\varepsilon(u)\,du = a(t)\,\varepsilon(u)\,du.$$

Mais une relation de cette espèce ne sera ni plus ni moins générale qu'une expression plus simple de la forme

$$dq = f(t, u)\,du = \gamma(t)\,du,$$

ou

$$\Gamma(t)\,dq = \Gamma(t)\,f(t, u)\,du = \Gamma(t)\,\gamma(t)\,du = a(t)\,du,$$

et, par suite, la relation initiale

$$\Gamma(t)\,f(t, u)\,du = d\mathrm{Q} + p\,dv$$

deviendra

$$a(t)\,du = \mathrm{Q}'(t)\,dt + p\,dv = \mathrm{Q}'(t)\,dt + a(t)\frac{dv}{v};$$

puis, en la divisant par $a(t)$,

$$du = \frac{\mathrm{Q}'(t)}{a(t)}\,dt + \frac{dv}{v}.$$

En intégrant cette formule, on trouvera l'équation générale des courbes $\psi(v, p) = u$ sous la forme

$$u = \int \frac{\mathrm{Q}'(t)}{a(t)}\,dt + \log v.$$

Pour la discuter, on n'aura qu'à désigner par v, v_1 les valeurs de v qui dépendront de deux valeurs différentes u, u_1 sur une même courbe $\varphi(v, p) = t$ ou $vp = a(t)$, et l'on aura d'abord l'équation précédente, puis

$$u_1 = \int \frac{\mathrm{Q}'(t)}{a(t)}\,dt + \log v_1.$$

On en conclura, par soustraction,

$$u_1 - u = \log v_1 - \log v.$$

Ainsi, la différence des logarithmes de v, v_1 sera constante de haut en bas sur la *fig.* 1 pour tous les arcs BB_1, $B'B'_1$,... interceptés entre deux courbes données $B'Bu$, $B'_1B_1u_1$ ou $\psi(v, p) = u$, $\psi(v, p) = u_1$, et, par suite, la connaissance d'une seule de ces courbes entraînera celle de toutes les autres.

Pour une de ces courbes en particulier, c'est-à-dire pour une valeur constante quelconque de u, on aura

$$\log v = u - \int \frac{\mathrm{Q}'(t)}{a(t)}\,dt,$$

et, au moyen de la notation auxiliaire,

$$\mathrm{E}(t) = \int \frac{\mathrm{Q}'(t)}{a(t)}\,dt,$$

ou

$$\frac{d\mathrm{E}(t)}{dt} = \frac{\mathrm{Q}'(t)}{a(t)},$$

on aura, sous forme plus simple,

$$\log v = u - \mathrm{E}(t);$$

puis, à une autre température t' le long de la même courbe,

$$\log v' = u - \mathrm{E}(t'),$$

et, par soustraction, l'on trouvera

$$\log v - \log v' = \mathrm{E}(t') - \mathrm{E}(t) = \int_t^{t'} \frac{\mathrm{Q}'(t)}{a(t)}\,dt,$$

ou, ce qui reviendra au même,

$$v = e^{u - \mathrm{E}(t)} = \frac{e^u}{e^{\mathrm{E}(t)}},$$

$$v' = e^{u - \mathrm{E}(t')} = \frac{e^u}{e^{\mathrm{E}(t')}},$$

$$\frac{v}{v'} = \frac{e^{\mathrm{E}(t')}}{e^{\mathrm{E}(t)}} = e^{\mathrm{E}(t') - \mathrm{E}(t)} = e^{\int_t^{t'} \frac{\mathrm{Q}'(t)}{a(t)}\,dt}.$$

Donc, toutes les courbes $\psi(v, p) = u$ seront parfaitement déterminées sur la *fig.* 1 dans l'intervalle des deux courbes $\varphi(v, p) = t_0$, $\varphi(v, p) = t_1$ entre les températures $t_0, t_1,$ desquelles on connaîtra la fonction $\mathrm{Q}(t)$, et, par suite, la fonction $\mathrm{E}(t)$. Réciproquement, si l'une des courbes $\psi(v, p) = u$ était connue de t_0 à t_1, on pourrait s'en servir pour en déduire la fonction $\mathrm{E}(t)$, et, par suite, la fonction $\mathrm{Q}(t)$ de t_0 à t_1.

La manière de faire le calcul dans le dernier cas, consisterait à prendre l'équation différentielle de la courbe donnée, ce qui ferait avoir

$$\frac{dv}{v} = \frac{d\,\mathrm{E}(t)}{dt}\,dt = -\frac{\mathrm{Q}'(t)}{a(t)}\,dt;$$

puis, en multipliant cette équation par $p\,v\,dt = a(t)\,dt$, et en transposant, on aurait

$$d\mathrm{Q} = \mathrm{Q}'(t)\,dt = p\,dv.$$

Ainsi l'accroissement de la fonction Q devrait être égal à l'accroissement de l'aire du triangle $A u B$, et, par suite, en ne préjugeant rien de la valeur Q_0 de la fonction Q à la limite inférieure t_0, on aurait, de t_0 à t,

$$\mathrm{Q}(t) = \mathrm{Q}(t_0) - \int_{t_0}^t p\,dv = \mathrm{Q}(t_0) + \text{aire } ABB'A' \ (\text{de } t_0 \text{ à } t).$$

Il y a à faire remarquer d'ailleurs que, d'après l'équation $v p = a(t)$, la fonction $a(t)$ satisfera nécessairement à la condition $a(t_0) = 0$ quand on y fera $p = 0$, et que, par suite, il ne saurait plus y avoir ni chaleur ni force vive latente le long de l'axe $O v$; ainsi la quantité Q devra être rigoureusement égale à l'aire du triangle $A u B$.

L'une des courbes $B'B u$, $B'_1 B_1 u_1$ n'étant pas facile à déterminer directement, il suffirait que l'on parvînt à connaître l'une des chaleurs spécifiques c_0, c_1 en fonction

(95)

de t, pour que, en multipliant par dt les expressions connues
$$c_0 \Gamma(t) = Q'(t) + a'(t),$$
$$c_1 \Gamma(t) = Q'(t),$$
et en les intégrant à partir d'une limite inférieure quelconque t_0, l'on eût, à partir de cette limite,
$$Q(t) = Q(t_0) + \int_{t_0}^{t} c_1 \Gamma(t)\, dt,$$

ou

$$Q(t) = Q(t_0) + \int_{t_0}^{t} c_0 \Gamma(t)\, dt - \{a(t) - a(t_0)\}.$$

Je suppose, enfin, que l'on ait réussi à déterminer expérimentalement une fonction $C(t)$ qui soit telle, que la différentielle de cette fonction $C'(t)\, dt$ puisse représenter la quantité de chaleur nécessaire pour faire aller les quantités v, p d'un gaz permanent le long d'une courbe donnée quelconque sur la *fig.* 1 supposée représentée par une équation de la forme
$$v = w = \text{fonction}\,(t).$$

En faisant, alors, $dq = C'(t)\, dt$ et $v = w$, dans la relation de principe
$$\Gamma(t)\, dq = \Gamma(t)\, f(t, u)\, du = \Gamma(t)\, \gamma(t)\, du = a(t)\, du = dQ + p\, dv,$$
on trouvera, le long de la courbe donnée,
$$dQ = \Gamma(t)\, C'(t)\, dt - p\, dw,$$
et, par voie d'intégration, on en déduira
$$Q(t) = \int \Gamma(t)\, C'(t)\, dt - \int p\, dw,$$
en observant que, le long de l'axe Ov, on devra avoir
$$C'(t_0) = 0$$
à cause de la relation
$$a(t_0) = 0.$$

On aura, en même temps,
$$\frac{dE(t)}{dt}\, dt = \frac{Q'(t)}{a(t)}\, dt = \frac{\Gamma(t)\, C'(t)}{a(t)}\, dt - \frac{dw}{w},$$
et, en intégrant,
$$E(t) = \int \frac{Q'(t)}{a(t)}\, dt = \int \frac{\Gamma(t)\, C'(t)}{a(t)}\, dt - \log w,$$
puis, entre deux limites données t, t',
$$E(t') - E(t) = \int_{t}^{t'} \frac{Q'(t)}{a(t)}\, dt = \int_{t}^{t'} \frac{\Gamma(t)\, C'(t)}{a(t)}\, dt - (\log w' - \log w);$$

et, par suite, en remontant à l'équation générale des courbes $\psi(v, p) = u$,

$$\log v - \log v' = \mathrm{E}(t') - \mathrm{E}(t) = \int_t^{t'} \frac{\Gamma(t)\, \mathrm{C}'(t)}{a(t)}\, dt - (\log w' - \log w),$$

ou, ce qui reviendra au même,

$$(\log v - \log v') - (\log w - \log w') = \int_t^{t'} \frac{\Gamma(t)\, \mathrm{C}'(t)}{a(t)}\, dt,$$

ou encore

$$\log \frac{v}{w} - \log \frac{v'}{w'} = \int_t^{t'} \frac{\Gamma(t)\, \mathrm{C}'(t)}{a(t)}\, dt.$$

De toute manière et sans connaître la fonction Q, on aura, relativement à l'aire quadrilatérale $BB'B'_1 B_1$ de la *fig.* 1,

$$q\,\Gamma(t) = a(t)\,(u_1 - u),$$
$$q'\,\Gamma(t') = a(t')\,(u_1 - u),$$

et la différence

$$\mathrm{S} = q'\,\Gamma(t') - q\,\Gamma(t) = \{a(t') - a(t)\}\,(u_1 - u)$$

devra être égale à l'aire du quadrilatère $BB'B'_1 B_1$.

Et, en effet, comme la fonction Q ou l'aire du triangle AuB dépendra de la variable t seulement, on en conclura d'abord l'égalité des aires $ABB'A'$, $A_1 B_1 B'_1 A'_1$; puis, la relation connue

$$\mathrm{S} = \text{aire } A'B'B'_1 A'_1 + \text{aire } A'_1 B'_1 B_1 A_1 - \text{aire } A_1 B_1 BA - \text{aire } ABB'A'$$

se réduira à

$$\mathrm{S} = \text{aire } A'B'B'_1 A'_1 - \text{aire } ABB_1 A_1.$$

D'autre part, on trouvera directement, le long d'une courbe BB_1 ou $vp = a(t)$,

$$\text{aire } ABB_1 A_1 = \int_v^{v_1} p\, dv = a(t) \int_v^{v_1} \frac{dv}{v} = a(t)\,(\log v_1 - \log v);$$

et, quand on remplacera la différence des logarithmes de v, v_1 par la différence égale $u_1 - u$, on reconnaîtra la parfaite égalité de l'aire $ABB_1 A_1$ avec le produit $q\,\Gamma(t)$, tandis que l'aire $A'B'B'_1 A'_1$ sera égale au produit $q'\,\Gamma(t')$, ce qui fera retrouver exactement l'expression déjà connue de l'aire S.

Quand on voudra trouver l'aire S délimitée par une courbe fermée quelconque s, on n'aura qu'à remonter à la relation de principe

$$\Gamma(t)\, dq = \Gamma(t) f(t, u)\, du = \Gamma(t)\, \gamma(t)\, du,$$

ou

$$\Gamma(t)\, dq = a(t)\, du = d\mathrm{Q} + p\, dv,$$

et intégrer cette formule tout à l'entour de la ligne s, ce qui fera trouver

$$\int_0^s \Gamma(t)\,dq = \int_0^s a(t)\,du = \int_0^s d\mathrm{Q} + \int_0^s p\,dv,$$

et, comme $d\mathrm{Q}$ sera une différentielle exacte, on aura

$$o = \int_0^s d\mathrm{Q},$$

par suite, pour la quantité cherchée,

$$\mathrm{S} = \int_0^s p\,dv = \int_0^s a(t)\,du = \int_0^s \Gamma(t)\,dq.$$

Telle est la théorie complète et bien explicite à laquelle on arrivera pour tous les gaz permanents en acceptant le fait observé par M. Regnault comme une vérité générale et en y joignant la loi de Mariotte seulement.

Ce que j'ai dit auparavant avait pour objet de faire voir que, alors même qu'on ne ferait pas usage de la loi de Mariotte, on se trouverait amené à ne concevoir ni chaleur ni force vive latente le long de l'axe Ov, ce qui ne paraît guère admissible au point de vue physique des choses.

Je veux bien admettre que l'on ne doit pas trop insister sur les conséquences extrêmes d'une pareille théorie le long de l'axe Ov; mais il restera toujours à vérifier si, dans la région de la *fig.* 1, où la loi de Mariotte sera sensiblement exacte, les quantités q_0, q_1, c_0, c_1, dq, suivent, en effet, les lois que j'ai trouvées.

Il me reste à ajouter, enfin, que lorsqu'on invoquera à la fois la loi de Mariotte et celle de Gay-Lussac, on aura

$$\frac{vp}{1 + \alpha t} = \frac{v_0 p_0}{1 + \alpha t_0},$$

les lettres v_0, p_0, t_0 servant à désigner les valeurs particulières des quantités v, p, t d'une masse de gaz en un point donné de la *fig.* 1, et la lettre α représentant le coefficient de la dilatation thermométrique à pression constante, à partir de $t = o$.

En faisant, pour abréger,

$$m = \frac{v_0 p_0}{1 + \alpha t_0},$$

on aura

$$vp = m(1 + \alpha t),$$

et, par conséquent,

$$a(t) = m(1 + \alpha t),$$

d'où

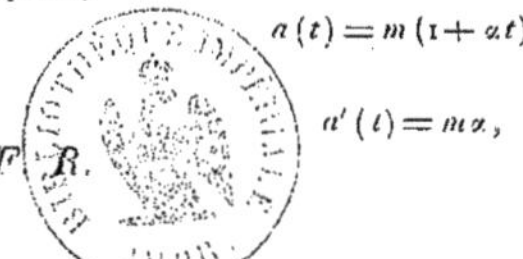

$$a'(t) = m\alpha,$$

13

par suite, .

$$q_0 \Gamma(t) = \left(\frac{Q'(t)}{m\alpha} + 1 \right) p,$$

$$q_1 \Gamma(t) = \frac{Q'(t)}{m\alpha} v,$$

$$c_0 \Gamma(t) = Q'(t) + m\alpha,$$

$$c_1 \Gamma(t) = Q'(t),$$

$$(c_0 - c_1) \Gamma(t) = m\alpha,$$

les expressions de la chaleur latente ne cessant pas d'être

$$\frac{dq_0}{dv_p} \Gamma(t) = p,$$

$$\frac{dq_p}{dp_p} \Gamma(t) = v.$$

Quand, au lieu d'un gaz permanent, on voudra considérer un mélange de liquide et de vapeur saturée de ce liquide, la relation de Mariotte devra être remplacée par une certaine équation de la forme

$$p = \Omega(t).$$

Toutes les courbes BB_1, $B'B'_1$,... deviendront des lignes droites parallèles à l'axe Ov sur la *fig.* 2, et l'on aura

$$\vartheta_0 = \frac{dt}{dv} = 0,$$

$$\vartheta_1 = \frac{dt}{dp} = \frac{1}{\Omega'(t)};$$

par suite, en recourant aux formules générales de la théorie précédente, avant que j'aie fait usage de la relation $vp = a(t)$, ou bien en recourant aux équations (L), (M), (N), (O), et en regardant la quantité Q comme une fonction de t seulement, on trouvera

$$q_0 \Gamma(t) = p,$$

$$q_1 \Gamma(t) = \frac{Q'(t)}{\Omega'(t)},$$

$$c_0 \Gamma(t) = \infty,$$

$$c_1 \Gamma(t) = Q'(t),$$

$$(c_0 - c_1) \Gamma(t) = \infty,$$

$$c \Gamma(t) = Q'(t) + p \frac{dv}{dt}.$$

La dernière des équations (N) sera

$$\frac{\Gamma(t) f(t, u)}{\dfrac{d}{dt}\left(\Gamma(t) f(t, u) \right)} = p \vartheta_1 = p \frac{dt}{dp} = \frac{p}{\Omega'(t)};$$

ou, ce qui reviendra au même,

$$p\frac{d}{dt}\{\Gamma(t)f(t,u)\} - \Gamma(t)f(t,u)\frac{dp}{dt} = 0,$$

ou encore

$$\frac{d}{dt}\left(\frac{\Gamma(t)f(t,u)}{p}\right) = 0,$$

et, par voie d'intégration, on en tirera

$$\Gamma(t)f(t,u) = p\varepsilon(u) = \Omega(t)\varepsilon(u).$$

Ainsi la fonction $f(t,u)$ sera nécessairement de l'espèce

$$f(t,u)\,du = \gamma(t)\,\varepsilon(u),$$

à la condition d'avoir

$$\Gamma(t)\gamma(t) = p = \Omega(t).$$

Ce résultat ne changera rien aux expressions des quantités q_0, q_1, c_0, c_1, dq_2 ; mais il servira à transformer la relation initiale

$$\Gamma(t)f(t,u)\,du = d\mathrm{Q} + p\,dv$$

en

$$\Omega(t)\varepsilon(u)\,du = \mathrm{Q}'(t)\,dt + p\,dv,$$

puis, en divisant par $p = \Omega(t)$, on aura la différentielle exacte

$$\varepsilon(u)\,du = \frac{\mathrm{Q}'(t)}{\Omega(t)}\,dt + dv,$$

de laquelle on tirera, par voie d'intégration,

$$\int\varepsilon(u)\,du = \int\frac{\mathrm{Q}'(t)}{\Omega(t)}\,dt + v.$$

Ce sera l'équation générale des courbes $\psi(v,p) = u$ en v, t, et, pour avoir l'équation des mêmes courbes en v, il ne s'agirait que d'éliminer t entre l'équation trouvée et la relation $p = \Omega(t)$.

On aura en même temps, pour la quantité de chaleur nécessaire d'un point t, u à un autre point infiniment voisin $t + dt$, $u + du$,

$$dq = f(t,u)\,du = \gamma(t)\,\varepsilon(u)\,du,$$

ou

$$\Gamma(t)\,dq = \Gamma(t)f(t,u)\,du = \Gamma(t)\gamma(t)\,\varepsilon(u)\,du = \Omega(t)\,\varepsilon(u)\,du.$$

Mais des relations de cette espèce ne seront ni plus ni moins générales que celles que l'on trouvera en faisant

$$\varepsilon(u) = 1,$$

et en écrivant simplement

$$dq = f(t,u)\,du = \gamma(t)\,du$$

ou

$$\Gamma(t)\,dq = \Gamma(t)f(t,u)\,du = \Gamma(t)\gamma(t)\,du = \Omega(t)\,du,$$

13..

par suite,

$$\Omega(t)\,du = Q'(t)\,dt + p\,dv$$

et

$$du = \frac{Q'(t)}{\Omega(t)}\,dt + dv;$$

d'où l'on conclura, par voie d'intégration, pour l'équation générale des courbes $\psi(v, p) = u$ ou $B'B\,u$, $B'_1 B_1 u_1, \ldots$ sur la *fig.* 2,

$$u = \int \frac{Q'(t)}{\Omega(t)}\,dt + v.$$

En désignant par v, v_1 les valeurs de v qui dépendront de deux valeurs différentes u, u_1 sur une même droite PI ou $p = \Omega(t)$ parallèle à l'axe Ov, on aura d'abord l'équation trouvée, puis

$$u_1 = \int \frac{Q'(t)}{\Omega(t)}\,dt + v_1,$$

et, en soustrayant,

$$u_1 - u = v_1 - v.$$

Ainsi, la différence $v_1 - v$ sera constante de haut en bas sur la *fig.* 2 entre deux courbes données $B'B\,u$, $B'_1 B_1 u_1$, et, par suite, toutes les courbes de détente $\psi(v, p) = u$ seront une même courbe transportée parallèlement à elle-même le long de l'axe O v.

Pour l'une de ces courbes en particulier, c'est-à-dire pour une valeur constante quelconque de u, on aura

$$v = u - \int \frac{Q'(t)}{\Omega(t)}\,dt,$$

et, au moyen de la notation auxiliaire

$$E(t) = \int \frac{Q'(t)}{\Omega(t)}\,dt,$$

ou

$$\frac{dE(t)}{dt} = \frac{Q'(t)}{\Omega(t)},$$

on aura, sous forme plus simple,

$$v = u - E(t),$$

puis, à une autre température t', le long de la même courbe, on aura

$$v' = u - E(t'),$$

et, par soustraction, on trouvera

$$v - v' = E(t') - E(t) = \int_t^{t'} \frac{Q'(t)}{\Omega(t)}\,dt.$$

Ce sera la commune valeur des longueurs hk, bB, $b_1 B_1, \ldots$ sur la *fig.* 2, et, par conséquent, toutes les courbes $\psi(v, p) = u$ seront parfaitement déterminées dans l'intervalle de deux parallèles à l'axe Ov entre les températures t_0, t_1, desquelles on connaîtra la fonction $Q(t)$, et, par suite, la fonction $E(t)$; ou, réciproquement, si l'un des arcs $i'k$, $B'B$, B'_1B_1,... était connu de t_0 à t_1, on pourrait s'en servir pour en déduire la fonction $E(t)$, et, par suite, la fonction $Q(t)$ de t_0 à t_1.

On aurait pour l'équation différentielle de la courbe donnée

$$dv = - \frac{dE(t)}{dt} dt = - \frac{Q'(t)}{\Omega(t)} dt,$$

et, en multipliant cette équation par $p = \Omega(t)$, on trouverait

$$p\, dv = - Q'(t)\, dt,$$

c'est-à-dire

$$dQ = Q'(t)\, dt = - p\, dv.$$

Ainsi, l'accroissement de la fonction Q devrait être égal à l'accroissement de l'aire du triangle $A\,uB$, et, par suite, en ne préjugeant rien de la valeur de la fonction Q_0 de la fonction Q à la limite inférieure t_0, on aurait, de t_0 à t,

$$Q(t) = Q(t_0) - \int_{t_0}^{t} p\, dv = Q(t_0) + \text{aire } ABB'A'.$$

Il y a à faire remarquer, d'ailleurs, que, d'après l'équation

$$p = \Omega(t),$$

la fonction $\Omega(t)$ satisfera nécessairement à la condition $\Omega(t_0) = 0$ quand on y fera $p = 0$, et que, par suite, il ne saurait plus y avoir ni chaleur ni force vive latente le long de l'axe Ov.

Ainsi, la quantité Q devra être rigoureusement égale à l'aire du triangle $A\,uB$.

La forme des courbes $B'B\,u$, $B'_1B_1u_1$ n'étant pas facile à déterminer directement de manière qu'on puisse en déduire ensuite l'aire du triangle $A\,uB$, ou seulement l'augmentation de cette aire, $ABB'A'$, de t à t', je suppose que l'on ait réussi à trouver expérimentalement une fonction $c(t)$ qui soit telle, que la différentielle de cette fonction $c'(t)\, dt$ puisse représenter la quantité de chaleur nécessaire pour faire aller les quantités v, p du mélange le long d'une courbe donnée quelconque sur la *fig.* 2, supposée représentée par l'équation

$$v = \omega = \text{fonction}(t).$$

En faisant, alors,

$$dq = c'(t)\, dt$$

dans la relation de principe

$$\Gamma(t)\, dq = \Gamma(t) f(t, u)\, du = \Gamma(t) \gamma(t)\, du = \Omega(t)\, du = dQ + p\, dv,$$

on trouvera le long de la courbe donnée

$$dQ = \Gamma(t)\, c'(t)\, dt - p\, dv,$$

et, par voie d'intégration, on en déduira

$$Q(t) = \int \Gamma(t)\, c'(t)\, dt - \int p\, dw,$$

en observant que, à la rencontre de l'axe Ov, on devra avoir

$$c'(t_0) = 0,$$

à cause de la relation

$$\Omega(t_0) = 0.$$

On aura, en même temps,

$$\frac{d\,\mathrm{E}(t)}{dt}\, dt = \frac{Q'(t)}{\Omega(t)}\, dt = \frac{\Gamma(t)\, c'(t)}{\Omega(t)}\, dt - dw,$$

et, en intégrant,

$$\mathrm{E}(t) = \int \frac{\Gamma(t)\, c'(t)\, dt}{\Omega(t)} - (w' - w);$$

puis, entre deux limites données t, t',

$$\mathrm{E}(t') - \mathrm{E}(t) = \int_t^{t'} \frac{\Gamma(t)\, c'(t)\, dt}{\Omega(t)} - (w' - w),$$

et, par suite, en remontant à l'équation générale des courbes $\psi(v, p) = u$,

$$v - v' = \mathrm{E}(t') - \mathrm{E}(t) = \int_t^{t'} \frac{\Gamma(t)\, c'(t)\, dt}{\Omega(t)} - (w' - w),$$

ou, ce qui reviendra au même,

$$(v - v') - (w - w') = \int_t^{t'} \frac{\Gamma(t)\, c'(t)\, dt}{\Omega(t)},$$

ou encore

$$(v - w) - (v' - w') = \int_t^{t'} \frac{\Gamma(t)\, c'(t)\, dt}{\Omega(t)}.$$

La courbe dont l'équation est

$$v = w = \text{fonction}\,(t)$$

pourra notamment être la ligne $i_0\, i\, i'$ de la *fig.* 2, et, alors, l'intégrale définie

$$\int_t^{t'} \frac{\Gamma(t)\, c'(t)\, dt}{\Omega(t)}$$

représentera la longueur ik sur la *fig.* 2.

Pour celle des courbes $\psi(v, p) = u$ qui partira du point $\mathrm{I'}$, on devra faire

$$v' = \mathrm{W'},$$

et l'on trouvera

$$\overline{i\mathrm{K}} = v - w = (\mathrm{W'} - w') + \int_t^{t'} \frac{\Gamma(t)\, c'(t)\, dt}{\Omega(t)},$$

mais la courbe I′K n'existera réellement dans l'intervalle de t à t' qu'autant que la valeur trouvée pour $v - w$ n'excédera pas la limite $W - w$.

De toute manière, et sans connaître la fonction $Q(t)$, on aura pour la quantité de chaleur latente q de B en B_1,

$$q\,\Gamma(t) = \Gamma(t)\,\gamma(t)\,(u_1 - u) = \Omega(t)\,(u_1 - u) = p\,(v_1 - v),$$

et, par conséquent, en désignant par I. la quantité totale de chaleur latente de i en I,

$$L\,\Gamma(t) = p\,(W - w).$$

L'expérience devra faire connaître si cette relation est exacte ou non.

Il y a faire remarquer, à ce sujet, que, quelle que puisse être la loi de la chaleur latente L en fonction de t, si l'on désigne par x la fraction de la masse totale actuellement transformée en vapeur et par l la quantité de chaleur latente qui sera nécessaire pour produire la quantité de vapeur x, on aura nécessairement, d'une part,

$$v = (1 - x)\,w + x\,W = w + (W - w)\,x,$$

ou

$$x = \frac{v - w}{W - w},$$

et, d'autre part,

$$l = Lx = \frac{L\,(v - w)}{W - w},$$

ou

$$\frac{l}{L} = x = \frac{v - w}{W - w},$$

puis, en remplaçant x par x_1,

$$\frac{l_1}{L} = x_1 = \frac{v_1 - w}{W - w},$$

et, en soustrayant,

$$\frac{l_1 - l}{L} = x_1 - x = \frac{v_1 - v}{W - w}.$$

La différentielle $l_1 - l$ sera la valeur précédente de q. Ainsi la proportionnalité de q à la différence $v_1 - v$ sera une chose absolument certaine; mais ce qui aura besoin d'être vérifié, ce sera la relation

$$L\,\Gamma(t) = p\,(W - w).$$

De même, après avoir trouvé, de B en B_1,

$$q\,\Gamma(t) = p\,(u_1 - u),$$

on trouvera, de B′ en B'_1,

$$q'\,\Gamma(t') = p'\,(u_1 - u),$$

et l'on en conclura

$$\frac{q\,\Gamma(t)}{q'\,\Gamma(t')} = \frac{p}{p'}.$$

Donc, avec l'hypothèse

$$\Gamma(t) = \text{constante } G,$$

on aurait

$$\frac{q}{q'} = \frac{p}{p'};$$

et comme, dans l'allure de la machine de Watt, le rapport $\dfrac{p}{p'}$ ne sera que de $\frac{1}{10}$ environ, on doit conclure que, dans ce cas-là, avec une machine à vapeur théoriquement parfaite qui servirait à faire obtenir une quantité de force motrice égale à l'une des aires quadrilatérales $BB'B'_,B_,$ de la *fig.* 2, le condenseur ne recevrait que la dixième partie de la quantité de chaleur latente qui aurait été dépensée par la chaudière; les $\frac{9}{10}$ de la même quantité de chaleur latente seraient convertis en force motrice, ce qui est contraire à tous les faits d'expérience.

La surface de chacune des aires quadrilatérales $BB'B'_,B_,$ que l'on pourra former sur la *fig.* 2 sera d'ailleurs exprimée par la formule générale

$$S = q'\Gamma(t') - q\Gamma(t) = (p' - p)(u_, - u),$$

dans laquelle on devra mettra pour $u_, - u$ la commune longueur des bases égales $BB_,$, $B'B'_,$.

Le plus grand de ces quadrilatères sera celui que l'on trouvera en faisant

$$u_, - u = W' - \omega'.$$

Ainsi, on aura

$$\text{aire } k\,i'\,\Gamma'\,K = \text{aire } h\,i'\,\Gamma'\,H = (p' - p)(W' - \omega'),$$

et le second membre pourra être transformé en

$$\frac{p' - p}{p'} L'\Gamma(t').$$

Pour avoir l'aire du triangle $i\,i'\,k$, on prendra l'intégrale définie

$$\int_i^{t'} \Gamma(t)\,c'(t)\,dt,$$

le long de la courbe ii', et l'on en retranchera ce que deviendra l'expression du produit $q\Gamma(t)$ quand on y fera

$$u_, - u = \overline{i\,k}.$$

On trouvera de cette manière

$$\text{aire } i\,i'\,k = \int_i^{t'} \Gamma(t)\,c'(t)\,dt - p\int_i^{t'} \frac{\Gamma(t)\,c'(t)}{\Omega(t)}\,dt.$$

En négligeant les aires triangulaires $i\,h\,i'$, $i\,h'\,i'$, cette expression deviendra la mesure très-approchée de l'augmentation de force motrice que l'on obtiendra dans une machine à détente complète par rapport à une machine sans détente, la quantité de force

(105)

motrice de la machine sans détente étant

$$\text{aire } k i' \Gamma' \mathrm{H} = \frac{p' - p}{p'}\, \mathrm{L}'\, \Gamma(t').$$

La quantité de chaleur à fournir par la chaudière, dans l'un et l'autre cas, sera

$$c(t') - c(t) + \mathrm{L}'.$$

Dans la machine à détente complète, le condenseur recevra une quantité de chaleur q qui dépendra de la relation

$$q\,\Gamma(t) = p(u_1 - u) = p \times \overline{i\mathrm{K}},$$

et comme on a eu, d'une part,

$$\overline{i\mathrm{K}} = \mathrm{W}' - \omega' + \int_t^{t'} \frac{\Gamma(t)\, c'(t)}{\Omega(t)}\, dt,$$

d'autre part,

$$\mathrm{L}'\,\Gamma(t') = p'(\mathrm{W}' - \omega');$$

on trouvera

$$q = \frac{p}{p'}\, \frac{\Gamma(t')}{\Gamma(t)}\, \mathrm{L}' + \frac{p}{\Gamma(t)} \int_t^{t'} \frac{\Gamma(t)\, c'(t)}{\Omega(t)}\, dt.$$

Avec l'hypothèse $\Gamma(t) = $ constante, cela se réduira à

$$\frac{p}{p'}\, \mathrm{L}' + p \int_t^{t'} \frac{c'(t)\, dt}{\Omega(t)}.$$

Dans la machine sans détente, le condenseur recevra en plus une quantité de chaleur q parfaitement équivalente à la quantité de force vive non réalisée, et, par conséquent, on devra poser l'égalité

$$q\,\Gamma(t) = \text{aire } i i' k = \int_t^{t'} \Gamma(t)\, c'(t)\, dt - p \int_t^{t'} \frac{\Gamma(t)\, c'(t)}{\Omega(t)}\, dt,$$

de laquelle on tirera

$$q = \frac{1}{\Gamma(t)} \int_t^{t'} \Gamma(t)\, c'(t)\, dt - \frac{p}{\Gamma(t)} \int_t^{t'} \frac{\Gamma(t)\, c'(t)}{\Omega(t)}\, dt;$$

par suite, la quantité totale de chaleur reçue par le condenseur dans la machine sans détente sera

$$\frac{p}{p'}\, \frac{\Gamma(t')}{\Gamma(t)}\, \mathrm{L}' + \frac{1}{\Gamma(t)} \int_t^{t'} \Gamma(t)\, c'(t)\, dt.$$

Avec l'hypothèse $\Gamma(t) = $ constante, cela se réduira à

$$\frac{p}{p'}\, \mathrm{L}' + c(t') - c(t),$$

et, comme la chaudière aura fourni en tout

$$c(t') - c(t) + \mathrm{L}',$$

F. R.

14

on voit que la quantité de chaleur sensible $c(t') - c(t)$ se retrouvera intégralement, tandis que, de la chaleur latente totale L', il ne restera que la fraction $\frac{p}{p'}$, laquelle fraction sera de $\frac{1}{16}$ environ dans l'allure de la machine de Watt ; ce qui est positivement en opposition avec tous les faits connus.

Telles sont les théories bien complètes auxquelles on arrive, tant pour les gaz permanents que pour les vapeurs, quand on admet en principe que la fonction Q de mes raisonnements ne doit varier qu'avec t, ou quand on admet, soit la relation unique

$$\text{aire } ABB'A' = \text{aire } A_{,}B_{,}B'_{,}A'_{,},$$

soit les deux relations distinctes

$$q\; \Gamma(t) = \text{aire } ABB_{,}A_{,},$$
$$q'\, \Gamma(t') = \text{aire } A'B'B'_{,}A'_{,} \,;$$

car l'une de ces trois choses entraînera toujours les deux autres avec toutes les conséquences que je suis parvenu à démontrer.

Ce que j'en ai dit jusqu'ici n'a pour objet que de faire voir la complète impossibilité d'admettre une pareille hypothèse, sinon pour les gaz permanents, du moins pour les vapeurs, et si l'on s'étonnait de la grande longueur ou de la minutie de quelques-uns des développements dans lesquels je suis entré pour établir une pareille négation, je dirais que j'ai cru devoir saisir avec empressement et comme une véritable bonne fortune, la double occasion de répandre encore bien des éclaircissements utiles sur les *fig.* 1 et 2, et de faire connaître surtout l'enchaînement méthodique de mes formules dans un cas très-simple, avant que de m'en servir dans l'entière généralité dont ces formules sont susceptibles et que je parviendrai à leur donner bientôt sous formes très-explicites. A ce point de vue, il m'eût été bien difficile de choisir un meilleur exemple que celui qui s'est trouvé si naturellement dans mon chemin.

CHAPITRE VII.

Théorie plus générale en admettant que, pour les gaz permanents, la fonction $f(t, u)$ ne cessera pas d'être de l'espèce $f(t, u) = \gamma(t)\, \varepsilon(u)$ comme pour les vapeurs, et en invoquant, en outre, la relation $vp = a(t)$ de la loi de Mariotte, ou même la relation plus générale $p\,\omega(v) = a(t)$. — Application de cette théorie au phénomène de l'écoulement d'un gaz permanent.

Quand on veut fonder la théorie calorifique et dynamique d'un fluide élastique, sans faire aucune hypothèse, on ne doit partir que des formules (L), (M), (N), (O), en regardant comme connues les courbes $\varphi(v, p) = t$, et en se proposant de déterminer la nature de chacune des fonctions $Q, \Gamma(t), f(t, u)$ d'après certains résultats expérimentaux ; et, d'abord, pour aller du simple au composé par une marche naturellement progressive, je reviendrai au cas déjà examiné où la fonction Q serait une fonction de la variable t seulement.

Dans cette supposition, on trouvera

$$\frac{dQ}{dv} = \frac{dQ}{dt}\frac{dt}{dv},$$

$$\frac{dQ}{dp} = \frac{dQ}{dt}\frac{dt}{dp},$$

$$\frac{dQ}{dv}\frac{dt}{dp} - \frac{dQ}{dp}\frac{dt}{dv} = 0,$$

et la dernière des équations (N) se réduira à

$$\frac{\Gamma(t)\,f(t,\,u)}{\frac{d}{dt}\,\Gamma(t)\,f(t,\,u)} = p\,\frac{dt}{dp};$$

puis, dans le cas des gaz permanents, on n'aura qu'à invoquer la loi de Mariotte pour avoir

$$vp = a(t),$$

d'où

$$p = a'(t)\frac{dt}{dv}, \quad \left.\begin{array}{c} \end{array}\right\} \quad \text{c'est-à-dire} \quad \left\{\begin{array}{c} \frac{dt}{dv} = \frac{p}{a'(t)}, \\[2mm] \frac{dt}{dp} = \frac{v}{a'(t)}, \end{array}\right.$$

$$v = a'(t)\frac{dt}{dp},$$

et, par suite,

$$p\,\frac{dt}{dp} = \frac{vp}{a'(t)} = \frac{a(t)}{a'(t)}.$$

Ainsi, dans ce cas-là, le second membre de la condition nécessaire se réduira à une fonction de t.

Pareille chose arrivera quand, au lieu de la relation $vp = a(t)$ voulue par la loi de Mariotte, on admettra la relation plus générale

$$p\,\omega(v) = a(t);$$

car, en différentiant une telle relation sans faire varier v, on aura

$$\omega(v) = a'(t)\frac{dt}{dp},$$

d'où

$$\frac{dt}{dp} = \frac{\omega(v)}{a'(t)},$$

puis

$$p\,\frac{dt}{dp} = \frac{p\,\omega(v)}{a'(t)} = \frac{a(t)}{a'(t)}.$$

(108)

Ainsi le résultat ne changera pas, quelle que puisse être la nature de la fonction $\omega(v)$.

Quand on supposera

$$\omega(v) = v,$$

on retrouvera la loi de Mariotte et toute la théorie précédemment exposée des gaz permanents.

Quand on fera

$$\omega(v) = \text{constante} = 1,$$

et que, en même temps, on remplacera la fonction $a(t)$ par la fonction $\Omega(t)$, on retrouvera toute la théorie précédemment exposée des vapeurs.

Mais le tout est fondé sur la supposition non admissible que la fonction Q doit dépendre de la température t seulement. Quand on rejette cette supposition, la dernière des équations (N) se présente sous la forme

$$\frac{\Gamma(t)f(t, u)}{\frac{d}{dt}\{\Gamma(t)f(t, u)\}} = \left(\frac{dQ}{dv} + p\right)\frac{dt}{dp} - \frac{dQ}{dp}\frac{dt}{dv} = p\frac{dt}{dp} + \left(\frac{dQ}{dv}\frac{dt}{dp} - \frac{dQ}{dp}\frac{dt}{dv}\right).$$

Le premier terme du second membre est le même que précédemment et se réduira à une fonction de t seulement toutes les fois que l'équation des courbes $\varphi(v, p) = t$ sera de la forme

$$p\omega(v) = a(t);$$

mais l'autre terme, qui dépendra principalement de la nature des courbes $\psi(v, p) = u$, ne sera pas nécessairement égal à zéro et pourra, à la rigueur, être envisagé comme une fonction quelconque des variables v, p, excepté dans le cas d'un mélange de liquide et de vapeur saturée de ce liquide, où ce devra être une fonction de t seulement, ainsi que je vais le démontrer.

D'abord, pour un mélange de liquide et de vapeur saturée de ce liquide, on aura

$$p = \Omega(t),$$

par suite,

$$\frac{dt}{dv} = 0,$$

et la condition nécessaire se réduira à

$$\frac{\Gamma(t)f(t, u)}{\frac{d}{dt}\{\Gamma(t)f(t, u)\}} = \left(\frac{dQ}{dv} + p\right)\frac{dt}{dp}.$$

On aura, en même temps, pour l'expression de la chaleur latente par unité de volume,

$$\frac{dq_\varphi}{dv_\varphi}\Gamma(t) = q_*\Gamma(t) = \frac{dQ}{dv} + p.$$

D'autre part, si l'on retourne à la *fig.* 2 et qu'on désigne par :

x la fraction de la masse entière actuellement transformée en vapeur ;

v le volume correspondant du mélange ;

w, W les limites du volume v pour $x = 0$ et $x = 1$;

l la quantité de chaleur latente qui sera nécessaire pour produire la quantité de vapeur x ;

L toute la chaleur latente de la vapeur pour $x = 1$;

On aura nécessairement

$$v = (1 - x)\, w + x\, W = w + (W - w)\, x,$$

ou

$$x = \frac{v - w}{W - w},$$

et

$$l = L x = \frac{L\,(v - w)}{W - w},$$

ou

$$\frac{l}{L} = x = \frac{v - w}{W - w},$$

puis, en remplaçant x par x_1,

$$\frac{l_1}{L} = x_1 = \frac{v_1 - w}{W - w},$$

et, en soustrayant la précédente formule de celle-là,

$$\frac{l_1 - l}{L} = x_1 - x = \frac{v_1 - v}{W - w},$$

d'où, enfin,

$$\frac{l_1 - l}{v_1 - v} = \frac{L}{W - w} = \text{fonction}\,(t).$$

Or, le premier membre de cette dernière équation sera la valeur du rapport de dq à dv_p ; ce sera la quantité de chaleur latente par unité de volume, et, par suite, il faudra que l'on ait

$$\frac{dQ}{dv} + p = \frac{L\,\Gamma\,(t)}{W - w} = \text{fonction}\,(t).$$

On conclura de là, non pas

$$Q = \text{fonction}\,(t),$$

mais

$$\frac{dQ}{dv} = \frac{L\,\Gamma\,(t)}{W - w} - p = \text{fonction}\,(t) = b\,(t),$$

et, par suite,

$$Q = b(t) v + \beta(t),$$

ce qui me permettrait d'achever immédiatement la théorie exacte d'un mélange de liquide et de vapeur saturée de ce liquide ; mais je préfère ajourner la théorie des vapeurs et ne m'occuper d'abord que de celle des gaz permanents.

Je me borne donc à observer que, pour tout mélange de liquide et de vapeur saturée de ce liquide, on aura nécessairement

$$\frac{\Gamma(t) f(t, u)}{\dfrac{d}{dt}\left(\Gamma(t) f(t, u)\right)} = \left(p + \frac{dQ}{dv}\right)\frac{dt}{dp} = \frac{L\Gamma(t)}{(W - w)\Omega'(t)} = \text{fonction }(t) = \frac{1}{g(t)}.$$

Je pose

$$\Gamma(t) f(t, u) = e^{\omega(t, u)},$$

d'où

$$\frac{d}{dt}\left(\Gamma(t) f(t, u)\right) = e^{\omega(t, u)} \frac{d}{dt}\omega(t, u),$$

et je trouve que la condition fondamentale de la théorie se réduira à

$$\frac{d}{dt}\omega(t, u) = g(t).$$

Je multiplie cette équation par dt et je l'intègre, en observant que la constante arbitraire de l'intégration pourra être une fonction quelconque de la variable u, ce qui me fera avoir

$$\omega(t, u) = \int g(t)\, dt + h(u) = g_1(t) + h(u),$$

puis

$$f(t, u) = \frac{1}{\Gamma(t)} e^{\omega(t, u)} = \frac{1}{\Gamma(t)} e^{g_1(t) + h(u)} = \frac{1}{\Gamma(t)} e^{g_1(t)} e^{h(u)} = \gamma(t)\, \varepsilon(u).$$

Donc, pour tout mélange de liquide et de vapeur saturée de ce liquide, la fonction $f(t, u)$ sera nécessairement de l'espèce

$$f(t, u) = \gamma(t)\, \varepsilon(u).$$

Pareille chose arriverait pour tous les gaz permanents si, après avoir admis la loi de Mariotte, ou même la relation plus générale

$$p\omega(v) = a(t),$$

on avait

$$\frac{dQ}{dv}\frac{dt}{dp} - \frac{dQ}{dp}\frac{dt}{dv} = \text{fonction }(t).$$

Réciproquement, s'il était démontré que pour les gaz permanents la fonction $f(t, u)$ ne doit pas cesser d'être de l'espèce $\gamma(t)\, \varepsilon(u)$ comme pour les vapeurs, on en conclurait que le second membre de la dernière des équations (N) doit être une fonction de t seulement; de telle sorte que si l'on admettait, en outre, la relation

$$p\,\omega\,(v) = a\,(t),$$

on trouverait

$$\frac{dQ}{dv}\frac{dt}{dp} - \frac{dQ}{dp}\frac{dt}{dv} = \frac{\Gamma(t)\,\gamma(t)}{\dfrac{d}{dt}\big(\Gamma(t)\,\gamma(t)\big)} - \frac{a(t)}{a'(t)} = \text{fonction}\,(t).$$

La loi physique la plus générale que cela entraînerait, ce serait de rendre égal à une fonction de t seulement le commun numérateur de celles des formules (N) qui représentent, d'une part, la chaleur latente dq_φ le long des courbes $\varphi\,(v, p) = t$, et, d'autre part, la différence $c_0 - c_1$ des chaleurs spécifiques à pression constante et à volume constant.

De plus, dans la région de la *fig.* 1 où il serait permis d'invoquer la loi de Mariotte, on aurait

$$vp = a\,(t),$$

$$\frac{dt}{dv} = \frac{p}{a'(t)},$$

$$\frac{dt}{dp} = \frac{v}{a'(t)},$$

et, par suite,

$$\frac{dt}{dv}\frac{dt}{dp} = \frac{vp}{a'(t)} = \frac{a(t)}{a'(t)};$$

c'est-à-dire que le dénominateur de l'expression servant à représenter la valeur du produit $(c_0 - c_1)\,\Gamma(t)$ deviendrait aussi une fonction de t seulement.

Ainsi la différence $c_0 - c_1$ serait constante le long de chacune des courbes $\varphi\,(v, p) = t$ et pourrait varier comme on voudrait de l'une de ces courbes à l'autre.

Or, de cette remarque, conjointement avec la circonstance déjà expliquée que, dans le second membre de la condition nécessaire, il y aura au moins le terme $p\,\dfrac{dt}{dp}$ qui, dans la région la plus utile de la *fig.* 1, variera avec t seulement, je conclus que, alors même que l'expérience ne vérifierait pas l'hypothèse

$$\frac{dQ}{dv}\frac{dt}{dp} - \frac{dQ}{dp}\frac{dt}{dv} = \text{fonction}\,(t)$$

dans toute l'étendue de la *fig.* 1, il devra être permis, du moins, de faire usage d'une telle hypothèse dans toute bande indéfiniment longue qui n'interceptera que des arcs d'une faible longueur de chacune des courbes $\varphi\,(v, p) = t$.

Je veux dire, en un mot, que si l'hypothèse en question n'est pas rationnellement exacte dans toute l'étendue de la *fig.* 1, elle doit me faire trouver, du moins, des relations quasi-osculatrices à celles de la théorie complète dans une bande plus ou moins large et indéfiniment longue, qui pourra être choisie de manière à renfermer celles des quantités v, p, t pour lesquelles la connaissance des phénomènes calorifiques d'un fluide élastique offrira le plus d'intérêt.

Je me propose donc de fonder maintenant, sinon la théorie complète et définitive des gaz permanents, du moins la théorie approximative que je viens de faire entrevoir, sauf ultérieurement à lui faire faire un nouveau pas et à traiter enfin le sujet dans sa plus grande généralité possible.

La seule chose à faire pour atteindre le but actuel, ce sera de savoir trouver l'intégrale générale d'une équation aux différences partielles de la forme

$$\frac{dQ}{dv}\frac{dt}{dp} - \frac{dQ}{dp}\frac{dt}{dv} = \text{fonction}\,(t),$$

et il sera d'autant plus convenable d'envisager ainsi les gaz permanents, que de la même intégrale, supposée connue, dépendra nécessairement la théorie exacte des vapeurs.

Je continue donc à supposer que l'on doive avoir

$$p\,\omega\,(v) = a\,(t),$$

et j'en conclus

$$p\,\omega'\,(v) = a'\,(t)\frac{dt}{dv},$$

$$\omega\,(v) = a'\,(t)\frac{dt}{dp};$$

puis, en tirant de là les valeurs des dérivées de t en v, p, et en les substituant dans la proposée, il me faudra trouver l'intégrale générale d'une équation de la forme

$$\frac{dQ}{dv}\,\omega\,(v) - \frac{dQ}{dp}\,p\,\omega'\,(v) = \text{fonction}\,(t).$$

Or, on satisfera à une telle équation en écrivant

$$Q = b\,(t)\int\frac{dv}{\omega\,(v)} + \beta\,(t),$$

les lettres b, β servant à désigner des fonctions arbitraires de la variable t.

Ce sera, d'ailleurs, l'intégrale générale de l'équation proposée, car il me sera toujours loisible de considérer la quantité cherchée Q comme une fonction de v, t, ce qui me fera avoir, en principe,

$$\frac{dQ}{dv} = \frac{dQ(v,\,t)}{dt}\frac{dt}{dv} + \frac{dQ(v,\,t)}{dv},$$

$$\frac{dQ}{dp} = \frac{dQ(v,\,t)}{dt}\frac{dt}{dp} + 0,$$

et, par suite,

$$\frac{dQ}{dv}\frac{dt}{dp} - \frac{dQ}{dp}\frac{dt}{dv} = \frac{dQ(v,\,t)}{dv}\frac{dt}{dp},$$

puis, de la relation supposée

$$p\,\omega(v) = a(t),$$

je tirerai

$$\frac{dt}{dp} = \frac{\omega(v)}{a'(t)},$$

et il me faudra intégrer la formule

$$\frac{dQ(v, t)}{dv}\,\frac{\omega(v)}{a'(t)} = \text{fonction}\,(t),$$

ou, ce qui reviendra au même,

$$\frac{dQ(v, t)}{dv} = \frac{\text{fonction}\,(t)}{\omega(v)} = \frac{b(t)}{\omega(v)},$$

et cette dernière équation aura manifestement pour intégrale générale l'expression déjà écrite

$$Q = b(t) \int \frac{dv}{\omega(v)} + \beta(t).$$

Cela posé, quand on fera

$$\omega(v) = \text{constante} = 1,$$

on aura, pour la théorie exacte des vapeurs dont je m'occuperai spécialement par la suite,

$$Q = b(t)\,v + \beta(t);$$

et quand on fera

$$\omega(v) = v,$$

on trouvera pour la théorie au moins très-approchée des gaz permanents supposés assujettis à la loi de Mariotte,

$$Q = b(t)\log v + \beta(t).$$

On aura, en même temps,

$$vp = a(t),$$
$$\frac{dt}{dv} = \frac{p}{a'(t)},$$
$$\frac{dt}{dp} = \frac{v}{a'(t)},$$

puis

$$\frac{dQ}{dv} = \{b'(t)\log v + \beta'(t)\}\frac{p}{a'(t)} + \frac{b(t)}{v},$$

$$\frac{dQ}{dp} = \{b'(t)\log v + \beta'(t)\}\frac{v}{a'(t)},$$

et

$$\frac{dQ}{dv}\frac{dt}{dp} - \frac{dQ}{dp}\frac{dt}{dv} = \frac{b(t)}{v}\frac{dt}{dp} = \frac{b(t)}{a'(t)},$$

$$p\frac{dt}{dp} = \frac{vp}{a'(t)} = \frac{a(t)}{a'(t)};$$

F. R.

15

par suite, le second membre de la condition nécessaire se réduira à

$$\frac{a(t) + b(t)}{a'(t)},$$

et comme ce sera une fonction de t seulement, il faudra que la fonction $f(t, u)$ soit de l'espèce

$$f(t, u) = \gamma(t)\,\varepsilon(u).$$

D'autre part, une relation de la forme

$$\Gamma(t)\,dq = \Gamma(t)\,f(t, u)\,du = \Gamma(t)\,\gamma(t)\,\varepsilon(u)\,du$$

ne sera ni plus ni moins générale que l'expression plus simple

$$\Gamma(t)\,dq = \Gamma(t)\,f(t, u)\,du = \Gamma(t)\,\gamma(t)\,du = k(t)\,du,$$

et, si je me sers définitivement de cette notation, il sera nécessaire et suffisant que l'on ait

$$\frac{k(t)}{k'(t)} = \frac{a(t) + b(t)}{a'(t)},$$

d'où

$$b(t) = \frac{k(t)\,a'(t) - a(t)\,k'(t)}{k'(t)} = \frac{k(t)^2}{k'(t)}\frac{d}{dt}\left(\frac{a(t)}{k(t)}\right),$$

et, par suite, après réduction,

$$b'(t) = k(t)\frac{k'(t)\,a''(t) - a'(t)\,k''(t)}{k'(t)^2} = k(t)\frac{d}{dt}\left(\frac{a'(t)}{k'(t)}\right).$$

En substituant ces valeurs dans les expressions connues de la fonction Q et de ses dérivées en v, p, on aura d'abord

$$Q = b(t)\log v + \beta(t) = \frac{k(t)\,a'(t) - a(t)\,k'(t)}{k'(t)}\log v + \beta(t)$$

$$= \frac{k(t)^2}{k'(t)}\frac{d}{dt}\left(\frac{a(t)}{k(t)}\right)\log v + \beta(t);$$

puis, en ayant égard à la relation

$$p + \frac{b(t)}{v} = \frac{a(t) + b(t)}{v} = \frac{k(t)\,a'(t)}{k'(t)\,v},$$

on trouvera

$$q_v\,\Gamma(t) = k(t)\frac{du}{dv} = \frac{dQ}{dv} + p = \left\{k(t)\frac{d}{dt}\left(\frac{a'(t)}{k'(t)}\right)\log v + \beta'(t)\right\}\frac{p}{a'(t)} + \frac{k(t)\,a'(t)}{k'(t)\,v},$$

$$q_t\,\Gamma(t) = k(t)\frac{du}{dp} = \frac{dQ}{dp} = \left\{k(t)\frac{d}{dt}\left(\frac{a'(t)}{k'(t)}\right)\log v + \beta'(t)\right\}\frac{v}{a'(t)}.$$

En faisant la somme de ces deux équations multipliées respectivement par

$$\frac{dv}{k(t)}, \qquad \frac{dp}{k\cdot(t)},$$

et, en tenant compte de la relation

$$v\,dp + p\,dv = d(v, p) = a'(t)\,dt,$$

on trouvera

$$du = \left\{ \frac{d}{dt}\left(\frac{a'(t)}{k'(t)} \right) \log v + \frac{\beta'(t)}{k(t)} \right\} dt + \frac{a'(t)}{k'(t)} \frac{dv}{v}.$$

On arrivera au même résultat en tirant directement la valeur de du de l'équation fondamentale

$$dQ = \Gamma(t) f(t, u)\,du - p\,dv = k(t)\,du - p\,dv,$$

ce qui fera avoir

$$du = \frac{dQ + p\,dv}{k(t)},$$

et, en y faisant

$$p = \frac{a(t)}{v},$$

$$Q = b(t) \log v + \beta(t),$$

par suite,

$$dQ = b(t)\frac{dv}{v} + (b'(t) \log v + \beta'(t))\,dt,$$

on aura

$$du = \frac{dQ + p\,dv}{k(t)} = \frac{a(t) + b(t)}{k(t)} \frac{dv}{v} + \frac{b'(t)}{k(t)} \log v\,dt + \frac{\beta'(t)}{k(t)}\,dt;$$

mais il faudra que le second membre soit une différentielle exacte en v, t, et comme le dernier terme sera une différentielle exacte en t, il sera nécessaire et suffisant que les deux premiers termes fassent une différentielle exacte en v, t, ce qui exigera que l'on ait

$$\frac{d}{dt}\left(\frac{a(t) + b(t)}{k(t)v} \right) = \frac{d}{dv}\left(\frac{b'(t)}{k(t)} \log v \right),$$

et, par conséquent,

$$\frac{d}{dt}\left(\frac{a(t) + b(t)}{k(t)} \right) = \frac{b'(t)}{k(t)},$$

puis, en développant,

$$k(t)(a'(t) + b'(t)) - (a(t) + b(t))\,k'(t) = k(t)\,b'(t),$$

et, en réduisant,

$$k(t)\,a'(t) - (a(t) + b(t))\,k'(t) = o,$$

c'est-à-dire

$$\frac{k(t)}{k'(t)} = \frac{a(t) + b(t)}{a'(t)},$$

ou bien

$$b(t) = \frac{k(t)\, a'(t) - a(t)\, k'(t)}{k'(t)} = \frac{k(t)^2}{k'(t)} \frac{d}{dt}\left(\frac{a(t)}{k(t)}\right),$$

comme tout à l'heure.

L'expression de du sera aussi la même, et, par voie d'intégration, on en conclura

$$u = \frac{a'(t)}{k'(t)} \log v + \int \frac{\beta'(t)}{k(t)}\, dt.$$

Ce sera l'équation générale des courbes $B'B u$, $B'_1 B_1 u_1, \ldots$, sur la *fig.* 1, en fonction de v, t comme variables indépendantes. En y joignant la relation $vp = a(t)$, il ne resterait qu'à effectuer l'élimination de t pour avoir l'équation générale des mêmes courbes en v, p.

En désignant par v, v_1, les valeurs de v qui dépendront de deux valeurs différentes u, u_1 le long d'une même courbe $\varphi(v, p) = t$, on aura à la fois l'équation précédente et celle-ci :

$$u_1 = \frac{a'(t)}{k'(t)} \log v_1 + \int \frac{\beta'(t)}{k(t)}\, dt,$$

puis, par soustraction, on trouvera

$$u_1 - u = \frac{a'(t)}{k'(t)}\,(\log v_1 - \log v) = \frac{a'(t)}{k'(t)} \log \frac{v_1}{v},$$

ou, inversement,

$$\log v_1 - \log v = \frac{k'(t)}{a'(t)}\,(u_1 - u).$$

Ainsi la différence des logarithmes de v, v_1 variera proportionnellement au rapport de $k'(t)$ à $a'(t')$ de haut en bas sur la *fig.* 1, pour tous les arcs BB_1, $B'B'_1, \ldots$, limités par deux courbes données $B'B u$, $B'_1 B_1 u_1$ ou $\psi(v, p) = u$, $\psi(v, p) = u_1$, et, par suite, la connaissance d'une seule de ces courbes entraînera celle de toutes les autres.

A une autre température t', on aura

$$u_1 - u = \frac{a'(t')}{k'(t')} \log \frac{v'_1}{v'},$$

et, par suite,

$$\frac{a'(t')}{k'(t')} \log \frac{v'_1}{v'} = \frac{a'(t)}{k'(t)} \log \frac{v_1}{v},$$

ce qui permettra de tracer immédiatement toutes les courbes $\psi(v, p) = u$ dès l'instant que l'une d'entre elles sera donnée.

Pour une de ces courbes en particulier, c'est-à-dire pour une valeur constante quelconque de u, on aura

$$u = \frac{a'(t)}{k'(t)} \log v + \int \frac{\beta'(t)}{k(t)}\, dt,$$

et, au moyen de la notation auxiliaire

$$E(t) = \int \frac{\beta'(t)}{k(t)}\, dt,$$

on

$$\frac{dE(t)}{dt} = \frac{\beta'(t)}{k(t)},$$

on aura, sous forme plus simple,

$$u = \frac{a'(t)}{k'(t)} \log v + E(t);$$

puis, à une autre température t', le long de la même courbe,

$$u = \frac{a'(t')}{k'(t')} \log v' + E(t'),$$

et, par soustraction, l'on en déduira

$$\frac{a'(t')}{k'(t')} \log v' - \frac{a'(t)}{k'(t)} \log v = -\left(E(t') - E(t)\right) = -\int_t^{t'} \frac{\beta'(t)}{k(t)}.$$

Ces formules pourront être remplacées par

$$v = e^{\frac{k'(t)}{a'(t)}(u - E(t))} = \frac{e^{\frac{k'(t)}{a'(t)}u}}{e^{\frac{k'(t)}{a'(t)}E(t)}},$$

$$v' = e^{\frac{k'(t')}{a'(t')}(u - E(t'))} = \frac{e^{\frac{k'(t')}{a'(t')}u}}{e^{\frac{k'(t')}{a'(t')}E(t')}},$$

ou par

$$v^{\frac{a'(t)}{k'(t)}} = e^{u - E(t)} = \frac{e^u}{e^{E(t)}},$$

$$v'^{\frac{a'(t')}{k'(t')}} = e^{u - E(t')} = \frac{e^u}{e^{E(t')}},$$

et le résultat de l'élimination de u équivaudra à

$$\frac{v'^{\frac{a'(t')}{k'(t')}}}{v^{\frac{a'(t)}{k'(t)}}} = \frac{1}{e^{E(t') - E(t)}} = \frac{1}{e^{\int_t^{t'} \frac{\beta'(t)}{k(t)}\, dt}}.$$

Ainsi toutes les courbes $\psi(v, p) = u$ seront parfaitement déterminées sur la *fig.* 1, dans l'intervalle des courbes $vp = t_0$, $vp = t_1$ entre les températures t_0, t_1, desquelles on connaîtra les fonctions $a(t)$, $k(t)$, $\beta(t)$, et, par suite, $E(t)$.

Réciproquement, si l'une des courbes $\psi(v, p) = u$ était connue de t_0 à t_1, on pourrait s'en servir pour déterminer la fonction $E(t)$, et, par suite, la fonction $\beta(t)$, pourvu que les fonctions $a(t)$, $k(t)$ fussent déjà connues.

D'abord, en joignant à l'équation de la courbe donnée la relation

$$vp = a(t)$$

supposée connue, on trouverait la température t en chaque point de la courbe donnée, et, par suite, on arriverait à regarder les coordonnées v, p de la courbe donnée comme des fonctions parfaitement déterminées de t.

On trouverait ensuite, à l'aide des formules précédentes le long de la courbe donnée, d'abord sous forme différentielle

$$\frac{dE(t)}{dt}\,dt = -\,d\left(\frac{a'(t)}{k'(t)}\log v\right);$$

puis, en intégrant,

$$E(t') - E(t) = -\left(\frac{a'(t')}{k'(t')}\log v' - \frac{a'(t)}{k'(t)}\log v\right),$$

et cela suffirait pour tracer toutes les autres courbes $\psi(v, p) = u$ dans l'intervalle compris entre les deux courbes indéfinies $vp = a(t_0)$, $vp = a(t_1)$ entre les températures t_0, t_1 desquelles on connaîtrait l'une d'entre elles.

Quant à la fonction Q, on aurait

$$\beta'(t)\,dt = k(t)\frac{dE(t)}{dt}\,dt = -\,k(t)\,d\left(\frac{a'(t)}{k'(t)}\log v\right),$$

et, en intégrant,

$$\beta(t') - \beta(t) = -\int_t^{t'} k(t)\,d\left(\frac{a'(t)}{k'(t)}\log v\right),$$

ou, en procédant par parties au second membre,

$$\beta(t') - \beta(t) = -\,k(t)\left(\frac{a'(t')}{k'(t')}\log v' - \frac{a(t)}{k(t)}\log v\right) + \int_t^{t'} a'(t)\log v\,dt;$$

puis, du moment où la fonction $\beta(t)$ serait connue, on n'aurait qu'à la substituer dans la relation

$$Q = b(t)\log v + \beta(t),$$

pour obtenir l'expression générale de la fonction $Q(t)$ dans le même intervalle que celui où l'on connaîtrait les arcs de toutes les courbes $\psi(v, p) = u$.

Je ne m'arrête pas à cette substitution, parce qu'il ne sera pas facile de déterminer directement l'une des courbes BB′ u, B′ B₁ u_1,....

Je suppose donc que l'on ait réussi à déterminer expérimentalement une fonction

$c(t)$ qui soit telle que la différentielle de cette fonction $c'(t)\,dt$ puisse représenter avec un degré d'approximation suffisant, la quantité de chaleur nécessaire pour faire aller les quantités v, t d'un gaz permanent d'un point v, t à un autre point $v + dv$, $t + dt$ le long de la courbe donnée supposée représentée par une équation de la forme

$$v = w = \text{fonction}(t).$$

En faisant alors

$$dq = c'(t)\,dt \quad \text{et} \quad v = w$$

dans la relation de principe

$$\Gamma(t)\,dq = \Gamma(t)f(t, u)\,du = \Gamma(t)\gamma(t)\,du = k(t)\,du,$$

on trouvera le long de la courbe donnée, sous forme différentielle,

$$du = \frac{\Gamma(t)\,c'(t)\,dt}{k(t)},$$

et, en intégrant,

$$u = \int \frac{\Gamma(t)\,c'(t)}{k(t)}\,dt;$$

mais, d'après l'équation générale des courbes $\psi(v, p) = u$, on devra avoir, le long de la courbe donnée,

$$u = \frac{a'(t)}{k'(t)} \log w + \int \frac{\beta'(t)}{k(t)}\,dt = \frac{a'(t)}{k'(t)} \log w + \mathrm{E}(t);$$

puis, en identifiant les deux expressions, on trouvera l'intégrale générale

$$\mathrm{E}(t) = \int \frac{\beta'(t)}{k(t)}\,dt = \int \frac{\Gamma(t)\,c'(t)}{k(t)}\,dt - \frac{a'(t)}{k'(t)} \log w,$$

et de t à t',

$$\mathrm{E}(t') - \mathrm{E}(t) = \int_t^{t'} \frac{\Gamma(t)\,c'(t)}{k(t)}\,dt - \left(\frac{a'(t')}{k'(t')} \log w' - \frac{a'(t)}{k'(t)} \log w \right);$$

par suite, l'équation générale des courbes $\psi(v, p) = u$ sera

$$u = \frac{a'(t)}{k'(t)} \log v + \mathrm{E}(t) = \frac{a'(t)}{k'(t)} \log v + \int \frac{\Gamma(t)\,c'(t)}{k(t)}\,dt - \frac{a'(t)}{k'(t)} \log w$$

$$= \frac{a'(t)}{k'(t)} \log \frac{v}{w} + \int \frac{\Gamma(t)\,c'(t)}{k(t)}\,dt,$$

et, de t à t', on aura

$$\frac{a'(t')}{k'(t')} \log v' - \frac{a'(t)}{k'(t)} \log v = -\left(\mathrm{E}(t') - \mathrm{E}(t) \right) = -\int_t^{t'} \frac{\Gamma(t)\,c'(t)}{k(t)}\,dt$$

$$+ \left(\frac{a'(t')}{k'(t')} \log w' - \frac{a'(t)}{k'(t)} \log w \right),$$

ou, ce qui reviendra au même,

$$\frac{a'(t')}{k'(t')} \log \frac{v'}{w'} - \frac{a'(t)}{k'(t)} \log \frac{v}{w} = -\int_t^{t'} \frac{\Gamma(t)\,c'(t)}{k(t)}\,dt.$$

Si l'on avait exceptionnellement $c'(t) = o$, la courbe donnée serait elle-même l'une des courbes $\psi(v, p) = u$, et toutes les autres se déduiraient de celle-là au moyen de la relation plus simple

$$\frac{a'(t')}{k'(t')} \log \frac{v'}{a'} = \frac{a'(t)}{k'(t)} \log \frac{v}{w},$$

qui s'accorde parfaitement avec ce qui a déjà été dit.

Pour trouver la fonction Q, on conclura de ce qui précède

$$\frac{dE(t)}{dt} = \frac{\beta'(t)}{k(t)} = \frac{\Gamma(t) c'(t)}{k(t)} - \frac{d}{dt}\left(\frac{a'(t)}{k'(t)} \log w\right).$$

puis, en multipliant par $k(t)$,

$$\beta'(t) dt = \Gamma(t) c'(t) dt - k(t) \frac{d}{dt}\left(\frac{a'(t)}{k'(t)} \log w\right) dt,$$

et, en intégrant,

$$\beta(t) = \int \Gamma(t) c'(t) dt - \int k(t) \frac{d}{dt}\left(\frac{a'(t)}{k'(t)} \log w\right) dt.$$

Le dernier terme du second membre pouvant être intégré par parties, on trouvera d'abord

$$\beta(t) = \int \Gamma(t) c'(t) dt - k(t) \frac{a'(t)}{k'(t)} \log w + \int a'(t) \log w\, dt,$$

puis, en intégrant de nouveau par parties le dernier terme du second membre, on aura

$$\int a'(t) \log w\, dt = a(t) \log w - \int a(t) \frac{dw}{w} = a(t) \log w - \int p\, dw,$$

et, en substituant,

$$\beta(t) = \int \Gamma(t) c'(t) dt - \left(k(t) \frac{a'(t)}{k'(t)} - a(t)\right) \log w - \int p\, dw.$$

ou, ce qui reviendra au même, d'après l'expression connue de la fonction $b(t)$,

$$\beta(t) = \int \Gamma(t) c'(t) dt - b(t) \log w - \int p\, dw.$$

On arrivera plus simplement au même résultat en observant que, d'après la formule de principe

$$\Gamma(t) dq = \Gamma(t) f(t, u) du = \Gamma(t) \gamma(t) du = k(t) du = dQ + p\, dv,$$

on devra avoir à la fois, le long de la courbe donnée,

$$dq = c'(t) dt, \quad v = w,$$

et, par suite,

$$dQ = \Gamma(t) c'(t) dt - p\, dw,$$
$$Q = \int \Gamma(t) c'(t) dt - \int p\, dw.$$

Mais l'expression générale de la fonction Q est

$$Q = b(t) \log v + \beta(t),$$

et, par suite, il faudra que, le long de la courbe donnée, on ait

$$Q = b(t) \log \omega + \beta(t);$$

puis, en identifiant les deux expressions, on aura immédiatement

$$\beta(t) = \int \Gamma(t) c'(t) dt - \int p \, d\omega - b(t) \log \omega,$$

comme tout à l'heure.

L'expression générale de la fonction Q deviendra de cette manière

$$Q = b(t) \log v + \beta(t) = b(t) \log \frac{v}{\omega} + \int \Gamma(t) c'(t) dt - \int p \, d\omega.$$

D'un point quelconque v, t à un autre point v', t' de la *fig.* 1, on aura

$$Q' - Q = \{b(t') \log v' - b(t) \log v\} + \{\beta(t') - \beta(t)\}$$

$$= \left(b(t') \log \frac{v'}{\omega'} - b(t) \log \frac{v}{\omega'} \right) + \int_t^{t'} \Gamma(t) c'(t) dt - \int_t^{t'} p \, d\omega.$$

Si la courbe donnée se trouvait être l'une des courbes $\psi(v, p) = u$, on aurait, d'une part, $c'(t) = 0$, et, d'autre part, le dernier terme du second membre représenterait l'aire ABB'A' de la courbe donnée sur la *fig.* 1. En désignant cette aire par ΔB, on aurait

$$Q' - Q = b(t') \log \frac{v'}{\omega'} - b(t) \log \frac{v}{\omega} + \Delta B;$$

puis, quand on voudrait aller de B en B' le long de la courbe donnée, on aurait à faire à la fois $v = \omega$, $v' = \omega'$, ce qui entraînerait simplement $Q' - Q = \Delta B$.

Si, au contraire, on voulait aller de B en B_1 le long d'une courbe $vp = a(t) = $const., on aurait à faire $t' = t$, et, par suite, $\omega' = \omega$, ce qui entraînerait, en mettant v_1, Q_1 en place de v', Q',

$$Q_1 - Q = b(t) \log \frac{v_1}{v} = \frac{k(t) a'(t) - a(t) k'(t)}{k'(t)} \log \frac{v_1}{v} = \frac{k(t)^2}{k'(t)} \frac{d}{dt} \left(\frac{a(t)}{k(t)} \right) \log \frac{v_1}{v}.$$

Donc, pour avoir $Q_1 = Q$ le long des courbes $vp = a(t)$, il faudrait que l'on eût

$$b(t) = 0, \quad \text{c'est-à-dire} \quad k(t) = a(t).$$

L'équation générale des courbes $Q = $ constante sera

$$b(t) \log v + \beta(t) = \text{constante},$$

et, d'un point v, t à un autre point v', t' d'une pareille courbe, on aura

$$b(t') \log v' + \beta(t') = b(t) \log v + \beta(t);$$

en y joignant la relation

$$vp = a(t),$$

F. R.   16

on aura tout ce qu'il faudra pour déterminer exactement chacune de ces courbes quand les fonctions $a(t)$, $b(t)$ et $\beta(t)$, et, par suite, $a(t)$, $k(t)$, $\beta(t)$ seront connues.

Les propriétés calorifiques du fluide élastique seront exprimées, d'abord par les deux relations déjà connues

$$q_0 \Gamma(t) = k(t)\frac{du}{dv} = \frac{dQ}{dv} + p = \left\{ k(t)\frac{d}{dt}\left(\frac{a'(t)}{k'(t)}\right) \log v + \beta'(t) \right\} \frac{p}{a'(t)} + \frac{k(t)\,a'(t)}{k'(t)\,a(t)} p,$$

$$q_1 \Gamma(t) = k(t)\frac{du}{dp} = \frac{dQ}{dp} = \left\{ k(t)\frac{d}{dt}\left(\frac{a'(t)}{k'(t)}\right) \log v + \beta'(t) \right\} \frac{v}{a'(t)},$$

puis on aura à faire

$$\vartheta_0 = \frac{dt}{dv} = \frac{p}{a'(t)},$$

$$\vartheta_1 = \frac{dt}{dp} = \frac{v}{a'(t)},$$

dans les formules (O), et l'on trouvera encore

$$c_0 \Gamma(t) = \frac{q_0 \Gamma(t)}{\vartheta_0} = \frac{\frac{dQ}{dv} + p}{\frac{dt}{dv}} = \left\{ k(t)\frac{d}{dt}\left(\frac{a'(t)}{k'(t)}\right) \log v + \beta'(t) \right\} + \frac{k(t)\,a'(t)}{k'(t)\,a(t)} a'(t),$$

$$c_1 \Gamma(t) = \frac{q_1 \Gamma(t)}{\vartheta_1} = \frac{\frac{dQ}{dv}}{\frac{dt}{dp}} = \left\{ k(t)\frac{d}{dt}\left(\frac{a'(t)}{k'(t)}\right) \log v + \beta'(t) \right\},$$

$$(c_0 - c_1)\,\Gamma(t) = \frac{k(t)\,a'(t)}{k'(t)\,a(t)} a'(t),$$

$$\frac{dq_\varphi}{dv_\varphi}\,\Gamma(t) = (c_0 - c_1)\,\vartheta_0 \Gamma(t) = \frac{k(t)\,a'(t)}{k'(t)\,a(t)} p = \frac{k(t)\,a'(t)}{k'(t)\,v},$$

$$\frac{dq_\varphi}{dp_\varphi}\,\Gamma(t) = (c_0 - c_1)\,\vartheta_1 \Gamma(t) = \frac{k(t)\,a'(t)}{k'(t)\,a(t)} v = \frac{k(t)\,a'(t)}{k'(t)\,p};$$

ainsi, la différence des chaleurs spécifiques c_0, c_1, à pression constante et à volume constant, sera une fonction de t seulement.

Toutes ces formules seraient beaucoup plus simples s'il était permis de faire

$$k(t) = a(t);$$

mais comme il s'ensuivrait

$$b(t) = 0,$$

on ne saurait guère admettre une telle hypothèse à priori, et, d'un autre côté, on arriverait à un degré de simplicité à peu près aussi grand si l'on avait

$$k(t) = [a(t)]^n,$$

la lettre n servant à désigner un nombre constant.

Dans ce cas-là, en désignant simplement par a la fonction $a(t)$, on trouverait

$$k(t) = a^n,$$

$$k'(t) = n a^{n-1} a',$$

$$\frac{d}{dt}\left(\frac{a(t)}{k(t)}\right) = \frac{d}{dt}(a^{1-n}) = (1-n) a^{-n} a',$$

$$\frac{d}{dt}\left(\frac{a'(t)}{k'(t)}\right) = \frac{d}{dt}\left(\frac{a^{1-n}}{n}\right) = \frac{1-n}{n} a^{-n} a',$$

$$b(t) = \frac{k(t) a'(t) - a(t) k'(t)}{k'(t)} = \frac{k(t)^2}{k'(t)} \frac{d}{dt}\left(\frac{a(t)}{k(t)}\right) = \left(\frac{1-n}{n}\right) a,$$

$$b'(t) = k(t) \frac{k'(t) a''(t) - a'(t) k''(t)}{k'(t)^2} = k(t) \frac{d}{dt}\left(\frac{a'(t)}{k'(t)}\right) = \frac{1-n}{n} a',$$

par suite,

$$vp = a,$$

$$Q = \frac{1-n}{n} a \log v + \beta(t),$$

$$q_0 \Gamma(t) = \frac{dQ}{dv} + p = \left(\frac{1-n}{n} a' \log v + \beta'(t)\right) \frac{p}{a'} + \frac{p}{n},$$

$$q_1 \Gamma(t) = \frac{dQ}{dp} = \left(\frac{1-n}{n} a' \log v + \beta'(t)\right) \frac{v}{a'},$$

$$\vartheta_0 = \frac{dt}{dv} = \frac{p}{a'},$$

$$\vartheta_1 = \frac{dt}{dp} = \frac{v}{a'},$$

$$c_0 \Gamma(t) = \frac{q_0 \Gamma(t')}{\vartheta_0} = \frac{\dfrac{dQ}{dv} + p}{\dfrac{dt}{dv}} = \left(\frac{1-n}{n} a' \log v + \beta'(t)\right) + \frac{a'}{n},$$

$$c_1 \Gamma(t) = \frac{q_1 \Gamma(t)}{\vartheta_1} = \frac{\dfrac{dQ}{dv}}{\dfrac{dt}{dp}} = \left(\frac{1-n}{n} a' \log v + \beta'(t)\right),$$

$$(c_0 - c_1) \Gamma(t) = \frac{a'}{n},$$

$$\frac{dq_\varphi}{dv_\varphi}\,\Gamma\,(t) = (c_0 - c_1)\,\vartheta_0\,\Gamma\,(t) = \frac{p}{n},$$

$$\frac{dq_\varphi}{dv}\,\Gamma\,(t) = (c_0 - c_1)\,\vartheta_1\,\Gamma\,(t) = \frac{v}{n},$$

et, pourvu que l'on eût $n < 1$, la fonction $b(t)$ serait positive.

L'équation générale des courbes $\psi(v, p) = u$ serait, en même temps,

$$u = \frac{a'(t)}{k'(t)}\,\log v + \int \frac{\beta'(t)}{k(t)}\,dt = \frac{a^{1-n}}{n}\,\log v + \int \frac{\beta'(t)}{a^n}\,dt.$$

Enfin, dans le cas où l'on invoquerait à la fois la loi de Mariotte et celle de Gay-Lussac, on aurait

$$a(t) = \frac{v_0 p_0}{1 + \alpha t_0}\,(1 + \alpha t) = m(1 + \alpha t),$$

$$a'(t) = m\,\alpha.$$

Je ne présente d'ailleurs l'hypothèse $k(t) = a^n$ que comme un exemple de calcul, et je ne veux y attacher aucune importance à priori. Je poursuis donc et j'observe que, lorsqu'on voudra trouver la quantité de chaleur nécessaire pour faire aller le fluide élastique d'un point v, t à un autre point infiniment voisin $v + dv$, $t + dt$, on n'aura qu'à remonter à la formule initiale

$$\Gamma\,(t)\,dq = \Gamma\,(t)\,f(t, u)\,du = \Gamma\,(t)\,\gamma\,(t)\,du = k(t)\,du = d\mathrm{Q} + p\,dv,$$

de laquelle on tirera

$$dq = \frac{k(t)}{\Gamma\,(t)}\,du.$$

En reprenant, ensuite, l'équation générale des courbes $\psi(v, p) = u$, on aura

$$du = d\left(\frac{a'(t)}{k'(t)}\,\log v\right) + \frac{\beta'(t)}{k(t)}\,dt$$

$$= \left(\frac{d}{dt}\left(\frac{a'(t)}{k'(t)}\right)\log v + \frac{\beta'(t)}{k(t)}\right)dt + \frac{a'(t)}{k'(t)}\,\frac{dv}{v};$$

et, en substituant, on trouvera

$$dq = \frac{k(t)}{\Gamma\,(t)}\,d\left(\frac{a'(t)}{k'(t)}\,\log v\right) + \frac{\beta'(t)}{\Gamma\,(t)}\,dt$$

$$= \left(\frac{k(t)}{\Gamma\,(t)}\,\frac{d}{dt}\left(\frac{a'(t)}{k'(t)}\right)\log v + \frac{\beta'(t)}{\Gamma\,(t)}\right)dt + \frac{k(t)\,a'(t)}{k'(t)\,\Gamma\,(t)}\,\frac{dv}{v}.$$

On devra parvenir exactement au même résultat, en tirant de la relation initiale la valeur

$$dq = \frac{d\mathrm{Q} + p\,dv}{\Gamma\,(t)},$$

et, en effet, quand on fera

$$p = \frac{a(t)}{v},$$

$$Q = b(t) \log v + \beta(t),$$

$$dQ = b(t) \frac{dv}{v} + (b'(t) \log v + \beta'(t)) \, dt,$$

on trouvera d'abord

$$dq = \frac{a(t) + b(t)}{\Gamma(t)} \frac{dv}{v} + \left(\frac{b'(t) \log v + \beta'(t)}{\Gamma(t)} \right) dt;$$

puis, en y substituant les valeurs connues de $b(t)$ et $b'(t)$, on aura, comme tout à l'heure,

$$dq = \frac{k(t)a'(t)}{k'(t)\Gamma(t)} \frac{dv}{v} + \left(\frac{k(t)}{\Gamma(t)} \frac{d}{dt}\left(\frac{a'(t)}{k'(t)} \right) \log v + \frac{\beta'(t)}{\Gamma(t)} \right) dt,$$

et, quand une courbe quelconque sera donnée, on devra chercher d'abord l'expression de v en t le long de la courbe donnée avant de procéder à l'intégration de l'expression trouvée pour dq le long d'une pareille courbe.

Toutes les fois qu'une courbe donnée se confondra avec l'une des courbes BB_1, $B'B'_1,\ldots$, où $vp = a(t)$ sur la *fig.* 1, on aura

$$t = \text{constante}, \quad dt = 0,$$

et, par suite, on trouvera sous forme finie

$$q = \frac{k(t)}{\Gamma(t)}(u_1 - u) = \frac{k(t)a'(t)}{k'(t)\Gamma(t)}(\log v_1 - \log v) = \frac{k(t)a'(t)}{k'(t)\Gamma(t)} \log \frac{v_1}{v},$$

puis, en remplaçant t par t' entre les mêmes courbes $B'Bu$, $B'_1B_1u_1$, sur la *fig.* 1,

$$q' = \frac{k(t')}{\Gamma(t')}(u_1 - u) = \frac{k(t')a'(t')}{k'(t')\Gamma(t')}(\log v'_1 - \log v') = \frac{k(t')a'(t')}{k'(t')\Gamma(t')} \log \frac{v'_1}{v'},$$

d'où l'on conclura

$$S = q'\Gamma(t') - q\Gamma(t) = (k(t) - k(t))(u_1 - u)$$

pour la mesure de l'aire quadrilatérale $BB'B_1B'_1$.

Si, au lieu de l'aire quadrilatérale $BB'B_1B'_1$ sur la *fig.* 1, on voulait trouver l'aire S délimitée par une ligne fermée quelconque s, on prendrait tout à l'entour de la ligne s l'intégrale définie

$$S = \int_0^s \Gamma(t) \, dq = \int_0^s k(t) \, du;$$

car, d'après la relation de principe

$$\Gamma(t) \, dq = \Gamma(t) f(t, u) \, du = \Gamma(t) q(t) \, du = k(t) \, du = dQ + p \, dv,$$

l'une ou l'autre de ces intégrales se confondra avec

$$\int_0^s dQ + \int_0^s p\,dv = 0 + \int_0^s p\,dv,$$

et il est bien évident que l'intégrale du terme $p\,dv$ tout à l'entour de la ligne s représentera la quantité cherchée.

Cela posé, j'observe que le long de l'axe $O\,v$, on aura

$$p = 0 ;$$

donc, en admettant que la relation

$$vp = a(t)$$

soit applicable jusqu'à la limite $p = 0$, on trouvera le long de l'axe $O\,v$ une température constante t_0 déterminée par la condition

$$a(t_0) = 0.$$

Ainsi, l'axe $O\,v$ fera partie du système général des courbes $\varphi(vp) = t$, et l'on y trouvera

$$q_0 = \frac{k(t_0)}{\Gamma(t_0)}(u_1 - u) = \frac{k(t_0)\,a'(t_0)}{k'(t_0)\,\Gamma(t_0)}\log\frac{v_1}{v},$$

$$Q_1 - Q = b(t_0)\log\frac{v_1}{v} = \frac{k(t_0)\,a'(t_0)}{k'(t_0)}\log\frac{v_1}{v};$$

c'est-à-dire

$$Q_1 - Q = q_0\,\Gamma(t_0).$$

Donc la quantité

$$\frac{k(t_0)\,a'(t_0)}{k'(t_0)}$$

ne devra pas être égale à zéro, sans quoi il n'y aurait plus de phénomènes calorifiques le long de l'axe $O\,v$. Cette condition étant supposée remplie, on trouvera le long de l'axe $O\,v$,

$$c_0 = \infty, \quad \frac{dq_\varphi}{dv_\varphi} = \infty,$$

comme pour les vapeurs; mais l'expression de Q différera de celle des vapeurs.

Tout porte à croire que l'axe $O\,v$, au lieu d'être la commune asymptote des courbes $\varphi(vp) = t$, devra être rencontré par chacune de ces courbes, ce qui empêcherait la relation

$$vp = a(t)$$

d'être applicable jusqu'à la limite $p = 0$.

Quoi qu'il en soit, je veux faire encore une application de cette théorie au phénomène de l'écoulement des gaz.

Je conçois donc un réservoir plein d'air à une pression constante p_1, muni d'un orifice d'écoulement dans un autre réservoir où il y a une pression constante plus petite p_2.

Je considère la paroi de l'orifice comme n'étant pas susceptible de laisser passer de la chaleur ni de produire, par frottement, une diminution dans la vitesse du jet d'air sortant. Je suppose encore une rapidité de mouvement assez grande pour que les parcelles d'air des différents filets du jet sortant ne puissent pas échanger entre elles des quantités appréciables de chaleur avant qu'elles ne soient parvenues dans la section où toutes les vitesses seront à fort peu près égales et parallèles du centre à la circonférence de la veine.

La théorie du phénomène de l'écoulement de l'air se réduira alors à ce qui suit.

Je suppose que, pour une masse d'air égale à 1, on possède sous formes explicites les trois relations

$$vp = a(t),$$

$$Q = b(t)\log v + \beta(t),$$

$$u = \frac{a'(t)}{k'(t)}\log v + \int \frac{\beta'(t)}{k(t)}\,dt = \frac{a'(t)}{k'(t)}\log v + E(t),$$

et je désigne par t_1 la température qui régnera dans le réservoir à air comprimé sous la pression p_1.

J'aurai alors, pour le volume initial de chaque unité de masse,

$$v_1 = \frac{a(t_1)}{p_1};$$

et comme, par hypothèse, il n'y aura aucune addition ni soustraction de chaleur pendant la durée du trajet jusqu'à l'orifice de sortie, la dilatation devra se faire le long d'une courbe $\psi(vp) = u$. Donc on aura, en chaque point de la trajectoire d'une parcelle d'air δm,

$$\frac{a'(t)}{k'(t)}\log v + E(t) = \frac{a'(t_1)}{k'(t_1)}\log v_1 + E(t_1),$$

et, dans l'orifice de sortie, on aura

$$\frac{a'(t_0)}{k'(t_0)}\log v_0 + E(t_0) = \frac{a'(t_1)}{k'(t_1)}\log v_1 + E(t_1).$$

Ce sera une première équation de condition à laquelle devront satisfaire les inconnues v_0, t_0.

La pression p_0 à l'orifice de sortie étant supposée donnée, on aura encore la relation

$$v_0 p_0 = a(t_0),$$

et de ces deux équations on devra tirer les valeurs de v_0, t_0.

Cela étant supposé fait, on trouvera respectivement

$$Q_1 = b(t_1)\log v_1 + \beta(t_1),$$

$$Q_0 = b(t_0)\log v_0 + \beta(t_0),$$

et l'on en conclura

$$Q_1 - Q_0 = \left(b(t_1)\log v_1 + \beta(t_1)\right) - \left(b(t_0)\log v_0 + \beta(t_0)\right).$$

Ce sera la quantité de travail dont chaque unité de masse du jet d'air sortant se trouvera appauvrie ; ce sera, en un mot, la quantité

$$\Sigma \int R\, dr$$

de l'équation générale des forces vives par unité de masse.

Or, si l'on désigne par

v_1, v_0 les vitesses en deux points différents d'un filet ou canal infiniment délié de
forme constante ;

Ω_1, Ω_0 les sections du canal ; .

p_1, p_0 les pressions ;

ϖ_1, ϖ_0 les poids par unité de volume ;

m la masse d'air qui passe à la fois par chacune des sections Ω_1, Ω_0 en 1 seconde
dans l'hypothèse d'une exacte permanence ;

On doit avoir, d'après le principe général des forces vives,

$$\tfrac{1}{2} m\, v_0^2 - \tfrac{1}{2} m\, v_1^2 = \Omega_1 p_1 v_1 - \Omega_0 p_0 v_0 + m \Sigma \int R\, dr,$$

et, d'après la nature même des choses,

$$m = \frac{\varpi_1}{g}\, \Omega_1 v_1 = \frac{\varpi_0}{g}\, \Omega_0 v_0,$$

ou, ce qui revient au même,

$$\Omega_1 v_1 = \frac{gm}{\varpi_1},$$

$$\Omega_0 v_0 = \frac{gm}{\varpi_0},$$

et, par suite, en substituant dans l'équation des forces vives, il restera, après la sup-
pression du facteur commun m,

$$\tfrac{1}{2} v_0^2 - \tfrac{1}{2} v_1^2 = g\left(\frac{p_1}{\varpi_1} - \frac{p_0}{\varpi_0} \right) + \Sigma \int R\, dr.$$

Ce sera dans cette équation générale que l'on devra faire

$$\Sigma \int R\, dr = Q_1 - Q_0 = \{ b(t_1) \log v_1 + \beta(t_1) \} - \{ b(t_0) \log v_0 + \beta(t_0) \} ;$$

d'autre part, un volume d'air v_1 à la pression p_1 aura une masse représentée par

$$\frac{\varpi_1 v_1}{g},$$

et, comme v_1 désigne, par hypothèse, le volume de l'unité de masse, il faudra que
l'on ait

$$\frac{\varpi_1}{g} v_1 = 1,$$

d'où

$$\frac{g}{\varpi_1} = v_1,$$

et, pareillement,

$$\frac{g}{\varpi_0} = v_0.$$

Donc, enfin, l'équation des forces vives se transformera en

$$\tfrac{1}{2}\,w_0^2 - \tfrac{1}{2}\,w_1^2 = v_1 p_1 - v_0 p_0 + Q_1 - Q_0,$$

et, par transposition, on trouvera

$$\tfrac{1}{2}\,w_0^2 + v_0 p_0 + Q_0 = \tfrac{1}{2}\,w_1^2 + v_1 p_1 + Q_1.$$

En un mot, quand un fluide élastique se mouvra d'une manière exactement permanente dans un canal infiniment étroit sans qu'il y ait aucun échange de chaleur, ni des parcelles de gaz entre elles, ni des parois du canal à ces parcelles, on aura, par unité de masse, en tous les points du trajet,

$$\tfrac{1}{2}\,w^2 + vp + Q = \text{constante},$$

et cette formule générale aura une signification excessivement claire sur les *fig.* 1 et 2.

La somme $vp + Q$ y représentera l'aire OGBu sur la *fig.* 1 et l'aire OPBu sur la *fig.* 2, plus la quantité de force vive latente du fluide élastique de O en u le long de l'axe O v. Quand chaque parcelle du fluide élastique conservera exactement sa chaleur propre, la dilatation se fera le long de la courbe B'Bu, de B' en B par exemple, en supposant que les hauteurs A'B', AB soient égales aux pressions p_1, p_0. La quantité $vp + Q$ éprouvera alors une diminution qui sera représentée par l'aire GG'B'B.

Cela étant, la formule trouvée signifiera que toute diminution de la quantité $vp + Q$ se changera en une quantité égale de force vive, et réciproquement.

Et, en effet, sur la *fig.* 2, l'aire PP'B'B représentera la quantité de force motrice que l'on obtiendrait dans le cylindre travailleur d'une machine à vapeur entre deux pressions données OP, OP' avec la quantité de fluide élastique à laquelle se rapportera la courbe B'B u.

L'aire GG'B'B aurait exactement la même signification sur la *fig.* 1 dans une machine à air, et, par conséquent, la formule trouvée signifiera tout uniment que, dans le phénomène de l'écoulement, il doit y avoir une production de force vive égale à la quantité de travail que la masse du fluide écoulé eût pu faire obtenir dans une machine à vapeur ou à air, entre les mêmes pressions p_1, p_0, que celles aux orifices d'entrée et de sortie du tronçon de canal dans lequel il y aura un état de mouvement exactement permanent.

De cette remarque, et à la simple inspection des *fig.* 1 et 2, je pourrais conclure que, lorsqu'il y aura des échanges de chaleur pendant la durée de l'écoulement, pourvu que ces échanges soient eux-mêmes exactement permanents, la somme $\tfrac{1}{2}\,w^2 + vp + Q$, au lieu de rester constante, d'un instant à l'autre éprouvera une augmentation égale au terme connu $\Gamma(t)f(t,u)\,du$, en supposant que l'on ait

$$dq = f(t,u)\,du,$$

pour la quantité de chaleur ajoutée.

Il me serait donc permis d'écrire

$$w\,dw + v\,dp + p\,dv + dQ = \Gamma(t)f(t,u)\,du,$$

et comme on doit avoir

$$dQ = \Gamma(t)f(t,u)\,du - p\,dv,$$

il me resterait

$$w\,dw + v\,dp = 0\,;$$

par suite, en intégrant,

$$\tfrac{1}{2}w^2 + \int v\,dp = \text{constante},$$

et, entre deux limites données p_0, p_1,

$$\tfrac{1}{2}w_1^2 - \tfrac{1}{2}w_0^2 + \int_0^1 v\,dp = 0\,;$$

cela me servirait à étendre à une courbe quelconque, sur les *fig.* 1 et 2, ce que je n'ai trouvé d'abord que pour les courbes B'Bu; mais je n'y insisterai pas.

Je retourne donc à la formule trouvée

$$\tfrac{1}{2}w_0^2 + v_0 p_0 + Q_0 = \tfrac{1}{2}w_1^2 + v_1 p_1 + Q_1,$$

et j'observe que l'on aura encore

$$m = \frac{\Omega_1 w_1}{v_1} = \frac{\Omega_0 w_0}{v_0}$$

pour l'expression de la masse m qui s'écoulera en une seconde de temps, et, par suite, la condition

$$\frac{\Omega_1 w_1}{v_1} = \frac{\Omega_0 w_0}{v_0}$$

entre les vitesses w_0, w_1.

Quand la section de l'orifice de sortie sera extrêmement petite par rapport à la section de l'orifice d'entrée, la vitesse w_1 deviendra négligeable, et l'on aura à très-peu près

$$\tfrac{1}{2}w_0^2 = (v_1 p_1 + Q_1) - (v_0 p_0 + Q_0),$$

puis, en remplaçant les produits $v_1 p_1$, $v_0 p_0$, et les quantités Q_1, Q_0, par leurs valeurs connues,

$$\tfrac{1}{2}w_0^2 = (a(t_1) + b(t_1)\log v_1 + \beta(t_1)) - (a(t_0) + b(t_0)\log v_0 + \beta(t_0))\,;$$

ce sera la formule rectifiée de l'écoulement des gaz permanents en place de la formule connue qui renferme le logarithme hyperbolique des pressions p_1, p_0, comme si, pendant la durée de l'écoulement, la dilatation pouvait se faire le long de la courbe $vp = a(t_1)$ sur la *fig.* 1. Ce logarithme hyperbolique du rapport des pressions p_1, p_0

avait l'inconvénient de faire trouver une vitesse d'écoulement infiniment grande quand on supposait $p_0 = 0$. Il entraînait, en même temps, une valeur nulle pour la masse d'air sortante par seconde de temps, ce qui était absolument inadmissible.

La nouvelle équation que je viens de substituer à l'ancienne n'aura pas les mêmes inconvénients. Quand on y fera $p_0 = 0$, on trouvera, pour t_0, une valeur déterminée d'après la condition

$$a(t_0) = 0,$$

puis on aura

$$\frac{a'(t_0)}{k'(t_0)} \log v_0 = \frac{a'(t_1)}{k'(t_1)} \log v_1 + E(t_1) - E(t),$$

d'où

$$\log v_0 = \frac{k'(t_0)}{a'(t_0)} \frac{a'(t_1)}{k'(t_1)} \log v_1 + \frac{k'(t_0)}{a'(t_0)} \int_{t_0}^{t_1} \frac{\beta'(t)}{k(t)} \, dt.$$

On aura, en même temps,

$$b(t_1) = \frac{k(t_1) a'(t_1) - a(t_1) k'(t_1)}{k'(t_1)},$$

$$b(t_0) = \frac{k(t_0) a'(t_0)}{k'(t_0)},$$

$$Q_0 = b(t_0) \log v_0 + \beta(t_0) = \frac{k(t_0) a'(t_1)}{k'(t_1)} \log v_1 + k(t_0) \int_{t_0}^{t'} \frac{\beta'(t)}{k(t)} \, dt + \beta(t_0),$$

et, enfin,

$$\tfrac{1}{2} w_0^2 = a(t_1) + \left(b(t_1) - \frac{k(t_0) a'(t_1)}{k'(t_1)} \right) \log v_1 + k(t_0) \int_{t_0}^{t'} \frac{\beta'(t)}{k(t)} \, dt + \beta(t_1) - \beta(t_0).$$

On est d'ailleurs porté à croire que la valeur de Q_0 à la limite $p = 0$ sera très-petite comparativement à la valeur initiale Q_1 de la fonction Q, et que, par cette raison, en négligeant Q_0, on devra avoir à très-peu près, pour la vitesse d'écoulement d'un gaz dans le vide,

$$\tfrac{1}{2} w^2 = b(t_1) \log v_1 + \beta(t_1).$$

La température t_0, qui figure dans cette théorie du phénomène de l'écoulement d'un fluide élastique, ne saurait être constatée par la simple immersion d'un thermomètre à boule ronde dans le jet d'air sortant; car, à l'entour d'une pareille boule, il y aurait des pressions inégales, et, par suite, des températures inégales.

Il y aurait notamment, au milieu de la partie frappée de la boule, une petite étendue où les parcelles d'air adjacentes seraient sans vitesse et où, d'après les indications les plus générales du principe des forces vives, la pression p_0 ne devrait pas différer de la pression p_1; ce qui entraînerait $t_0 = t_1$ et aurait pour effet de faire marquer au thermomètre une certaine température moyenne plus élevée que t_0.

Pour qu'il n'y eût pas d'objection à faire, il faudrait que l'instrument thermométrique ne pût être impressionné que par une surface exactement cylindrique du jet d'air sortant, ce qu'il serait assez difficile de réaliser complétement.

J'arrive maintenant à l'expression déjà citée de M. Regnault, où, après avoir employé d'abord la force expansive d'une masse d'air à produire des vitesses, on laisse ensuite ces vitesses s'éteindre dans des mouvements de tournoiements, sans qu'il y ait aucune production de travail au dehors et sans que de la chaleur soit prise ou cédée au fluide élastique.

Il faudra alors que, après l'extinction de tous les tournoiements, la quantité Q soit la même qu'auparavant, quoique le volume ait passé de v_0 à v_1. Cela s'exprimera algébriquement par l'égalité $Q_0 = Q_1$, c'est-à-dire

$$b(t_0) \log v_0 + \beta(t_0) = b(t_1) \log v_1 + \beta(t_1),$$

et de cette égalité dépendra la température t_0 que M. Regnault a trouvée sensiblement égale à t_1, ce qui exigerait que l'on eût

$$b(t) = 0.$$

CHAPITRE VIII.

Des différentes manières de satisfaire aux équations $dQ = \Gamma(t) f(t, u) du - p\, dv$, $d\Lambda = \dfrac{d}{dt} [\Gamma(t) F(t, u)] dt + p\, dv$, sans invoquer ni la loi de Mariotte, ni la relation $f(t, u) = \gamma(t) \varepsilon(u)$, etc.

Toute la théorie que je viens de développer repose, d'une part, sur la relation

$$vp = a(t),$$

servant à exprimer la loi de Mariotte, et, d'autre part, sur l'hypothèse que j'ai faite que la fonction $f(t, u)$ ne devra pas cesser d'être de l'espèce $\gamma(t) \varepsilon(u)$ quand on voudra passer de la théorie des vapeurs à celle des gaz permanents.

Une pareille théorie me semble devoir suffire d'ici à longtemps aux recherches des physiciens, alors même qu'elle ne serait pas complète. On a vu, d'ailleurs, que, si la relation

$$vp = a(t)$$

venait à être remplacée par une expression plus générale de la forme

$$p = \frac{a(t)}{\omega(v)},$$

on aurait toutes les mêmes formules, à cela près que, en lieu et place du logarithme hyperbolique de v, on devrait mettre la quantité

$$\int \frac{dt}{\omega(v)};$$

(133)

de telle sorte que, si l'on faisait

$$\omega(v) = \text{constante} = 1,$$

on n'aurait qu'à mettre v en place du logarithme v pour avoir la théorie parfaitement exacte des vapeurs.

Cependant, comme la relation de Mariotte n'est vraisemblablement pas admissible jusqu'à la limite $p = 0$, et qu'il peut en être de même de la relation plus générale

$$p\,\omega(v) = a(t),$$

je veux traiter encore le sujet d'une manière plus générale, en ne préjugeant absolument rien de la nature des courbes $\varphi(v, p) = t$ et en admettant seulement que la fonction $f(t, u)$ ne devra pas cesser d'être de l'espèce $\gamma(t)\,\varepsilon(u)$ comme pour les vapeurs, sauf, en dernier lieu, à prendre pour $f(t, u)$ telle expression en t, u qu'on voudra.

J'ai fait voir, d'ailleurs, qu'une relation de la forme

$$\Gamma(t)\,dq = \Gamma(t)f(t, u)\,du = \Gamma(t)\,\gamma(t)\,\varepsilon(u)\,du$$

ne sera ni plus ni moins générale que l'expression plus simple

$$\Gamma(t)\,dq = \Gamma(t)f(t, u)\,du = \Gamma(t)\,\gamma(t)\,du = k(t)\,du,$$

ce qui me permettra de faire immédiatement

$$\Gamma(t)f(t, u) = k(t).$$

La dernière des équations (N), ou la condition fondamentale de la théorie, continuera alors à être de la forme

$$\frac{k(t)}{k'(t)} = p\frac{du}{dp} + \left(\frac{dQ}{dv}\frac{dt}{dp} - \frac{dQ}{dp}\frac{dt}{dv}\right);$$

mais le premier terme du second membre pourra ne plus être une fonction de t, et, par suite, la quantité entre parenthèses pourra aussi ne plus être une fonction de t, ce qui ne permettra plus de voir directement de quelle espèce devra être la fonction Q.

La difficulté pourra fort heureusement être tournée en ayant recours à l'équation (13), qui est généralement

$$\frac{dp}{dt} = \frac{d}{dt}\{\Gamma(t)f(t, u)\}\frac{du}{dv},$$

par rapport à v, t comme variables indépendantes, et qui, par cela seul qu'on aura

$$\Gamma(t)f(t, u) = k(t),$$

se réduira à

$$\frac{dp}{dt} = k'(t)\frac{du}{dv}.$$

D'autre part, en continuant à désigner par A l'aire OHIBA des courbes $\varphi(v, p) = t$ sur la *fig.* 1, et en regardant la quantité A comme une certaine fonction en v, t, on aura manifestement

$$p = \frac{d\mathrm{A}(v, t)}{dv};$$

par suite, l'équation précédente se réduira à

$$\frac{d^2\mathrm{A}(v, t)}{dv\, dt} = k'(t)\frac{du}{dv},$$

et, en l'intégrant par rapport à v sans faire varier t, on en conclura sous forme finie

$$k'(t)\, u = \frac{d\mathrm{A}(v, t)}{dt} + \text{fonction}(t).$$

Ce sera l'équation générale des courbes $\psi(v, p) = u$ en fonction de v, t comme variables indépendantes, tandis que la relation

$$p = \frac{d\mathrm{A}(v, t)}{dv}$$

pourra être employée comme étant l'équation générale des courbes $\varphi(v, p) = t$; car, du moment où une relation

$$\varphi(v, p) = t$$

sera donnée, l'aire A des courbes φ, en un point v, t sur la *fig.* 1, aura une valeur parfaitement déterminée, et il n'y aura que des difficultés d'intégration qui pourront empêcher d'en trouver l'expression sous forme explicite en v, t; puis, quand ces difficultés se trouveront surmontées, il est clair que la relation

$$p = \frac{d\mathrm{A}(v, t)}{dv}$$

devra être identiquement la même que si de l'équation donnée $\varphi(v, p) = t$ on tirait la valeur de p en fonction de v, t.

Une telle manière de représenter les équations des courbes $\varphi(v, p) = t$ et $\psi(v, p) = u$ reviendra à faire usage de la seconde des formules (A) ou de cette équation complémentaire

$$d\mathrm{A} = \frac{d}{dt}\big(\Gamma(t)\,\mathrm{F}(t, u)\big)\, dt + p\, dv = \frac{d\mathrm{R}}{dt}\, dt + p\, dv,$$

que j'ai entièrement négligée jusqu'ici, et d'après laquelle, en considérant A comme une fonction de v, t, il faudra que l'on ait

$$\frac{d\mathrm{A}(v, t)}{dv} = p,$$

$$\frac{d\mathrm{A}(v, t)}{dt} = \frac{d}{dt}\big(\Gamma(t)\,\mathrm{F}(t, u)\big) = \frac{d\mathrm{R}}{dt};$$

mais on a, par hypothèse, au point de vue actuel du sujet,

$$\Gamma(t) f(t, u) = \frac{d\mathrm{R}}{du} = k(t).$$

(135)

Donc, en multipliant par du et en intégrant par rapport à u sans faire varier t, on trouvera

$$\mathrm{R} = k(t)\, u - \alpha(t),$$

la lettre α servant à désigner une fonction arbitraire de t; puis, en différentiant par rapport à t sans faire varier u, on aura

$$\frac{d\mathrm{R}}{dt} = k'(t)\, u - \alpha'(t);$$

par suite, en transposant et en remplaçant $\dfrac{d\mathrm{R}}{dt}$ par sa valeur, on aura

$$k'(t)\, u = \frac{d\mathrm{A}(v,\,t)}{dt} + \alpha'(t) = \frac{d}{dt}\big(\mathrm{A}(v,\,t) + \alpha(t)\big).$$

Ce sera aussi l'équation des courbes $\psi(v,\,p) = u$, et, en effet, comme la lettre α servira à désigner une fonction arbitraire de t, cette autre équation des courbes $\psi(v,\,p) = u$ se confondra exactement avec celle que j'ai trouvée tout à l'heure.

Or, l'équation précédemment employée

$$d\mathrm{Q} = \Gamma(t)f(t,\,u)\, du - p\, dv = \frac{d\mathrm{R}}{du}\, du - p\, dv,$$

et l'équation actuelle

$$d\mathrm{A} = \frac{d}{dt}\big(\Gamma(t)\mathrm{F}(t,\,u)\big)\, dt + p\, dv = \frac{d\mathrm{R}}{dt}\, dt + p\, dv,$$

sont dans une relation telle, que l'on doit avoir sous forme finie

$$\mathrm{A} + \mathrm{Q} = \mathrm{R},$$

et, comme les fonctions A, R sont connues, on en conclura

$$\mathrm{Q} = \mathrm{R} - \mathrm{A} = k(t)\, u - (\mathrm{A} + \alpha(t)).$$

Ce sera l'expression de la fonction Q en t, u, v, et, quand on y substituera l'expression de u en v, t, on trouvera

$$\mathrm{Q} = \frac{k(t)}{k'(t)}\left(\frac{d\mathrm{A}(v,\,t)}{dt} + \alpha'(t)\right) - (\mathrm{A} + \alpha(t))$$

$$= k'(t)\frac{d}{dt}\left(\frac{\mathrm{A}(v,\,t) + \alpha(t)}{k(t)}\right).$$

De cette manière, les conditions (N) seront satisfaites, et chacune des équations (A) sera une différentielle exacte; donc le problème se trouvera exactement résolu.

Et, en effet, quand de ces expressions générales des quantités Q, u on voudra passer au cas particulier où l'on aura

$$p = \frac{a(t)}{\omega(v)},$$

on trouvera d'abord

$$\mathrm{A} = \int p \, dv = a(t) \int \frac{dv}{\omega(v)}$$

pour l'expression générale de la fonction (A); puis, en différentiant par rapport à v, on aura

$$p = \frac{d\mathrm{A}(v,t)}{dv} = \frac{a(t)}{\omega(v)},$$

c'est-à-dire que, par ce procédé de calcul, on retrouvera identiquement l'équation donnée des courbes $\varphi(v, p) = t$.

On aura ensuite

$$\frac{d\mathrm{A}(v,t)}{dt} = a'(t) \int \frac{dv}{\omega(v)},$$

$$u = \frac{a'(t)}{k'(t)} \int \frac{dv}{\omega(v)} + \frac{\alpha'(t)}{k'(t)},$$

$$Q = \frac{k(t)\,a'(t) - a(t)\,k'(t)}{k'(t)} \int \frac{dv}{\omega(v)} + \frac{k(t)\,\alpha'(t) - \alpha(t)\,k'(t)}{k'(t)},$$

et quand on fera, en outre,

$$\frac{k(t)\,\alpha'(t) - \alpha(t)\,k'(t)}{k'(t)} = \beta(t),$$

on trouvera, en différentiant,

$$k(t)\,\frac{k'(t)\,\alpha''(t) - \alpha'(t)\,k''(t)}{k'(t)^2} = \beta'(t),$$

ou, ce qui revient au même,

$$\frac{d}{dt}\left(\frac{\alpha'(t)}{k'(t)}\right) = \frac{\beta'(t)}{k(t)},$$

et, par conséquent,

$$u = \frac{a'(t)}{k'(t)} \int \frac{dv}{\omega(v)} + \int \frac{\beta'(t)}{k(t)} \, dt,$$

$$Q = \frac{k(t)\,a'(t) - a(t)\,k'(t)}{k'(t)} \int \frac{dv}{\omega(v)} + \beta(t),$$

de telle sorte que, en faisant encore

$$\omega(v) = v,$$

on trouvera identiquement les expressions connues des quantités u, Q, pour un gaz permanent supposé assujetti à la loi de Mariotte.

Pareillement, quand on fera

$$\omega(v) = \text{constante} = 1,$$

on retrouvera l'expression déjà connue de Q pour un mélange de liquide et de vapeur saturée de ce liquide.

La quantité de chaleur nécessaire pour aller d'un point v, t à un autre point infiniment proche $v + dv$, $t + dt$, dépendra de la formule de principe

$$\Gamma(t)\,dq = \Gamma(t)f(t, u)\,du = \Gamma(t)\gamma(t)\,du = k(t)\,du = dQ + p\,dv,$$

et l'on aura

$$du = \frac{du}{dv}\,dv + \frac{du}{dt}\,dt,$$

$$\frac{du}{dv} = \frac{1}{k'(t)}\frac{d^2 A(v, t)}{dv\,dt},$$

$$\frac{du}{dt} = \frac{1}{k'(t)}\frac{d^2 A(v, t)}{dt^2} - \frac{k''(t)}{k'(t)^2}\frac{dA(v, t)}{dt} + \frac{k'(t)\,\alpha''(t) - \alpha'(t)\,k''(t)}{k'(t)^2},$$

ce qui fera trouver

$$\Gamma(t)\,dq = k(t)\,du = \frac{k(t)}{k'(t)}\frac{d^2 A(v, t)}{dv\,dt}\,dv$$

$$+ \frac{k(t)}{k'(t)}\left(\frac{d^2 A(v, t)}{dt^2} - \frac{k''(t)}{k'(t)}\frac{dA(v, t)}{dt} + \frac{k'(t)\,\alpha''(t) - \alpha'(t)\,k''(t)}{k'(t)}\right) dt\,;$$

ou bien l'on aura

$$\Gamma(t)\,dq = \left(\frac{dQ}{dv} + p\right) dv + \frac{dQ}{dt}\,dt,$$

$$\frac{dQ}{dv} = \frac{k(t)}{k'(t)}\frac{d^2 A(v, t)}{dv\,dt} - \frac{dA(v, t)}{dv},$$

$$\frac{dQ}{dt} = \frac{k(t)}{k'(t)}\frac{d^2 A(v, t)}{dt^2} + \left(\frac{k'(t)^2 - k(t)\,k''(t)}{k'(t)^2} - 1\right)\frac{dA(v, t)}{dt}$$

$$+ \frac{k(t)\{k'(t)\,\alpha''(t) - \alpha'(t)\,k''(t)\}}{k'(t)^2},$$

$$p = \frac{dA(v, t)}{dv},$$

et, par suite, en prenant la somme $dQ + p\,dv$, on retrouvera exactement la précédente expression du produit $\Gamma(t)\,dq$.

Sous forme abrégée, on aura

$$\Gamma(t)\,dq = dQ + p\,dv = d\left(k'(t)\frac{d}{dt}\left(\frac{A(v, t) + \alpha(t)}{k(t)}\right)\right) + \frac{dA(v, t)}{dv}\,dv,$$

et, plus simplement encore,

$$\Gamma(t)\,dq = k(t)\,du = k(t)\,d\left\{\frac{1}{k'(t)}\frac{d}{dt}(A(v, t) + \alpha(t))\right\}.$$

Quand on fera $dt = 0$, dans l'expression générale du produit $\Gamma(t)\,dq$, on trouvera

$F.\ R.$ 18

pour l'expression de la chaleur latente de B en B, sur la *fig.* 1,

$$\frac{dq_\varphi}{dv_\varphi}\,\Gamma(t) = k(t)\frac{du}{dv} = \frac{k(t)}{k'(t)}\frac{d^2 A(v,t)}{dv\,dt},$$

et quand on fera

$$dv = 0,$$

on trouvera pour la chaleur spécifique à volume constant

$$c_v\Gamma(t) = k(t)\frac{du}{dt} = \frac{k(t)}{k'(t)}\left(\frac{d^2 A(v,t)}{dt^2} - \frac{k''(t)}{k'(t)}\frac{dA(v,t)}{dt} + \frac{k'(t)\alpha''(t) - \alpha'(t)k''(t)}{k'(t)}\right).$$

Pour trouver la chaleur spécifique à pression constante, il faudra que les variables t, u soient assujetties à la relation

$$p = \text{constante},$$

c'est-à-dire

$$\frac{dp}{dv}\,dv + \frac{dp}{dt}\,dt = 0,$$

d'où l'on tirera

$$dv = -\frac{\dfrac{dp}{dt}}{\dfrac{dp}{dv}}\,dt,$$

et, en substituant dans l'expression générale

$$\Gamma(t)\,dq = k(t)\,du = k(t)\left(\frac{du}{dv}\,dv + k(t)\frac{du}{dt}\right)dt,$$

on aura d'abord

$$c_v\Gamma(t) = -\frac{k(t)\dfrac{du}{dv}\dfrac{dp}{dt}}{\dfrac{dp}{dv}} + k(t)\frac{du}{dt}:$$

puis, de la relation

$$p = \frac{dA(v,t)}{dv}$$

on conclura

$$\frac{dp}{dv} = \frac{d^2 A(v,t)}{dv^2},$$

$$\frac{dp}{dt} = \frac{d^2 A(v,t)}{dv\,dt},$$

et en substituant ces valeurs, en même temps que celles déjà connues des dérivées de u

en v, p, on aura sous forme explicite

$$c_0\,\Gamma(t) = -\frac{k(t)}{k'(t)}\frac{\left[\dfrac{d^2 A(v,t)}{dv\,dt}\right]^2}{\dfrac{d^2 A(v,t)}{dv^2}} + c_1\,\Gamma(t),$$

puis

$$(c_0 - c_1)\,\Gamma(t) = -\frac{k(t)}{k'(t)}\frac{\left[\dfrac{d^2 A(v,t)}{dv\,dt}\right]^2}{\dfrac{d^2 A(v,t)}{dv^2}}.$$

Pour contrôler ces résultats, on n'aura qu'à remonter aux formules (O) en v, p et y faire d'abord

$$\Gamma(t)\,f(t,u) = k(t),$$

ce qui réduira les valeurs finales des trois dernières d'entre elles à

$$(c_0 - c_1)\,\Gamma(t) = \frac{k(t)}{k'(t)\dfrac{dt}{dv}\dfrac{dt}{dp}},$$

$$\frac{dq_\varphi}{dv_\varphi}\,\Gamma(t) = \frac{k(t)}{k'(t)\dfrac{dt}{dp}},$$

$$\frac{dq_\varphi}{dp_\varphi}\,\Gamma(t) = \frac{k(t)}{k'(t)\dfrac{dt}{dv}}.$$

En différentiant ensuite la relation

$$p = \frac{dA(v,t)}{dv},$$

on aura

$$dp = \frac{d^2 A(v,t)}{dv^2}\,dv + \frac{d^2 A(v,t)}{dv\,dt}\,dt,$$

et l'on en conclura

$$\frac{dt}{dv} = -\frac{\dfrac{d^2 A(v,t)}{dv^2}}{\dfrac{d^2 A(v,t)}{dv\,dt}},$$

$$\frac{dt}{dp} = \frac{1}{\dfrac{d^2 A(v,t)}{dv\,dt}},$$

puis, en substituant, on retrouvera exactement les expresstons déjà connues des

18..

quantités

$$(c_q - c_1)\,\Gamma(t),\quad \frac{dq_\varphi}{dv_\varphi}\,\Gamma(t);$$

on aura, en outre,

$$\frac{dq_\varphi}{dp_\varphi}\,\Gamma(t) = -\,\frac{k(t)}{k'(t)}\,\frac{\dfrac{d^2 A(v,t)}{dv\,dt}}{\dfrac{d^2 A(v,t)}{dv^2}}.$$

A l'aide de ces formules, la théorie des fluides élastiques aura le plus haut degré de généralité qu'il soit possible de lui donner tant que la fonction $f(t,u)$ ne devra pas cesser d'être de l'espèce $\gamma(t)\,\varepsilon(u)$, et que, par suite, il sera permis de faire

$$\varepsilon(u) = 1,\quad \Gamma(t)f(t,u) = \Gamma(t)\gamma(t) = k(t),$$

ce qui aura lieu nécessairement pour un mélange de liquide et de vapeur saturée de ce liquide, ainsi que je l'ai fait voir déjà et que je le ferai voir encore par la suite.

Je me propose maintenant de franchir les dernières difficultés du sujet, en admettant que, pour un gaz permanent, la quantité

$$R = \Gamma(t)\,F(t,u)$$

puisse être une fonction quelconque des variables t, u.

Je continuerai à regarder la quantité A comme une fonction de v, t d'après une certaine relation donnée $\varphi(v,p) = t$.

Ce sera une question de calcul intégral que de savoir trouver, sous forme explicite en v, t, l'aire A d'une courbe $\varphi(v,p) = $ constante t sur la *fig.* 1.

Cette question étant supposée résolue, la seconde des formules (A) sera de la forme

$$d A(v,t) = \frac{d}{dt}\,[R(t,u)]\,dt + p\,dv,$$

et, pour qu'elle soit une différentielle exacte en v, t, il sera nécessaire et suffisant que l'on ait

$$(q)\qquad\qquad \frac{dA(v,t)}{dv} = p,$$

$$(q')\qquad\qquad \frac{dA(v,t)}{dt} = \frac{dR(t,u)}{dt}.$$

L'équation (q) aura lieu d'elle-même par cela seul que la quantité A sera l'aire de la courbe donnée $\varphi(v,p) = t$; elle devra être satisfaite identiquement par la valeur de p tirée de l'équation

$$\varphi(v,p) = t,$$

et, par conséquent, elle équivaudra à cette dernière équation.

La formule (q) sera donc l'équation générale des courbes $\varphi(v, p) = t$, et la formule (q'), qui établira une relation parfaitement déterminée entre v, t, u, sera l'équation générale des courbes $\psi(v, p) = u$, en fonction de v, t comme variables indépendantes.

On aura ensuite

$$(q'') \qquad Q = R(t, u) - A(v, t),$$

et toutes les conditions du problème seront exactement remplies.

La seconde des formules (A) sera, en effet, une différentielle exacte, et la première, qui est, en principe,

$$dQ = \frac{dR(t, u)}{du} du - p\, dv,$$

se changera d'abord en

$$\left(\frac{dR(t, u)}{dt} dt + \frac{dR(t, u)}{du} du \right) - \left(\frac{dA(v, t)}{dv} dv + \frac{dA(v, t)}{dt} dt \right)$$

$$= \frac{dR(t, u)}{du} du - \frac{dA(v, t)}{dv} dv,$$

puis, à l'aide de la relation (q'), elle se réduira à une pure identité.

La quantité de chaleur nécessaire, d'un point v, t à un autre point infiniment proche $v + dv$, $t + dt$, dépendra de la formule

$$\Gamma(t)\, dq = \Gamma(t) f(t, u)\, du = \frac{dR(t, u)}{du} du,$$

puis, en différentiant la formule (q'), on aura

$$\frac{d^2 A(v, t)}{dv\, dt} dv + \frac{d^2 A(v, t)}{dt^2} dt = \frac{d^2 R(t, u)}{dt^2} dt + \frac{d^2 R(t, u)}{dt\, du} du,$$

et, en transposant,

$$\frac{d^2 R(t, u)}{dt\, du} du = \frac{d^2 A(v, t)}{dv\, dt} dv + \left(\frac{d^2 A(v, t)}{dt^2} - \frac{d^2 R(t, u)}{dt^2} \right) dt,$$

par suite,

$$\Gamma(t)\, dq = \frac{\dfrac{dR(t, u)}{du}}{\dfrac{d^2 R(t, u)}{dt\, du}} \frac{d^2 A(v, t)}{dv\, dt} dv + \frac{\dfrac{dR(t, u)}{du}}{\dfrac{d^2 R(t, u)}{dt\, du}} \left(\frac{d^2 A(v, t)}{dt^2} - \frac{d^2 R(t, u)}{dt^2} \right) dt.$$

En y faisant d'abord

$$dt = 0,$$

on trouvera la chaleur latente sous la forme

$$\Gamma(t) \frac{dq_\varphi}{dv_\varphi} = \frac{\dfrac{dR(t, u)}{du}}{\dfrac{d^2 R(t, u)}{dt\, du}} \frac{d^2 A(v, t)}{dv\, dt}.$$

En y faisant ensuite

$$dv = 0,$$

on trouvera la chaleur spécifique à volume constant c_1 par la formule

$$c_1\, \Gamma(t) = \frac{\dfrac{d\mathrm{R}(t,\,u)}{du}}{\dfrac{d^2\mathrm{R}(t,\,u)}{dt\,du}}\left(\frac{d^2\mathrm{A}(v,\,t)}{dt^2} - \frac{d^2\mathrm{R}(t,\,u)}{dt^2}\right).$$

Pour avoir la chaleur spécifique à pression constante, il faudra que les variables v, t soient assujetties à la relation

$$p = \text{constante},$$

c'est-à-dire

$$\frac{dp}{dv}\,dv + \frac{dp}{dt}\,dt = 0,$$

et de l'équation (q) on tirera

$$\frac{dp}{dv} = \frac{d^2\mathrm{A}(v,\,t)}{dv^2},$$

$$\frac{dp}{dt} = \frac{d^2\mathrm{A}(v,\,t)}{dv\,dt},$$

par suite,

$$dv = -\frac{\dfrac{d^2\mathrm{A}(v,\,t)}{dv\,dt}}{\dfrac{d^2\mathrm{A}(v,\,t)}{dv^2}}\,dt\,;$$

puis en substituant, dans l'expression générale du produit $\Gamma(t)\,dq$, on trouvera

$$c_0\,\Gamma(t) = -\frac{\dfrac{d\mathrm{R}(t,\,u)}{du}}{\dfrac{d^2\mathrm{R}(t,\,u)}{dt\,du}}\frac{\left(\dfrac{d^2\mathrm{A}(v,\,t)}{dv\,dt}\right)^2}{\dfrac{d^2\mathrm{A}(v,\,t)}{dv^2}} + c_1\,\Gamma(t),$$

d'où, enfin,

$$(c_0 - c_1)\,\Gamma(t) = -\frac{\dfrac{d\mathrm{R}(t,\,u)}{du}}{\dfrac{d^2\mathrm{R}(t,\,u)}{dt\,du}}\frac{\left(\dfrac{d^2\mathrm{A}(v,\,t)}{dv\,dt}\right)^2}{\dfrac{d^2\mathrm{A}(v,\,t)}{dv^2}}.$$

On aura encore, pour la différentielle complète de la quantité Q,

$$d\mathrm{Q} = \frac{d\mathrm{R}(t,\,u)}{du}\,du - p\,dv = \frac{d\mathrm{R}(t,\,u)}{du}\,du - \frac{d\mathrm{A}(v,\,t)}{dv}\,dv,$$

et, par suite, en y substituant la valeur de du en dv, dt,

$$dQ = \left\{ \frac{\dfrac{dR(t,u)}{du}}{\dfrac{d^2R(t,u)}{dt\,du}}\, \frac{d^2A(v,t)}{dv\,dt} - \frac{dA(v,t)}{dv\,dt} \right\} dv$$

$$+ \frac{\dfrac{dR(t,u)}{du}}{\dfrac{d^2R(t,u)}{dt\,du}}\left(\frac{d^2A(v,t)}{dt^2} - \frac{dR(t,u)}{dt^2} \right) dt.$$

Cette relation devant être identique avec

$$dQ = \frac{dQ}{dv}\,dv + \frac{dQ}{dt}\,dt,$$

on voit d'abord quelles seront les valeurs des dérivées partielles de la fonction Q en v, t. On voit, ensuite, que l'on aura simplement

$$\Gamma(t)\,dq = \frac{dR(t,u)}{du}\,du = dQ + p\,dv = \left(p + \frac{dQ}{dv}\right)dv + \frac{dQ}{dt}\,dt,$$

$$\Gamma(t)\frac{dq_\varphi}{dv_\varphi} = p + \frac{dQ}{dv},$$

$$c_1\,\Gamma(t) = \frac{dQ}{dt},$$

$$c_0\,\Gamma(t) = -\left\{ p + \frac{dQ}{dv}\frac{\dfrac{dp}{dt}}{\dfrac{dp}{dv}} \right\} + \frac{dQ}{dt},$$

$$(c_0 - c_1)\,\Gamma(t) = -\left\{ p + \frac{dQ}{dv}\frac{\dfrac{dp}{dt}}{\dfrac{dp}{dv}} \right\},$$

en place des formules précédentes.

On pourrait faire des transformations analogues par rapport à t, u ou v, p comme variables indépendantes; mais cela me retarderait inutilement ici.

Ce que je veux examiner encore, c'est le cas où l'équation générale des courbes $\varphi(v,p) = t$ sera donnée sous la forme

$$\varphi_1(v,p,t) = 0,$$

et où, après avoir cherché l'aire A d'une pareille courbe pour $t =$ constante, on aura trouvé une expression algébrique de la forme

$$A = A_1(v,p,t),$$

sans que l'on ait pu réussir à faire l'élimination de p entre les fonctions A_1, φ_1.

On aura, dans ce cas-là,

$$\frac{d A}{dv} = \frac{d A_1 (v, p, t)}{dv} + \frac{d A_1 (v, p, t)}{dp} \frac{dp}{dv}$$

et

$$\frac{d \varphi_1 (v, p, t)}{dv} + \frac{d \varphi_1 (v, p, t)}{dp} \frac{dp}{dv} = 0,$$

puis, en éliminant $\dfrac{dp}{dv}$,

$$d A = \frac{d A_1 (v, p, t)}{dv} - \frac{d A_1 (v, p, t)}{dp} \frac{\dfrac{d \varphi_1 (v, p, t)}{dv}}{\dfrac{d \varphi_1 (v, p, t)}{dp}}.$$

On aura pareillement

$$\frac{d A (v, t)}{dt} = \frac{d A_1 (v, p, t)}{dt} + \frac{d A_1 (v, p, t)}{dp} \frac{dp}{dt}$$

et

$$\frac{d \varphi_1 (v, p, t)}{dt} + \frac{d \varphi_1 (v, p, t)}{dp} \frac{dp}{dt} = 0,$$

puis, en éliminant $\dfrac{dp}{dt}$,

$$\frac{d A (v, t)}{dt} = \frac{d A_1 (v, p, t)}{dt} - \frac{d A_1 (v, p, t)}{dp} \frac{\dfrac{d \varphi_1 (v, p, t)}{dt}}{\dfrac{d \varphi_1 (v, p, t)}{dp}};$$

par suite, les équations (q), (q') devront être remplacées par

$$p = \frac{d A (v, t)}{dv} = \frac{\dfrac{d A_1 (v, p, t)}{dv} \dfrac{d \varphi_1 (v, p, t)}{dp} - \dfrac{d A_1 (v, p, t)}{dp} \dfrac{d \varphi_1 (v, p, t)}{dv}}{\dfrac{d \varphi_1 (v, p, t)}{dv}},$$

$$\frac{d R (t, u)}{dt} = \frac{d A (v, t)}{dt} = \frac{\dfrac{d A_1 (v, p, t)}{dt} \dfrac{d \varphi_1 (v, p, t)}{dp} - \dfrac{d A_1 (v, p, t)}{dp} \dfrac{d \varphi_1 (v, p, t)}{dt}}{\dfrac{d \varphi_1 (v, p, t)}{dv}},$$

et l'équation (q') par

$$Q = R (t, u) - A_1 (v, p, t).$$

Quand, enfin, l'on voudra déterminer les dérivées secondes

$$\frac{d^2 A (v, t)}{dt^2}, \quad \frac{d^2 A (v, t)}{dv \, dt}, \quad \frac{d^2 A (v, t)}{dv^2},$$

on opérera sur les dérivées premières de A en v, t et sur la fonction φ_1, de la même manière que j'ai opéré d'abord sur la fonction A et sur la fonction φ_1.

A côté de cette méthode, qui consiste à regarder la quantité A comme une fonction donnée en v, t, il m'est tout aussi facile d'en placer une autre qui consistera à regarder la quantité Q comme une fonction donnée en v, u.

Je me servirai alors de la première des formules (A), qui sera

$$d Q (v,\, u) = \frac{d R\,(t,\, u)}{du}\, du - p\, dv,$$

et j'en ferai une différentielle exacte en posant

(a)
$$\frac{d Q\,(v,\, u)}{dv} = -p,$$

(a')
$$\frac{d Q\,(v,\, u)}{du} = \frac{d R\,(t,\, u)}{du}.$$

De cette manière la formule (a) deviendra l'équation générale des courbes $\psi\,(v, p) = u$, et la formule (a') deviendra l'équation générale des courbes $\varphi\,(v, p) = t$.

Je ferai ensuite

(a'')
$$A = R\,(t,\, u) - Q\,(v,\, u),$$

et toutes les conditions du problème seront exactement remplies par rapport à des fonctions $R\,(t,\, u)$, $Q\,(v,\, u)$, supposées données arbitrairement.

Je puis supposer encore que l'on me donnera à la fois les deux fonctions $A\,(v,\, t)$, $Q\,(v,\, u)$. Les formules (A) seront alors

$$d Q\,(v,\, u) = \frac{d R\,(t,\, u)}{du}\, du - p\, dv,$$

$$d A\,(v,\, t) = \frac{d R\,(t,\, u)}{dt}\, dt + p\, dv,$$

et quand je poserai à la fois

(r)
$$\begin{cases} \dfrac{d A\,(v,\, t)}{dv} = p, \\[2mm] \dfrac{d Q\,(v,\, u)}{dv} = -p, \end{cases}$$

(r')
$$\begin{cases} \dfrac{d A\,(v,\, t)}{dt} = \dfrac{d R\,(t,\, u)}{dt}, \\[2mm] \dfrac{d Q\,(v,\, u)}{du} = \dfrac{d R\,(t,\, u)}{du}, \end{cases}$$

(r'')
$$R\,(t,\, u) = A\,(v,\, t) + Q\,(v,\, u),$$

chacune d'elles sera manifestement une différentielle exacte, mais il faudra que je démontre que les équations (r), (r'), (r'') ne sont pas contradictoires.

F. R.

Et d'abord, en éliminant p entre les équations (r), j'aurai la formule résultante

$$(r\ bis) \qquad \frac{d\mathrm{A}(v, t)}{dv} + \frac{d\mathrm{Q}(v, u)}{dv} = 0,$$

qui me donnera, d'une part, la relation des variables v, u le long des courbes $\varphi(v, p) = t$ quand j'y regarderai t comme constant, et, d'autre part, la relation des variables v, t le long des courbes $\psi(v, p) = u$ quand j'y regarderai u comme constant.

La formule $(r\ bis)$ sera donc à la fois l'équation des courbes φ en v, u et l'équation des courbes ψ en v, t.

Le long des courbes φ on aura, sans faire varier t,

$$\frac{d^2\mathrm{A}(v, t)}{dv^2}\, dv + \frac{d^2\mathrm{Q}(v, u)}{dv^2}\, dv + \frac{d^2\mathrm{Q}(v, u)}{dv\, du}\, du = 0, \quad (t = \text{constante}),$$

et le long des courbes ψ on aura, sans faire varier u,

$$\frac{d^2\mathrm{A}(v, t)}{dv^2}\, dv + \frac{d^2\mathrm{A}(v, t)}{dv\, dt}\, dt + \frac{d^2\mathrm{Q}(v, u)}{dv^2}\, dv = 0, \quad (u = \text{constante}).$$

Quand on ne fera pas varier v, on aura, le long d'une perpendiculaire AB sur la *fig.* 1,

$$\frac{d^2\mathrm{A}(v, t)}{dv\, dt}\, dt + \frac{d^2\mathrm{Q}(v, u)}{dv\, du}\, du = 0, \quad (v = \text{constante}),$$

et la différentielle complète de la formule $(r\ bis)$ sera

$$\frac{d^2\mathrm{A}(v, t)}{dv^2}\, dv + \frac{d^2\mathrm{A}(v, t)}{dv\, dt}\, dt + \frac{d^2\mathrm{Q}(v, u)}{dv^2}\, dv + \frac{d^2\mathrm{Q}(v, u)}{dv\, du}\, du = 0.$$

Cela posé, je vais faire voir que les formules (r'') et $(r\ bis)$ entraîneront comme conséquences les formules (r'), et que, par suite, les formules (r') ne seront plus des équations de condition.

Pour y parvenir, je prends la différentielle complète de la formule (r''), et je trouve

$$\frac{d\mathrm{R}(t, u)}{dt}\, dt + \frac{d\mathrm{R}(t, u)}{du}\, du = \frac{d\mathrm{A}(v, t)}{dv}\, dv + \frac{d\mathrm{A}(v, t)}{dt}\, dt$$
$$+ \frac{d\mathrm{Q}(v, u)}{dv}\, dv + \frac{d\mathrm{Q}(v, u)}{du}\, du.$$

Je vois ensuite que, en vertu de la formule $(r\ bis)$, la différentielle dv disparaîtra du second membre, et comme les variables t, u sont complétement indépendantes l'une de l'autre, je serai conduit manifestement aux formules (r').

Ainsi, les seules équations de condition du problème seront les formules (r) et (r''), dont les premières entraîneront toujours comme conséquences la formule $(r\ bis)$.

Cependant, pour que la démonstration soit absolument complète, il ne sera peut-être pas inutile que je fasse voir encore que les différentielles des équations $(r\ bis)$ et (r') ne seront pas contradictoires.

$$(\; 147 \;)$$

Je différentie donc les équations (r'), et je trouve

$$\frac{d^2 R(t, u)}{dt^2} dt + \frac{d^2 R(t, u)}{dt\, du} du = \frac{d^2 A(v, t)}{dv\, dt} dv + \frac{d^2 A(v, t)}{dt^2} dt,$$

$$\frac{d^2 R(t, u)}{dt\, du} dt + \frac{d^2 R(t, u)}{du^2} du = \frac{d^2 Q(v, u)}{dv\, du} dv + \frac{d^2 Q(v, u)}{du^2} du;$$

je remonte ensuite à la différentielle complète de l'équation $(r\ bis)$, et, en convenant de la notation auxiliaire

$$\frac{d^2 A(v, t)}{dv^2} + \frac{d^2 Q(v, u)}{dv^2} = - E,$$

j'en tire

$$dv = \frac{1}{E} \frac{d^2 A(v, t)}{dv\, dt} dt + \frac{1}{E} \frac{d^2 Q(v, u)}{dv\, du} du.$$

Je substitue cette valeur de dv dans les équations précédentes, et je trouve

$$\frac{d^2 R(t, u)}{dt^2} dt + \frac{d^2 R(t, u)}{dt\, du} du$$

$$= \left(\frac{1}{E} \left(\frac{d^2 A(v, t)}{dv\, dt} \right)^2 + \frac{d^2 A(v, t)}{dt^2} \right) dt + \frac{1}{E} \frac{d^2 A(v, t)}{dv\, dt} \frac{d^2 Q(v, u)}{dv\, du} du,$$

$$\frac{d^2 R(t, u)}{dt\, du} dt + \frac{d^2 R(t, u)}{du^2} du$$

$$= \frac{1}{E} \frac{d^2 A(v, t)}{dv\, dt} \frac{d^2 Q(v, u)}{dv\, du} dt + \left(\frac{1}{E} \left(\frac{d^2 Q(v, u)}{dv\, du} \right)^2 + \frac{d^2 Q(v, u)}{du^2} \right) du.$$

Ces deux relations devant avoir lieu quels que soient les accroissements des variables indépendantes t, u, j'en tire les trois relations distinctes

$$\frac{d^2 R(t, u)}{dt^2} = \frac{1}{E} \left(\frac{d^2 A(v, t)}{dv\, dt} \right)^2 + \frac{d^2 A(v, t)}{dt^2},$$

$$\frac{d^2 R(t, u)}{dt\, du} = \frac{1}{E} \frac{d^2 A(v, t)}{dv\, dt} \frac{d^2 Q(v, u)}{dv\, du},$$

$$\frac{d^2 R(t, u)}{du^2} = \frac{1}{E} \left(\frac{d^2 Q(v, u)}{dv\, du} \right)^2 + \frac{d^2 Q(v, u)}{du^2},$$

en vertu desquelles les différentielles des équations (r') se confondront identiquement avec la différentielle de l'équation $(r\ bis)$. c. q. f. d.

Il reste encore à calculer les quantités ϑ_0, ϑ_1, q_0, q_1, c_0, c_1, et la chaleur latente.

Pour cela, je différentie d'abord la première des équations (r), et j'ai

$$\frac{d^2 A(v, t)}{dv^2} dv + \frac{d^2 A(v, t)}{dv\, dt} dt = dp.$$

J'en tire

$$dt = - \frac{\dfrac{d^2 A(v, t)}{dv^2} \, dv - dp}{\dfrac{d^2 A(v, t)}{dv \, dt}},$$

et, par suite,

$$\vartheta_0 = \frac{dt}{dv} = - \frac{\dfrac{d^2 A(v, t)}{dv^2}}{\dfrac{d^2 A(v, t)}{dv \, dt}},$$

$$\vartheta_1 = \frac{dt}{dp} = + \frac{1}{\dfrac{d^2 A(v, t)}{dv \, dt}};$$

je différentie ensuite la deuxième des formules (r), et j'ai

$$\frac{d^2 Q(v, u)}{dv^2} \, dv + \frac{d^2 Q(v, u)}{dv \, du} \, du = - \, dp.$$

J'en tire

$$du = - \frac{\dfrac{d^2 Q(v, u)}{dv} \, dv + dp}{\dfrac{d^2 Q(v, u)}{dv \, du}},$$

et, par suite,

$$\frac{du}{dv} = - \frac{\dfrac{d^2 Q(v, u)}{dv^2}}{\dfrac{d^2 Q(v, u)}{dv \, du}},$$

$$\frac{du}{dp} = - \frac{1}{\dfrac{d^2 Q(v, u)}{dv \, du}}.$$

La quantité de chaleur nécessaire d'un point à un autre sera, en principe,

$$dq = \frac{1}{\Gamma(t)} \frac{d R(t, u)}{du} \, du,$$

et, en vertu de la seconde des formules (r'), on aura

$$\Gamma(t) \, dq = \frac{d Q(v, u)}{du} \, du,$$

par suite,

$$\Gamma(t) \, dq = \frac{d Q(v, u)}{du} \frac{du}{dv} \, dv + \frac{d Q(v, u)}{du} \frac{dp}{du} \, dp = q_0 \, \Gamma(t) \, dv + q_1 \, \Gamma(t) \, dp.$$

Donc

$$q_0 \, \Gamma(t) = \frac{d\,Q(v,u)}{du}\frac{du}{dv} = - \frac{\dfrac{d\,Q(v,u)}{du}\dfrac{d^2Q(v,u)}{dv^2}}{\dfrac{d^2Q(v,u)}{dv\,du}},$$

$$q_1 \, \Gamma(t) = \frac{d\,Q(v,u)}{du}\frac{du}{dp} = - \frac{\dfrac{d\,Q(v,u)}{du}}{\dfrac{d^2Q(v,u)}{dv\,du}},$$

puis,

$$c_0 \, \Gamma(t) = \frac{q_0\,\Gamma(t)}{\vartheta_0} = + \frac{\dfrac{d\,Q(v,u)}{du}\dfrac{d^2Q(v,u)}{dv^2}\dfrac{d^2A(v,t)}{dv\,dt}}{\dfrac{d^2Q(v,u)}{dv\,du}\dfrac{d^2A(v,t)}{dv^2}},$$

$$c_1 \, \Gamma(t) = \frac{q_1\,\Gamma(t)}{\vartheta_1} = - \frac{\dfrac{d\,Q(v,u)}{du}\dfrac{d^2A(v,t)}{dv\,dt}}{\dfrac{d^2Q(v,u)}{dv\,du}},$$

et, en soustrayant,

$$(c_0 - c_1)\,\Gamma(t) = \frac{\dfrac{d\,Q(v,u)}{du}\left(\dfrac{d^2A(v,t)}{dv^2} + \dfrac{d^2Q(v,u)}{dv^2}\right)\dfrac{d^2A(v,t)}{dv\,dt}}{\dfrac{d^2Q(v,u)}{dv\,du}\dfrac{d^2A(v,t)}{dv^2}}.$$

Les expressions de la chaleur latente deviendront

$$\frac{dq_v}{dv_v}\,\Gamma(t) = (c_0 - c_1)\,\vartheta_0\,\Gamma(t) = + \frac{\dfrac{d\,Q(v,u)}{du}\left(\dfrac{d^2A(v,t)}{dv^2} + \dfrac{d^2Q(v,u)}{dv^2}\right)}{\dfrac{d^2Q(v,u)}{dv\,du}},$$

$$\frac{dq_v}{dp_v}\,\Gamma(t) = (c_0 - c_1)\,\vartheta_1\,\Gamma(t) = - \frac{\dfrac{d\,Q(v,u)}{du}\left(\dfrac{d^2A(v,t)}{dv^2} + \dfrac{d^2Q(v,u)}{dv^2}\right)}{\dfrac{d^2Q(v,u)}{dv\,du}\dfrac{d^2A(v,t)}{dv^2}},$$

et, en dernier lieu, il sera facile de vérifier que la condition fondamentale

$$\frac{du}{dv}\frac{dt}{dp} - \frac{du}{dp}\frac{dt}{dv} = \frac{1}{\dfrac{d}{dt}\{\Gamma(t)\,f(t,u)\}} = \frac{1}{\dfrac{d^2R(t,u)}{dt\,du}}$$

sera exactement satisfaite.

Si l'on me demandait la différence des chaleurs spécifiques et les expressions de la chaleur latente en fonction des quantités A, R au lieu de A, Q, je me servirais des relations connues des dérivées secondes des fonctions A, Q, R, et j'en tirerais

$$\frac{d^2 A(v,t)}{dv^2} + \frac{d^2 Q(v,u)}{dv^2} = -E = -\frac{\dfrac{d^2 A(v,t)}{dv\,dt}\;\dfrac{d^2 Q(v,u)}{dv\,du}}{\dfrac{d^2 R(t,u)}{dt\,du}}.$$

J'aurais en même temps, d'après la seconde des formules (r'),

$$\frac{d Q(v,u)}{du} = \frac{d R(t,u)}{du},$$

et, par suite,

$$(c_e - c_1)\,\Gamma(t) = -\frac{\dfrac{d R(t,u)}{du}\left(\dfrac{d^2 A(v,t)}{dv\,dt}\right)^2}{\dfrac{d^2 R(t,u)}{dt\,du}\;\dfrac{d^2 A(v,t)}{dv^2}},$$

$$\frac{dq_\varphi}{dv_\varphi}\,\Gamma(t) = (c_0 - c_1)\,\vartheta_0\,\Gamma(t) = \frac{\dfrac{d R(t,u)}{du}\;\dfrac{d^2 A(v,t)}{dv\,dt}}{\dfrac{d^2 R(t,u)}{dt\,du}},$$

$$\frac{dq_\varphi}{dp_\varphi}\,\Gamma(t)\,(c_0 - c_1)\,\vartheta_1\,\Gamma(t) = -\frac{\dfrac{d R(t,u)}{du}\;\dfrac{d^2 A(v,t)}{dv\,dt}}{\dfrac{d^2 R(t,u)}{dt\,du}\;\dfrac{d^2 A(v,t)}{dv^2}},$$

ce qui est parfaitement d'accord avec les formules déjà connues de l'autre méthode d'intégration, où les fonctions A, R étaient regardées comme données.

De pareilles transformations seraient possibles en Q, R au lieu de A, R, mais je ne m'y arrêterai point.

En résumé, pour satisfaire aux équations (A), qui sont

$$d Q = \frac{d R}{du}\,du - p\,dv,$$

$$d A = \frac{d R}{dt}\,dt + p\,dv,$$

je puis m'y prendre de trois manières différentes : d'abord en regardant les fonctions A, R comme données et en posant

$$(\eta)\quad
\begin{cases}
(q) & \dfrac{d A(v,t)}{dv} = p, \\[2ex]
(q') & \dfrac{d A(v,t)}{dt} = \dfrac{d R(t,u)}{dt}, \\[2ex]
(q'') & Q = R(t,u) - A(v,t),
\end{cases}$$

$$(151)$$

ensuite, en regardant les fonctions Q, R comme données et en posant

$$(a) \quad \begin{cases} (a) & \dfrac{dQ(v, u)}{dv} = -p, \\[2mm] (a') & \dfrac{dQ(v, u)}{du} = \dfrac{dR(t, u)}{du}, \\[2mm] (a'') & A = R(t, u) - Q(v, u); \end{cases}$$

enfin, en regardant les fonctions A, Q comme données et en posant

$$(r) \quad \begin{cases} (r) & \dfrac{dA(v, t)}{dv} = -\dfrac{dQ(v, u)}{dv} = p, \\[2mm] (r\ bis) & \dfrac{dA(v, t)}{dv} + \dfrac{dQ(v, u)}{dv} = 0, \\[2mm] (r'') & R = A(v, t) + Q(v, u). \end{cases}$$

Ce n'est pas tout; si je remonte aux relations très-simples des formules (19) et (19 *bis*), je vois à l'instant que, dans le cas où, en place des fonctions A, Q, je voudrais faire usage des fonctions complémentaires

$$A_{\iota} = A - vp = A - v\frac{dA(v, t)}{dv},$$

$$Q_{\iota} = Q + vp = Q - v\frac{dQ(v, u)}{dv},$$

j'aurais à remplacer les formules (A) par les formules analogues

$$dQ_{\iota} = \frac{dR}{du}\, du + v\, dp,$$

$$dA_{\iota} = \frac{dR}{dt}\, dt - v\, dp,$$

et que, par suite, je serai conduit à me servir, d'une part, des relations

$$(q_{\iota}) \quad \begin{cases} (q_{\iota}) & \dfrac{dA_{\iota}(p, t)}{dp} = -v, \\[2mm] (q'_{\iota}) & \dfrac{dA_{\iota}(p, t)}{dt} = \dfrac{dR(t, u)}{dt}, \\[2mm] (q''_{\iota}) & Q_{\iota} = R(t, u) - A_{\iota}(p, t), \end{cases}$$

en place de (q), (q'), (q''); d'autre part, des relations

$$(a_{\iota}) \quad \begin{cases} (a_{\iota}) & \dfrac{dQ_{\iota}(p, u)}{dp} = +v, \\[2mm] (a'_{\iota}) & \dfrac{dQ_{\iota}(p, u)}{du} = \dfrac{dR(t, u)}{du}, \\[2mm] (a''_{\iota}) & A_{\iota} = R(t, u) - Q_{\iota}(p, u), \end{cases}$$

en place de (a), (a'), (a''), et, enfin, des relations

$$(r_1) \qquad \frac{d A_1(p, t)}{dp} = - \frac{d Q_1(p, u)}{dp} = - v,$$

$$(r_1) \qquad (r_1 \, bis) \qquad \frac{d A_1(p, t)}{dp} + \frac{d Q_1(p, u)}{dp} = 0,$$

$$(r_1'') \qquad R(t, u) = A_1(p, t) + Q_1(p, u),$$

en place de (r), $(r \, bis)$, (r'').

Il me sera loisible encore de remplacer les équations (A) par

$$dQ = \frac{dR}{du} du - p \, dv,$$

$$d A_1 = \frac{dR}{dt} dt - v \, dp,$$

ou bien par

$$dQ_1 = \frac{dR}{du} du + v \, dp,$$

$$d A = \frac{dR}{dt} dt + p \, dv.$$

Dans le premier cas, j'y satisferai en me donnant, soit

$$A_1(p, t) \quad \text{et} \quad R(t, u),$$

soit

$$Q(v, u) \quad \text{et} \quad R(t, u),$$

soit

$$A_1(p, t) \quad \text{et} \quad Q(v, u);$$

j'aurai ainsi trois nouveaux groupes d'équations $[q_2]$, $[a_2]$, (r_2) dont le dernier sera

$$(r_2) \qquad \begin{cases} \dfrac{d A_1(p, t)}{dp} = - v, \\[2mm] \dfrac{d Q(v, u)}{dv} = - p, \\[2mm] R = vp + A_1(p, t) + Q(v, u). \end{cases}$$

Dans le second cas, je pourrai me donner arbitrairement, soit

$$A(v, t) \quad \text{et} \quad R(t, u),$$

soit

$$Q_1(p, u) \quad \text{et} \quad R(t, u),$$

soit

$$A(v, t) \quad \text{et} \quad Q_1(p, u);$$

j'aurai ainsi trois autres groupes (q_3), (a_3), (r_3) dont le dernier sera

$$(r_3) \qquad \begin{cases} \dfrac{d\mathrm{A}(v,t)}{dv} = p, \\[2mm] \dfrac{d\mathrm{Q}_1(p,u)}{dp} = v, \\[2mm] \mathrm{R} = -vp + \mathrm{A}(v,t) + \mathrm{Q}_1(p,u). \end{cases}$$

Or tous ces problèmes dépendaient dès l'origine des équations (11), (11 *bis*), (12), (12 *bis*), (13), (13 *bis*), etc., selon que les variables indépendantes devaient être t, u, ou v, p, ou v, t, etc.

Donc, puisque je suis parvenu à exprimer sous formes finies toutes les relations des quantités v, p, t, u des équations de condition (11), (11 *bis*), (12), (12 *bis*), (13), (13 *bis*), etc., par l'un quelconque des groupes d'équations (q), (a), (r), ou (q_1), (a_1), (r_1), ou (q_2), (a_2), (r_2), ou (q_3), (a_3), (r_3), c'est que chacun de ces groupes, à volonté, équivaudra aux résultats complets de l'intégration de chacune des équations de condition en question, et de cette simple observation je tire la conséquence majeure que voici.

Pour intégrer l'une quelconque des équations ci-après :

$$\frac{dp}{dt}\frac{dv}{du} - \frac{dp}{du}\frac{dv}{dt} = r(t,u),$$

$$\frac{du}{dv}\frac{dt}{dp} - \frac{du}{dp}\frac{dt}{dv} = \frac{1}{r(t,u)},$$

$$\frac{\dfrac{dp}{dt}}{\dfrac{du}{dv}} = r(t,u),$$

$$. . . . .$$
$$. . . . .$$

commencez par calculer l'intégrale seconde

$$\mathrm{R}(t,u) = \iint r(t,u)\, dt\, du,$$

puis écrivez l'un des groupes d'équations (q), (a), (r), ou (q_1), (a_1), (r_1), ou (q_2), (a_2), (r_2), ou (q_3), (a_3), (r_3), et le problème sera résolu.

J'observe maintenant que, s'il me plaisait de me donner arbitrairement la valeur de la quantité $r(t,u)$ en fonction de v, p comme variables indépendantes, et que je voulusse poser

$$\frac{1}{r(t,u)} = s(v,p),$$

F. R. 20

je me trouverais conduit à satisfaire à l'équation

$$\frac{du}{dv}\frac{dt}{dp} - \frac{du}{dp}\frac{dt}{dv} = s(v, p),$$

puis, de la simple comparaison de cette équation avec la précédente,

$$\frac{dp}{dt}\frac{dv}{du} - \frac{dp}{du}\frac{dv}{dt} = r(t, u),$$

je conclus que la solution demandée se réduirait à prendre l'un des groupes (q), (a), (r), ou (q_1), (a_1), (r_1), ou (q_2), (a_2), (r_2), ou (q_3), (a_3), (r_3), et à faire alterner respectivement p avec u, v avec t, r avec s.

Ainsi, par exemple, en supposant que je veuille me servir du groupe (r), je commencerai par déterminer l'intégrale seconde

$$S(v, p) = \int\int s(v, p)\, dv\, dp,$$

puis je poserai

$$(s)\qquad
\begin{cases}
(s) & \dfrac{dA(t, v)}{dt} = -\dfrac{dQ(t, p)}{dt} = u, \\[2mm]
(s\;bis) & \dfrac{dA(t, v)}{dt} + \dfrac{dQ(t, p)}{dt} = 0, \\[2mm]
(s'') & S = A(t, v) + Q(t, p),
\end{cases}$$

et le problème se trouvera résolu, en observant toutefois que les fonctions A, Q de ces nouvelles formules seront des quantités de l'espèce $\int u\, dt$.

Avec le groupe (r_1) je résoudrai le même problème, en posant

$$(s_1)\qquad
\begin{cases}
(s_1) & \dfrac{dA_1(u, v)}{du} = -\dfrac{dQ_1(u, p)}{du} = -t, \\[2mm]
(s_1\;bis) & \dfrac{dA_1(u, v)}{du} + \dfrac{dQ_1(u, p)}{du} = 0, \\[2mm]
(s_1'') & S = A_1(u, v) + Q_1(u, p),
\end{cases}$$

et les fonctions A_1, Q_1 seront des quantités de l'espèce $\int t\, du$.

On aura, en même temps,

$$A_1 = A - tu = A - t\,\frac{dA(t, v)}{dt},$$

$$Q_1 = Q + tu = Q - t\,\frac{dQ(t, p)}{dt},$$

ou bien

$$A = A_1 + tu = A_1 - u\,\frac{dA_1(u, v)}{du};$$

$$Q = Q_1 - tu = Q_1 - u\,\frac{dQ_1(u, p)}{du};$$

et rien n'empêcherait de faire un usage analogue des groupes (q), (a), ou (q_1), (a_1), ou (q_2), (a_2), ou (q_3), (a_3).

Les équations (A) équivaudront, d'ailleurs, à la relation unique

$$p\, dv = \frac{d\mathrm{A}}{du}\, du - \frac{d\mathrm{Q}}{dt}\, dt,$$

ou bien à la relation équivalente

$$v\, dp = -\frac{d\mathrm{A}_1}{du}\, du + \frac{d\mathrm{Q}_1}{dt}\, dt,$$

ainsi que cela a été démontré depuis longtemps par les formules (17), (21) et (21 *bis*), et, par conséquent, les mêmes procédés de calcul feront connaître encore la solution complète d'une telle équation aux différentielles partielles, pourvu que, parmi les expressions données, deux des trois quantités soient respectivement des espèces

$$\mathrm{A}\,(v,\,t), \quad \mathrm{Q}\,(v,\,u), \quad \mathrm{R}\,(t,\,u),$$

ou bien

$$\mathrm{A}_1\,(p,\,t), \quad \mathrm{Q}_1\,(p,\,u), \quad \mathrm{R}\,(t,\,u),$$

ou, encore, des espèces

$$\mathrm{A}\,(t,\,v), \quad \mathrm{Q}\,(t,\,p), \quad \mathrm{S}\,(v,\,p),$$

ou bien

$$\mathrm{A}_1\,(u,\,v), \quad \mathrm{Q}_1\,(u,\,p), \quad \mathrm{S}\,(v,\,p).$$

S'il arrivait, par exemple, que les fonctions A, Q ou A_1, Q_1 fussent données en t, u chacune, alors même que v, p n'y entreraient pas et que l'on dût avoir

$$\mathrm{A} = \alpha\,(t,\,u), \quad \mathrm{Q} = \beta\,(t,\,u),$$

la difficulté serait d'intégrer l'équation

$$p\, dv = \frac{d\alpha\,(t,\,u)}{du}\, du - \frac{d\beta\,(t,\,u)}{dt}\, dt,$$

et cette difficulté consisterait, au fond, à savoir trouver le facteur $\dfrac{1}{p}$ par lequel on devrait multiplier l'équation proposée pour en faire une différentielle exacte.

La solution du problème pourrait bien être représentée alors par l'un quelconque des groupes (q), (a), (r), ou (q_1), (a_1), (r_1), ou (q_2), (a_2), (r_2), ou (q_3), (a_3), (r_3), comme aussi par l'un des groupes $\ldots$, (s), ou $\ldots$, (s_1), ou $\ldots$, (s_2), ou $\ldots$, (s_3); mais il y aurait une condition restrictive à y joindre, et cette condition ne serait pas assez simple pour que l'on parvînt à satisfaire, en outre, sous forme explicite aux relations

$$\mathrm{A}\,(v,\,t) = \alpha\,(t,\,u),$$
$$\mathrm{Q}\,(v,\,u) = \beta\,(t,\,u).$$

On ne doit pas voir en cela une lacune dans ma théorie des effets dynamiques de la chaleur; car, dans cette théorie, les recherches des physiciens tendront toujours à trouver directement la loi des courbes $\varphi(v, p) = t$ en fonction des seules variables v, p, t et non en fonction de t, u; par suite, mes formules (q), (a), (r), ou (q_1), (a_1), (r_1) seront suffisantes pour représenter explicitement les propriétés dynamiques et calorifiques d'un fluide élastique, de telle sorte que toute loi expérimentale pourra à l'instant même être soumise au calcul et développée algébriquement dans toutes ses conséquences logiques.

On a vu, en effet, comment j'ai établi successivement jusqu'ici toute la théorie des fluides élastiques :

1°. **En admettant que l'on devait avoir**

$$Q = \text{fonction}\,(t)$$

pour les gaz comme pour les vapeurs.

2°. En joignant à l'hypothèse

$$Q = \text{fonction}\,(t)$$

la loi de Mariotte et même la relation plus générale

$$p\,\omega(v) = a(t),$$

de laquelle dépendent, comme cas particuliers, d'une part, la relation

$$v p = a(t)$$

de la loi de Mariotte pour les gaz permanents, et, d'autre part, la relation

$$p = \omega(t)$$

des vapeurs.

3°. En rejetant l'hypothèse

$$Q = \text{fonction}\,(t),$$

mais en conservant la relation

$$p\,\omega(v) = a(t),$$

et en démontrant que pour les vapeurs la fonction $f(t, u)$ sera nécessairement de l'espèce $\gamma(t)\,\varepsilon(u)$, puis, en supposant que la fonction $f(t, u)$ ne devra pas cesser d'être de l'espèce $\gamma(t)\,\varepsilon(u)$ quand on voudra passer de la théorie des vapeurs à celle des gaz permanents. En développant, enfin, la théorie à ce point de vue jusque dans ses dernières conséquences logiques avec la relation de Mariotte

$$v p = a(t).$$

4°. En rejetant à la fois la loi de Mariotte et la relation plus générale

$$p\,\omega(v) = a(t),$$

mais en continuant de supposer que pour les gaz permanents la fonction $f(t, u)$ ne devait pas cesser d'être de l'espèce $\gamma(t)\,\varepsilon(u)$ comme pour les vapeurs, et que, par suite, on ne devait pas cesser d'avoir

$$\Gamma(t) f(t, u) = \frac{d\mathrm{R}(t, u)}{du} = k(t).$$

5°. En franchissant, enfin, les dernières difficultés du sujet, qui consistent non-seulement à ne rien préjuger de la nature des courbes $\varphi(v, p) = t$, mais encore à prendre la fonction calorifique $R(t, u)$ d'une espèce quelconque en fonction des variables t, u, ce qui m'a conduit d'abord aux équations (q), (q'), (q'') et m'a permis de résoudre le problème, alors même qu'on me donnerait l'équation des courbes φ et l'expression de l'aire A de ces courbes sous les formes générales

$$\varphi_1(v, p, t) = 0, \quad A = A_1(v, p, t);$$

ce qui m'a conduit ensuite à une deuxième solution représentée par les équations (a), (a'), (a''), puis à une troisième solution représentée par les équations (r), $(r\ bis)$, (r''), et, enfin, à trois solutions analogues en v au lieu de p, représentées par les groupes d'équations (q_1), (a_1), (r_1); ce qui, en dernier lieu, m'a permis de formuler les intégrales générales de différentes équations aux différences partielles dont les deux principales sont

$$\frac{dp}{dt}\frac{dv}{du} - \frac{dp}{du}\frac{dv}{dt} = r(t, u),$$

$$p\,dv = \frac{dA}{du}\,du - \frac{dQ}{dt}\,dt,$$

pourvu que les expressions données de deux des trois fonctions A, Q, R soient respectivement des espèces

$$A(v, t), \quad Q(v, u), \quad R(t, u).$$

CHAPITRE IX.

Théorie complète des vapeurs.

Ce qui m'engage à donner séparément et d'une manière bien complète la théorie des vapeurs, c'est-à-dire la théorie d'un mélange de liquide et de vapeur saturée de ce liquide, c'est que, dans ce cas-là, il n'y a aucune incertitude ni sur la nature des courbes $\varphi(v, p) = t$ ni sur l'espèce algébrique de la fonction $f(t, u)$, ainsi que je l'ai fait voir déjà et que je le ferai voir de nouveau tout à l'heure.

Je reporte donc mon attention sur la *fig.* 2, et j'observe que pendant la durée de l'ébullition d'un liquide par suite d'une addition de chaleur, comme aussi pendant la durée de la condensation d'une vapeur par suite d'une soustraction de chaleur, il y aura une relation parfaitement déterminée

$$(1) \qquad\qquad p = \Omega(t)$$

entre la pression p et la température t du mélange.

D'après une telle équation, les courbes d'espèce $\varphi(v, p) = t$ deviendront des lignes droites parallèles à l'axe Ov, et je pourrais en conclure, de prime abord, que l'aire A de chacune de ces courbes supposées prolongées jusqu'à l'axe Op (ce qu'il est toujours permis de concevoir au point de vue purement algébrique des relations du sujet) sera égale au produit vp.

J'aurais donc à faire $\mathrm{A} = vp$ dans les équations fondamentales

$$d\mathrm{Q} = \Gamma(t)f(t,u)\,du - p\,dv = \frac{d\mathrm{R}}{du}\,du - p\,dv,$$

$$d\mathrm{A} = \frac{d}{dt}\{\Gamma(t)\mathrm{F}(t,u)\}\,dt + p\,dv = \frac{d\mathrm{R}}{dt}\,dt + p\,dv,$$

et, par suite, la seconde d'entre elles se réduirait à

$$v\frac{dp}{dt} = \frac{d\mathrm{R}}{dt} = \frac{d}{dt}(\Gamma(t)\,\Gamma(t,u));$$

puis, en y joignant la relation finie

$$\mathrm{Q} = \mathrm{R}(t,u) - \mathrm{A} = \Gamma(t)\mathrm{F}(t,u) - vp,$$

j'aurais toutes les conditions au point de vue purement algébrique de la question, quelle que pût être la nature de la fonction $\Gamma(t)\mathrm{F}(t,u)$.

Mais, au point de vue physique des choses, je trouverai plus que cela, et, pour ne pas subordonner les conséquences qui en dépendront à mes procédés généraux d'intégration, je préfère ne me servir d'abord que de la relation

$$d\mathrm{Q} = \Gamma(t)f(t,u)\,du - p\,dv.$$

Le plus simple alors sera de prendre v, t comme variables indépendantes et de considérer la quantité Q comme une fonction inconnue de v, t, ce qui m'obligera de poser

$$(2)\quad\left\{\begin{aligned} &d\mathrm{Q}(v,t) = \left(\Gamma(t)f(t,u)\frac{du}{dv} - p\right)dv + \Gamma(t)f(t,u)\frac{du}{dt}\,dt,\\ &\text{et, par suite,}\\ &\qquad \Gamma(t)f(t,u)\frac{du}{dv} = p\frac{d\mathrm{Q}(v,t)}{dv},\\ &\qquad \Gamma(t)f(t,u)\frac{du}{dt} = \frac{d\mathrm{Q}(v,t)}{dt}, \end{aligned}\right.$$

puis, en éliminant Q, je retrouverai la condition représentée dès l'origine par l'équation (13), et, par une transformation de celle-là, ou bien par l'élimination des dérivées de u en v, t entre les équations précédentes, je trouverai la condition (13 *bis*) qui est

$$(3)\qquad \frac{\Gamma(t)f(t,u)}{\dfrac{d}{dt}(\Gamma(t)f(t,u))} = \frac{p + \dfrac{d\mathrm{Q}(v,t)}{dv}}{\dfrac{dp}{dt}}.$$

La quantité de chaleur nécessaire pour faire aller le mélange d'un point v, t à un autre point $v + dv$, $t + dt$ sera en principe

$$(4) \quad \begin{cases} dq = f(t, u)\, du = f(t, u)\dfrac{du}{dv}\, dv + f(t, u)\dfrac{du}{dt}\, dt, \\[2ex] \text{et j'aurai} \\[2ex] \Gamma(t)\, dq = \Gamma(t) f(t, u)\, du = \left(p + \dfrac{dQ(v, t)}{dv} \right) dv + \dfrac{dQ(v, t)}{dt}\, dt. \end{cases}$$

En y faisant d'abord $dt = 0$, je trouverai la quantité de chaleur latente pour une augmentation de volume égale à 1, par la formule

$$(5) \qquad \Gamma(t)\frac{dq_\varphi}{dv_\varphi} = p + \frac{dQ(v, t)}{dv} = \Omega(t) + \frac{dQ(v, t)}{dv},$$

puis, en faisant $dv = 0$, j'aurai la quantité de chaleur spécifique à volume constant c_1, par la formule

$$(6) \qquad c_1 \Gamma(t) = \frac{dQ(v, t)}{dt}.$$

Cela posé, si je désigne par :

v le volume d'une masse liquide à sa température d'ébullition t sous la pression correspondante $p = \Omega(t)$;

W le volume de la même masse complétement transformée en vapeur ;

x la fraction de la masse entière actuellement transformée en vapeur ;

v le volume du mélange ;

J'aurai manifestement

$$(7) \qquad v = (1 - x)\, w + x\, W = w + (W - w)\, x.$$

La fraction x pouvant varier de 0 à 1, le volume v du mélange variera de l'une à l'autre des limites

$$(7\ bis) \qquad v_t = w, \quad v_1 = W.$$

Les formules $(7\ bis)$ seront les équations en v, t des courbes indéfinies $i_0\, i\, i'$, $I_0 I I'$, *fig.* 2, entre lesquelles tombera nécessairement le volume v du mélange.

En deçà de la courbe $i_0\, i\, i'$ sera l'état complétement liquide avec des courbes φ, ψ d'une tout autre espèce, et, au delà de la courbe $I_0 I I'$, sera l'état complétement gazeux, aussi avec des courbes φ, ψ d'une autre espèce.

La fraction x pouvant être supposée constante de haut en bas sur la *fig.* 2, l'équation (7) représentera un nombre illimité de courbes de même nature que celles des équations $(7\ bis)$.

On sait que le volume w d'un liquide augmente peu avec la température d'ébullition t, et, par suite, avec la pression p de la formule

$$p = \Omega(t),$$

andis que le volume W de la vapeur varie à peu près en raison inverse de p.

Il s'ensuit que, à une hauteur suffisamment grande sur la *fig.* 2, on aura peut-être $W = w$, et que toutes les courbes des équations (7), (7 *bis*) se couperont en un même point à une telle hauteur; mais, à des hauteurs moindres, l'intervalle $W - w$ sera essentiellement positif et d'une largeur excessivement grande aux approches. de l'axe $O v$.

Le volume v du mélange pouvant être fixé arbitrairement à une température donnée t, entre les limites (7 *bis*), on tirera de la formule (7)

$$(8) \qquad x = \frac{v - w}{W - w},$$

pour la fraction de la masse entière qui se trouvera dans le volume donné v à l'état de vapeur, et la différence

$$(8 \; bis) \qquad 1 - x = \frac{W - v}{W - w}$$

représentera la fraction de masse correspondante qui se trouvera à l'état liquide dans le volume v.

Si je désigne à présent par L la quantité de chaleur latente d'un volume de vapeur W, et par l la somme de chaleur nécessaire pour transformer en vapeur une fraction x de la masse entière déjà amenée à sa température d'ébullition t, j'aurai

$$l = L x,$$

et, en y substituant la formule (8),

$$(9) \qquad l = L x = \frac{L (v - w)}{W - w}.$$

Pour faire une autre quantité de vapeur x_1, sous un autre volume v_1, à la même température t, j'aurai

$$(9 \; bis) \qquad l_1 = L x_1 = \frac{L (v_1 - w)}{W - w},$$

et, par suite, en soustrayant ces deux formules l'une de l'autre,

$$(9 \; ter) \qquad \begin{cases} l_1 - l = L (x_1 - x) = \dfrac{L (v_1 - v)}{W - w}, \\ \text{puis} \\ \dfrac{l_1 - l}{v_1 - v} = \dfrac{L}{W - w}. \end{cases}$$

Ainsi le rapport de la chaleur latente $l_1 - l$ à l'augmentation correspondante $v_1 - v$ du volume du mélange sera égal au nombre

$$\frac{L}{W - w},$$

qui variera avec t seulement.

Ce résultat, auquel j'arrive par la considération immédiate du sujet au point de vue physique des choses, est capital, car maintenant l'équation (5) devra se réduire à

$$(10) \begin{cases} \dfrac{\Gamma(t)\,L}{W-\omega} = \Omega(t) + \dfrac{d Q(v,t)}{dv}, \\[2ex] \text{et si, pour abréger, je fais} \\[1ex] \dfrac{\Gamma(t)\,L}{W-\omega} - \Omega(t) = b(t), \\[2ex] \text{il faudra que j'aie} \\[1ex] \dfrac{d Q(v,t)}{dv} = b(t), \\[2ex] \text{d'où, en intégrant,} \\[1ex] Q(v,t) = b(t)\,v + \beta(t), \\[2ex] \text{puis, en différentiant par rapport à } t, \\[1ex] \dfrac{d Q(v,t)}{dt} = b'(t)\,v + \beta'(t), \end{cases}$$

ce qui servira à faire trouver la chaleur spécifique à volume constant c_t de la formule (6).

Mais l'essentiel est que la condition (3) se changera en

$$(11) \qquad \frac{\Gamma(t)\,F(t,u)}{\dfrac{d}{dt}(\Gamma(t)\,F(t,u))}\,\frac{dp}{dt} = \Omega(t) + b(t) = \frac{\Gamma(t)\,L}{W-\omega}.$$

J'arriverai exactement au même résultat, en recourant aux expressions connues de la chaleur latente dont je me suis servi depuis longtemps, et, notamment, quand il me plaisait de prendre v, p comme variables indépendantes, d'après les formules (O).

Mon ancien système de calculs en v, p me conduirait, au reste, tout naturellement à faire usage maintenant de v, t comme variables indépendantes, puisque p est devenu fonction de t.

Ainsi, pour un mélange de liquide et de vapeur saturée de ce liquide, on aura nécessairement

$$\frac{\Gamma(t)\,f(t,u)}{\dfrac{d}{dt}(\Gamma(t)\,f(t,u))} = \text{fonction}\,(t) = \frac{1}{g(t)},$$

et, par suite, en faisant usage de la notation auxiliaire

$$\Gamma(t)\,f(t,u) = e^{\omega(t,u)},$$

on devra avoir

$$\frac{d}{dt}\omega(t,u) = g(t);$$

d'où

$$\omega(t, u) = \int g(t)\, dt + h(u) = g_1(t) + h(u),$$

puis

$$f(t, u) = \frac{1}{\Gamma(t)}\, e^{\omega(t, u)} = \frac{1}{\Gamma(t)}\, e^{g_1(t)}. e^{h(u)} = \gamma(t)\, \varepsilon(u).$$

Donc la fonction $f(t, u)$ sera de l'espèce $\gamma(t)\, \varepsilon(u)$. D'autre part, une relation de la forme

$$\Gamma(t)\, dq = \Gamma(t) f(t, u)\, du = \Gamma(t)\, \gamma(t)\, \varepsilon(u)\, du$$

ne sera ni plus ni moins générale que l'expression plus simple

$$(12) \qquad \Gamma(t)\, dq = \Gamma(t) f(t, u)\, du = \Gamma(t)\, \gamma(t)\, du = k(t)\, du,$$

dont je me servirai définitivement dans ce qui va suivre.

L'équation (11) se changera, par conséquent, en la relation fondamentale que voici,

$$(13) \qquad \frac{k(t)}{k'(t)}\, \Omega'(t) = \frac{\Gamma(t)\, L}{W - \omega} = \Omega(t) + b(t),$$

et les formules (10) deviendront

$$(14) \qquad \begin{cases} b(t) = \dfrac{k(t)\, \Omega'(t) - \Omega(t)\, k'(t)}{k'(t)}, \\[2ex] b'(t) = k(t)\, \dfrac{k'(t)\, \Omega''(t) - \Omega'(t)\, k''(t)}{k'(t)^2} = k(t)\, \dfrac{d}{dt}\left(\dfrac{\Omega'(t)}{k'(t)}\right), \\[2ex] Q = b(t)\, v + \beta(t) = \dfrac{k(t)\, \Omega'(t) - \Omega(t)\, k'(t)}{k'(t)}\, v + \beta(t). \end{cases}$$

L'équation (4) deviendra

$$(15) \qquad \begin{cases} \Gamma(t)\, dq = k(t)\, du = (\Omega(t) + b(t))\, dv + (b'(t)\, v + \beta'(t))\, dt \\[2ex] \qquad = \dfrac{k(t)\, \Omega'(t)}{k'(t)}\, dv + k(t)\, \dfrac{d}{dt}\left(\dfrac{\Omega'(t)}{k'(t)}\right)\, v\, dt + \beta'(t)\, dt, \end{cases}$$

puis, en la divisant par $k(t)$, on trouvera

$$du = \frac{\Omega'(t)}{k'(t)}\, dv + v\, \frac{d}{dt}\left(\frac{\Omega'(t)}{k'(t)}\right)\, dt + \frac{\beta'(t)}{k(t)}\, dt,$$

et, par voie d'intégration, on en conclura

$$(16) \qquad u = \frac{\Omega'(t)}{k'(t)}\, v + \int \frac{\beta'(t)}{k(t)}\, dt.$$

Ce sera l'équation générale des courbes $\psi(v, p) = u$ en fonction de v, t comme variables indépendantes, et le problème se trouvera exactement résolu, sans que j'aie eu à faire usage de la relation finie

$$Q = R(t, u) - A = \Gamma(t)\, F(t, u) - vp.$$

(163)

En supposant, néanmoins, que je veuille me servir de cette relation, j'en conclurai

$$\Gamma(t)\,\mathrm{F}(t,\,u) = vp + \mathrm{Q} = v\,\Omega(t) + \mathrm{Q} = \frac{k(t)\,\Omega'(t)}{k'(t)}\,v + \beta(t),$$

puis, en y substituant la valeur de v tirée de l'équation (16),

$$(17) \quad \left\{ \begin{aligned} &\Gamma(t)\,\mathrm{F}(t,\,u) = k(t)\,u + \beta(t) - k(t)\int \frac{\beta'(t)}{k(t)}\,dt, \\ &\text{et, en différentiant par rapport à } u, \\ &\qquad \Gamma(t)\,f(t,\,u) = k(t)\,du, \end{aligned} \right.$$

ce qui me ramènera justement à la formule (12), de laquelle j'étais parti pour trouver les formules (13), (14), (15) et (16).

Les formules (12), (13), (14), (15), (16) et (17) formeront ainsi le cercle entier de la théorie dans sa plus grande généralité, et si je voulais pénétrer dans ce cercle à l'aide de mes procédés généraux d'intégration, j'y réussirais tout aussi facilement.

Je suppose, par exemple, que l'on me propose de faire usage des formules (r), $(r\ bis)$, (r'') et de celles qui en dépendent.

Je regarderai alors la quantité Q comme une fonction inconnue de v, u, et de prime abord, à cause de la relation

$$p = \Omega(t),$$

je ferai

$$\mathrm{A} = vp = v\,\Omega(t),$$

d'où

$$\frac{d\mathrm{A}}{dv} = \Omega(t),$$

$$\frac{d\mathrm{A}}{dt} = v\,\Omega'(t),$$

$$\frac{d^2\mathrm{A}}{dv^2} = 0,$$

$$\frac{d^2\mathrm{A}}{dv\,dt} = \Omega'(t),$$

$$\frac{d^2\mathrm{A}}{dt^2} = v\,\Omega''(t);$$

j'en conclurai

$$\vartheta_v = 0,$$

$$\vartheta_t = \frac{1}{\Omega'(t)},$$

$$q_0 \Gamma(t) = - \frac{\dfrac{dQ(v, u)}{du} \dfrac{d^2 Q(v, u)}{dv^2}}{\dfrac{d^2 Q(v, u)}{dv\, du}},$$

$$q_1 \Gamma(t) = - \frac{\dfrac{dQ(v, u)}{du}}{\dfrac{d^2 Q(v, u)}{dv\, du}},$$

puis,

$$c_0 \Gamma(t) = \frac{q_0 \Gamma(t)}{\vartheta_0} = \infty,$$

$$c_1 \Gamma(t) = \frac{q_1 \Gamma(t)}{\vartheta_1} = - \frac{\dfrac{dQ(v, u)}{du} \Omega'(t)}{\dfrac{d^2 Q(v, u)}{dv\, du}},$$

et, pour les expressions de la chaleur latente,

$$\frac{dq_\varphi}{dv_\varphi} \Gamma(t) = - \frac{\dfrac{dQ(v, u)}{du} \dfrac{d^2 Q(v, u)}{dv^2}}{\dfrac{d^2 Q(v, u)}{dv\, du}},$$

$$\frac{dq_\varphi}{dp_\varphi} \Gamma(t) = \infty.$$

Mais il est démontré par les formules (9 *ter*) que la quantité de chaleur latente par unité de volume doit être égale à la quantité

$$\frac{L}{W - w}$$

qui varie avec t seulement.

Donc, il faudra que l'on ait

$$- \frac{\dfrac{dQ(v, u)}{du} \dfrac{d^2 Q(v, u)}{dv^2}}{\dfrac{d^2 Q(v, u)}{dv\, du}} = \frac{\Gamma(t)L}{W - w} = \text{fonction}(t).$$

Cette équation ne doit pas être directement intégrable, car si je me proposais d'éliminer t entre les équations déjà connues de Q, u, d'après les formules (14) et (16), je ne saurais représenter le résultat de l'élimination sous forme finie en v, u; mais la difficulté pourra être tournée au moyen des relations générales qu'il y a entre les dérivées secondes des fonctions A, Q, R; car, du moment où l'on devra avoir

$$A = vp = v\Omega(t),$$

je trouverai, d'après les relations connues de ces dérivées secondes,

$$\frac{d^2 R(t, u)}{dt\, du} = - \frac{\Omega'(t) \dfrac{d^2 Q(v, u)}{dv\, du}}{\dfrac{d^2 Q(v, u)}{dv^2}}.$$

J'aurai, en même temps,

$$\frac{dQ(v, u)}{du} = \frac{dR(t, u)}{du},$$

et, par suite, la condition à remplir se transformera en

$$\frac{\Omega'(t) \dfrac{dR(t, u)}{du}}{\dfrac{d^2 R(t, u)}{dt\, du}} = \frac{L\Gamma(t)}{W - w},$$

c'est-à-dire que je serai ramené identiquement à la formule (11), et, par suite, à la formule (12), de laquelle je suis parvenu à tirer tout ce qui précède jusqu'à la formule (17) inclusivement.

Mais, au point de vue actuel de la question, la marche la plus naturelle du calcul sera différente et consistera à intégrer d'abord l'équation (12) par rapport à u, ce qui fera trouver

$$(\text{17 } bis) \qquad R(t, u) = \Gamma(t) F(t, u) = k(t) u - \alpha(t).$$

En différentiant ensuite l'équation (17 bis) par rapport à t, on aura

$$\frac{dR(t, u)}{dt} = k'(t) u - \alpha'(t),$$

et, par suite, la première des équations (r') fera trouver

$$\Omega'(t) v = k'(t) u - \alpha'(t),$$

d'où l'on conclura

$$v = \frac{k'(t)}{\Omega'(t)} u - \frac{\alpha'(t)}{\Omega'(t)},$$

ou bien

$$(\text{16 } bis) \qquad u = \frac{\Omega'(t)}{k'(t)} v + \frac{\alpha'(t)}{k'(t)},$$

en place de la formule (16) avec laquelle celle-ci se confondra en effet quand on donnera une valeur convenable à la fonction arbitraire $\alpha(t)$.

On aura recours ensuite à la formule (r''), ou plutôt à la formule (q''), pour trouver

$$Q = R - A = k(t) u - \alpha(t) - \Omega(t) v,$$

et, quand on y substituera la valeur précédente de u en v, t, puis, inversement, la valeur de v en u, t, on aura les deux relations parfaitement équivalentes

$$(14\ bis)\quad\begin{cases} Q = \dfrac{k(t)\,\Omega'(t) - \Omega(t)\,k'(t)}{k'(t)}\,v + \dfrac{k(t)\,\alpha'(t) - \alpha(t)\,k'(t)}{k'(t)}, \\[2ex] Q = \dfrac{k(t)\,\Omega'(t) - \Omega(t)\,k'(t)}{\Omega'(t)}\,u + \dfrac{\Omega(t)\,\alpha'(t) - \alpha(t)\,\Omega'(t)}{\Omega'(t)}, \end{cases}$$

dont la première se confondra avec la dernière des formules (14) quand on assujettira la fonction arbitraire $\alpha(t)$ à la condition

$$\beta(t) = \frac{k(t)\,\alpha'(t) - \alpha(t)\,k'(t)}{k'(t)}.$$

De cette condition on tirera ensuite

$$\beta'(t) = k(t)\,\frac{k'(t)\,\alpha''(t) - \alpha'(t)\,k''(t)}{k'(t)^2} = k(t)\,\frac{d}{dt}\left(\frac{\alpha'(t)}{k'(t)}\right)$$

et

$$\int \frac{\beta'(t)}{k(t)}\,dt = \frac{\alpha'(t)}{k'(t)},$$

puis

$$\beta(t) - k(t)\int \frac{\beta'(t)}{k(t)}\,dt = -\,\alpha(t),$$

et, par conséquent, les formules $(16\ bis)$, $(17\ bis)$ se confondront en même temps avec les formules (16) et (17).

La condition fondamentale de la théorie sera enfin l'équation (13), et, du moment où cette condition sera remplie, on pourra calculer la quantité de chaleur nécessaire pour aller d'un point v, t à un autre point infiniment voisin $v + dv$, $t + dt$ au moyen de la première des formules (4).

De la seconde formule (4), ou plutôt de la relation initiale

$$dQ = \Gamma(t)\,f(t, u)\,du - p\,dv,$$

on conclura, tout à l'entour d'une ligne fermée quelconque s,

$$o = \int_0^s \Gamma(t)\,f(t, u)\,du - \int_0^s p\,dv,$$

et, par suite, on aura, pour l'expression de l'aire S délimitée par la courbe fermée s,

$$S = \int_0^s p\,dv = \int_0^s \Gamma(t)\,f(t, u)\,du = \int_0^s \Gamma(t)\,dq = \int_0^s \Gamma(t)\,\gamma(t)\,du = \int_0^s k(t)\,du;$$

puis, en intégrant par parties, en ne perdant pas de vue que tout à l'entour d'une courbe fermée s la limite finale de l'intégration coïncidera avec la limite initiale, on aura encore

$$S = \int_0^s k(t)\,du = -\int_0^s u\,k'(t)\,dt = -\int_0^s v\,\Omega'(t)\,dt = -\int_0^s v\,dp = +\int_0^s p\,dv,$$

et le résultat sera le même que si l'on partait de la relation complémentaire

$$dA = \frac{d}{dt}\left(\Gamma(t)\,F(t,u)\right)dt + p\,dv,$$

au moyen de laquelle on trouvera directement, tout à l'entour d'une ligne fermée s,

$$S = \int_0^s p\,dv = -\int_0^s \frac{dR(t,u)}{dt}\,dt = -\int_0^s \left(k'(t)u - \alpha'(t)\right)dt = -\int_0^s u k'(t)\,dt,$$

comme tout à l'heure.

En résumé, la théorie des vapeurs, c'est-à-dire la théorie d'un mélange de liquide et de vapeur saturée de ce liquide, se réduira aux formules générales que voici :

$$(18)\quad \left\{ \begin{aligned}
&p = \Omega(t),\\[4pt]
&\frac{k(t)}{k'(t)}\,\Omega'(t) = \frac{\Gamma(t)\,L}{W - w},\\[4pt]
&u = \frac{\Omega'(t)}{k'(t)}v + \frac{\alpha'(t)}{k'(t)},\\[4pt]
&v = \frac{k'(t)}{\Omega'(t)}u - \frac{\alpha'(t)}{\Omega'(t)},\\[4pt]
&k(t) = \Gamma(t)\gamma(t),\\[4pt]
&R = \Gamma(t)\,F(t,u) = k(t)u - \alpha(t) = \ldots,\\[4pt]
&A = vp = v\Omega(t),\\[4pt]
&Q = R - A = k(t)u - \Omega(t)v - \alpha(t) = \ldots,\\[4pt]
&dq = f(t,u)\,du = \gamma(t)\,du = \gamma(t)\,d\!\left(\frac{\Omega'(t)}{k'(t)}v + \frac{\alpha'(t)}{k'(t)}\right);\\[4pt]
&\text{ou, ce qui reviendra au même,}\\[4pt]
&\Gamma(t)\,dq = \Gamma(t)\gamma(t)\,du = k(t)\,du = k(t)\,d\!\left(\frac{\Omega'(t)}{k'(t)}v + \frac{\alpha'(t)}{k'(t)}\right),\\[4pt]
&\text{et, pour l'aire S délimitée par une courbe fermée } s,\\[4pt]
&S = \int_0^s \Gamma(t)f(t,u)\,du = \int_0^s \Gamma(t)\,dq = \int_0^s \Gamma(t)\gamma(t)\,du\\[4pt]
&\quad = \int_0^s k(t)\,du = \int_0^s k(t)\,d\!\left(\frac{\Omega'(t)}{k'(t)}v\right) = \ldots,\\[4pt]
&\text{ou bien}\\[4pt]
&S = \int_0^s k(t)\,du = -\int_0^s u k'(t)\,dt = -\int_0^s v\,\Omega'(t)\,dt\\[4pt]
&\quad = -\int_0^s v\,dp = +\int_0^s p\,dv.
\end{aligned} \right.$$

Ces formules ne seront d'ailleurs applicables qu'entre les limites

$$v = \omega, \quad v = W,$$

et, de toute manière, il faudra que l'on parvienne à déterminer la fonction arbitraire $\alpha(t)$ qui s'y trouve.

Je porte donc mon attention sur l'expression du produit $\Gamma(t)\,dq$, et j'en tire

$$dq = \frac{k(t)}{\Gamma(t)}\,du = \frac{k(t)}{\Gamma(t)}\,d\left(\frac{\Omega'(t)}{k'(t)}v + \frac{\alpha'(t)}{k'(t)}\right) = \frac{k(t)}{\Gamma(t)}\,d\left(\frac{\Omega'(t)}{k'(t)}v\right) + \frac{k(t)}{\Gamma(t)}\frac{d}{dt}\left(\frac{\alpha'(t)}{k'(t)}\right)dt$$

$$= \frac{k(t)}{\Gamma(t)}\frac{\Omega'(t)}{k'(t)}\,dv + \frac{k(t)}{\Gamma(t)}\left\{v\frac{d}{dt}\left(\frac{\Omega'(t)}{k'(t)}\right) + \frac{d}{dt}\left(\frac{\alpha'(t)}{k'(t)}\right)\right\}dt.$$

En y faisant d'abord $dt = 0$, il me reste, pour l'expression de la chaleur latente, d'un point v, t à un autre point $v + dv$, à la même température t,

$$dq_v = dl = \frac{k(t)}{\Gamma(t)}\frac{\Omega'(t)}{k'(t)}\,dv,$$

et, en vertu de la seconde des formules (18), je trouve

$$dq_v = dl = \frac{L\,dv}{W - \omega},$$

ce qui est parfaitement d'accord avec les équations (9), (9 *bis*), (9 *ter*).

Je fais ensuite $dv = 0$, et je trouve, pour l'expression de la chaleur spécifique à volume constant c_1, l'expression

$$c_1 = \gamma(t)\left\{v\frac{d}{dt}\left(\frac{\Omega'(t)}{k'(t)}\right) + \frac{d}{dt}\left(\frac{\alpha'(t)}{k'(t)}\right)\right\}.$$

Mais je puis établir une relation plus générale dont celle-là ne sera qu'un cas particulier.

Je désigne par $c(t)$ une fonction de la température qui soit telle que la différentielle $c'(t)\,dt$ de cette fonction doive représenter la quantité de chaleur nécessaire pour faire aller le volume v du mélange le long d'une courbe quelconque supposée représentée par les deux équations

$$v = \varepsilon(t),$$
$$p = \Omega(t).$$

J'aurai dans ce cas-là, en chaque point de la courbe donnée,

$$u = \frac{\Omega'(t)}{k'(t)}\varepsilon(t) + \frac{\alpha'(t)}{k'(t)},$$

et, d'un point à un autre de la courbe donnée,

$$du = \frac{d}{dt}\left\{\frac{\Omega'(t)}{k'(t)}\varepsilon(t) + \frac{\alpha'(t)}{k'(t)}\right\}dt,$$

puis

$$dq = \gamma(t)\, du = \frac{k(t)}{\Gamma(t)}\, du = \frac{k(t)}{\Gamma(t)} \frac{d}{dt}\left(\frac{\Omega'(t)}{k'(t)}\,\varepsilon(t) + \frac{\alpha'(t)}{k'(t)}\right) dt,$$

et cette valeur de dq sera précisément la quantité $c'(t)\, dt$.

Donc, j'aurai pour la quantité de chaleur spécifique $c'(t)$ dans une direction quelconque non parallèle à l'axe Ov,

$$c'(t) = \frac{k(t)}{\Gamma(t)} \frac{d}{dt}\left(\frac{\Omega'(t)}{k'(t)}\,\varepsilon(t) + \frac{\alpha'(t)}{k'(t)}\right),$$

puis, en multipliant cette formule par dt et en l'intégrant, j'aurai sous forme finie entre deux limites quelconques t_0, t_1, le long de la courbe donnée,

$$c(t_1) - c(t_0) = \int_{t_0}^{t_1} \frac{k(t)}{\Gamma(t)} \frac{d}{dt}\left(\frac{\Omega'(t)}{k'(t)}\,\varepsilon(t) + \frac{\alpha'(t)}{k'(t)}\right) dt.$$

Une telle manière d'intégrer réveillera naturellement la question déjà deux fois examinée, de savoir si la fonction universelle $\Gamma(t)$ doit être acceptée comme une quantité constante ou variable.

Je ne veux pas m'occuper une troisième fois de cette question ici, et sans me prononcer absolument ni pour ni contre, je conserverai la fonction $\Gamma(t)$ dont la présence ne me gênera réellement pas dans l'achèvement de mes calculs.

Cela convenu, je supposerai que, le long d'une courbe $v = \varepsilon(t)$ parfaitement connue, on soit parvenu à déterminer expérimentalement la fonction $c(t)$, et, par suite, sa dérivée $c'(t)$. Je me servirai alors de l'expression trouvée pour $c'(t)$ d'une manière inverse, et, après l'avoir mise d'abord sous la forme

$$\frac{\Gamma(t)\, c'(t)}{k(t)} = \frac{d}{dt}\left(\frac{\Omega'(t)}{k'(t)}\,\varepsilon(t) + \frac{\alpha'(t)}{k'(t)}\right),$$

je la multiplierai par dt et j'en tirerai par voie d'intégration

$$(19) \qquad \int \frac{\Gamma(t)\, c'(t)}{k(t)}\, dt = \frac{\Omega'(t)}{k'(t)}\,\varepsilon(t) + \frac{\alpha'(t)}{k'(t)},$$

de telle sorte que, si les fonctions $\Omega(t)$, $k(t)$, $\Gamma(t)$ m'étaient connues, cette formule pourrait me servir à trouver la fonction $\alpha(t)$.

Or il y a sur la *fig.* 2 une courbe bien déterminée, le long de laquelle une pareille recherche de la fonction $\alpha(t)$ ne sera pas très-difficile à mettre à exécution : je veux parler de la courbe initiale $i_0 i\, i'$, dont l'équation est

$$v = w = \text{fonction}(t).$$

Je n'aurai qu'à remplacer la fonction arbitraire $\varepsilon(t)$ des formules précédentes par la fonction déterminée w, et ce que j'ai désigné généralement par $c(t)$ deviendra la quantité de chaleur sensible d'une masse liquide entretenue constamment à sa température d'ébullition le long de la courbe $i_0 i\, i'$, c'est-à-dire sous une pression p qui

F. R. 22

(170)

augmentera progressivement avec t d'après la relation connue

$$p = \Omega(t).$$

Ce qu'on nomme habituellement la quantité de chaleur sensible d'un liquide, supposé amené à sa température d'ébullition, est une quantité analogue $c_1(t)$ que l'on trouve en échauffant le liquide sur une pression constante, du commencement à la fin de l'opération, au lieu que pour $c(t)$ la pression p devra varier d'après la relation

$$p = \Omega(t).$$

Pour faire voir très-clairement la distinction qu'il y a à faire entre les deux fonctions $c(t)$, $c_1(t)$, je porte mon attention sur la *fig.* 2, et j'y mène, par le point i, une courbe $i\,h'$ de l'espèce $\varphi(v, p) = $ constante t pour une masse entièrement liquide. Une telle courbe d'espèce $\varphi(v, p) = $ constante t pour une masse entièrement liquide ne différera pas appréciablement d'une ligne droite $i\,h'$ parallèle à l'axe Op, à cause de la compressibilité à peu près nulle des liquides à une température donnée.

Cela étant compris et la pression OP' étant supposée égale à celle de l'atmosphère, j'observe que la fonction $c_1(t)$ représentera la quantité de chaleur nécessaire pour faire aller le volume v d'une masse liquide de h' en i' le long de la droite $h'\,i'$ parallèle à l'axe Ov sous la pression constante OP', tandis que la fonction $c(t)$ représentera la quantité de chaleur nécessaire pour faire aller le volume v d'une masse liquide de i en i' le long de la courbe $i_a i\,i'$ sous une pression croissante $p = \Omega(t)$.

La fonction $c_1(t)$ pourra dépendre en toute rigueur de la pression constante p' à laquelle elle se rapportera, tandis que la fonction $c(t)$ ne variera qu'avec (t).

Les deux fonctions $c(t)$, $c_1(t)$ ne devront pas être égales, car il me suffirait d'appliquer les principes généraux de ma théorie des effets dynamiques de la chaleur à une masse entièrement liquide et de désigner spécialement par q la quantité de chaleur latente à peu près nulle que l'on parviendrait à exprimer de la masse liquide par une augmentation de pression de OP à OP', le long de la ligne $i\,h'$ sur la *fig.* 2, à une température constante t, pour que l'on dût avoir

$$\text{aire } i\,h'\,i' = \int_{t}^{t'} \Gamma(t)\, c_1'(t)\, dt - \int_{t}^{t'} \Gamma(t)\, c'(t)\, dt - q\,\Gamma(t).$$

Je trouverais, d'un autre côté, à la simple inspection de la *fig.* 2,

$$\text{aire } i\,h'\,i' = \int_{t}^{t'} v\,dp - v(p' - p) = p'(v' - v) - \int_{t}^{t'} p\,dv,$$

et, par suite, il me faudrait égaler les seconds membres de ces deux équations.

Quoi qu'il en soit, les recherches des physiciens ont appris que, pour de l'eau, la quantité $c_1(t)$, sous la pression constante de 1 atmosphère, est sensiblement proportionnelle à t de 0 à 100 degrés, et, par suite, on a été conduit à prendre comme unité calorifique la quantité de chaleur nécessaire pour élever de 1 degré la température de 1 kilogramme d'eau sous la pression de 1 atmosphère; ou pour mieux dire, on a pris pour unité calorique la centième partie de la quantité de chaleur nécessaire pour porter 1 kilogramme d'eau de sa température de solidification à sa température d'ébullition, sous une pression ambiante de 1 atmosphère.

Donc, pour 1 kilogramme d'eau on aura à très-peu près

$$c_1(t) = t,$$

et la fonction $c(t)$ de mes raisonnements n'en différera peut-être pas sensiblement; mais je ne veux faire aucune hypothèse à ce sujet et je conserverai une fonction quelconque $c(t)$ dans mes formules.

Ainsi, en désignant par $H(t)$ une fonction très-essentielle que l'on trouvera par voie d'intégration le long de la courbe $i_0\, i\, i'$ sur la *fig.* 2, au moyen de la relation de principe

$$(20) \qquad H(t) = \int \frac{\Gamma(t)\, c'(t)}{k(t)}\, dt = \int \frac{c'(t)}{\gamma(t)}\, dt,$$

on aura, en place de la formule (19),

$$(19\ bis) \qquad H(t) = \frac{\Omega'(t)}{k'(t)}\, w + \frac{\alpha'(t)}{k'(t)};$$

et la troisième des formules (18) pourra être mise sous la forme

$$(21) \qquad u - H(t) = \frac{\Omega'(t)}{k'(t)}\,(v - w).$$

Quand on y remplacera t par t' sans changer u, on aura, à une autre hauteur,

$$p' = \Omega(t')$$

sur la *fig.* 2, le long d'une même courbe $\psi(v, p) = $ constante u,

$$(21\ bis) \qquad u - H(t') = \frac{\Omega'(t')}{k'(t')}\,(v' - w'),$$

puis, en intervertissant les deux équations et en les retranchant l'une de l'autre, on trouvera

$$(21\ ter) \qquad \begin{cases} \dfrac{\Omega'(t)}{k'(t)}\,(v - w) - \dfrac{\Omega'(t')}{k'(t')}\,(v' - w') = H(t') - H(t) \\[2ex] \qquad = \displaystyle\int_t^{t'} \frac{dH(t)}{dt}\, dt = \int_t^{t'} \frac{c'(t)}{\gamma(t)}\, dt. \end{cases}$$

Cela signifie, en langage ordinaire, que le produit de la différence $v - w$ par le rapport de la fonction $\Omega'(t)$ à la fonction $k'(t)$ devra, de bas en haut sur la *fig.* 2, éprouver une diminution égale à l'augmentation correspondante de la fonction $H(t)$. Or la différence $v - w$ représentera la longueur $i\,B$ d'une courbe quelconque $B'\,B\,u$ de l'espèce $\psi(v, p) = $ constante u, et la différence $v' - w'$ représentera la longueur correspondante $i'\,B'$ de la même courbe $B'\,B\,u$; par conséquent, du moment où la courbe

initiale $i_0\,i\,i'$ sera connue, l'équation (21 *ter*) donnera le moyen de tracer immédiatement toutes les courbes BB', $B_1 B'_1, \ldots$ dans l'intervalle de deux droites horizontales
PI, P'I' entre les températures t, t', desquelles on connaîtra les accroissements pro-
gressifs de la fonction H (t).

Les courbes BB', $B_1 B'_1$, seront ainsi parfaitement déterminées, même en deçà de la
courbe $i_0\,i\,i'$ et au delà de la courbe $I_0\,I\,I'$, où elles ne pourront être tracées que fictive-
ment et n'existeront réellement pas.

De plus, on voit que, lorsqu'on ne connaîtra que l'accroissement total de la fonction H (t) de t à t', on trouvera par l'équation (21 *ter*) les vrais points d'intersection de
toutes les courbes BB', $B_1 B'_1, \ldots$ avec les deux horizontales $p = \Omega(t)$, $p' = \Omega(t')$ entre
les températures t, t', desquelles on connaîtra l'accroissement total de la fonction H (t),
tandis que, dans l'intervalle et en dehors de l'intervalle de ces horizontales où l'on ne
connaîtra pas l'accroissement de la fonction H (t), la forme des courbes BB', $B_1 B'_1, \ldots$
restera tout à fait indéterminée.

Cette manière de concevoir les choses serait encore parfaitement exacte dans le cas
où la fonction H (t) éprouverait une augmentation ou une diminution finie à une certaine valeur déterminée de la variable t.

Il sera d'ailleurs inutile d'augmenter d'une constante arbitraire l'intégrale du second
membre de la formule (20), car une telle constante disparaîtrait toujours dans la différence H (t') — H (t) du second membre de l'équation (21 *ter*) et n'influerait en rien
sur la forme des courbes BB', $B_1 B'_1, \ldots$

Le second membre de l'équation (21) ayant une valeur parfaitement déterminée en
chaque point de la *fig.* 2, il s'ensuit que l'on ne pourra augmenter la fonction H (t)
d'aucune constante sans être obligé d'augmenter la quantité variable u d'une constante
égale.

Donc, l'addition d'une constante à la fonction H (t) ne fera que déplacer l'origine
des quantités u, ce qui sera de nulle importance dans le calcul.

La fonction H (t) étant supposée exactement déterminée par l'équation (20), avec
ou sans addition d'une constante, on conclura de l'équation (21), d'une part, le long
de la courbe $i_0\,i\,i'$,

$$(22) \quad \begin{cases} v = w, \quad u = \mathrm{H}\,(t), \\[1ex] \text{et, d'autre part, le long de la courbe } I_0\,I\,I', \\[1ex] v = \mathrm{W}, \quad u = \mathrm{H}\,(t) + \dfrac{\Omega'\,(t)}{h'\,(t)}\,(\mathrm{W} - w). \end{cases}$$

Ce seront les limites entre lesquelles tomberont toutes les autres valeurs des quantités v, u.

Le long de la courbe $i_0\,i\,i'$, on aura

$$(22\ bis) \qquad du = \frac{d\mathrm{H}\,(t)}{dt}\,dt = \frac{\Gamma\,(t)\,c'\,(t)}{k\,(t)}\,dt = \frac{c'\,(t)}{\gamma\,(t)}\,dt,$$

et, tant que les fonctions $c'(t)$, $\gamma(t)$ seront positives toutes les deux, les courbes $\psi(v, p) = $ constante u se détacheront de la courbe $i_0 i\, i'$ de haut en bas sur la *fig.* 2.

Le long de la courbe $I_0 I I'$, on aura

$$(22\ ter) \qquad du = \left\{ \frac{c'(t)}{\gamma(t)} + \frac{d}{dt}\left(\frac{\Omega'(t)}{k'(t)} (W - v) \right) \right\} dt,$$

et, selon que cette quantité sera positive ou négative pour une valeur positive de dt, il arrivera que les courbes $\psi(v, p) = u$ se détacheront de la courbe $I_0 I I'$ de bas en haut ou de haut en bas sur la *fig.* 2. Si la même quantité était égale à zéro, la dernière des courbes ψ serait tangente à la courbe $I_0 I I'$, et, enfin, dans le cas où le second membre de l'équation $(22\ ter)$ serait égal à zéro pour toutes les valeurs de t, la dernière des courbes ψ se confondrait entièrement avec la courbe $I_0 I I'$.

De l'équation (21) je tire

$$(23) \qquad v - v = (u - H(t)) \frac{k'(t)}{\Omega'(t)},$$

pour l'expression générale de la longueur iB d'une courbe donnée B′Bu, à une hauteur quelconque $p = \Omega(t)$ sur la *fig.* 2.

En remplaçant t par t', sans faire varier u, je trouve

$$(23\ bis) \qquad v' - v' = (u - H(t')) \frac{k'(t')}{\Omega'(t')},$$

pour la longueur i'B′ de la même courbe B′Bu à une hauteur différente $p' = \Omega(t')$ sur la *fig.* 2.

En retranchant la formule $(23\ bis)$ de la formule (23), j'ai

$$(23\ ter) \quad (v - v') + (v' - v) = (u - H(t)) \frac{k'(t)}{\Omega'(t)} - (u - H(t')) \frac{k'(t')}{\Omega'(t')},$$

et le second membre de l'équation $(23\ ter)$ représentera la somme des différences $v - v'$, $v' - v$, c'est-à-dire la somme des longueurs bB, $i h$ sur la *fig.* 2.

La valeur de u ne devant pas être inférieure à $H(t')$, pour que le point B′ ne tombe pas en deçà de la courbe $i_0 i\, i'$, je pose

$$(24) \qquad u = H(t') + u';$$

les formules (23), $(23\ bis)$, $(23\ ter)$ deviendront alors

$$(25) \quad \begin{cases} v - v = \{H(t') - H(t)\} \dfrac{k'(t)}{\Omega'(t)} + u' \dfrac{k'(t)}{\Omega'(t)}, \\[2ex] v' - v' = \qquad\qquad 0 \qquad\qquad + u' \dfrac{k'(t')}{\Omega'(t')}, \\[2ex] (v - v') + (v' - v) = \{H(t') - H(t)\} \dfrac{k'(t)}{\Omega'(t)} - u' \left(\dfrac{k'(t')}{\Omega'(t')} - \dfrac{k'(t)}{\Omega'(t)} \right), \end{cases}$$

et l'on en conclura

$$(25\ bis)\quad\begin{cases}
\overline{ik} = ((H(t') - H(t)))\dfrac{k'(t)}{\Omega'(t)} = \dfrac{k'(t)}{\Omega'(t)}\displaystyle\int_t^{t'}\dfrac{c'(t)}{\gamma(t)}\,dt,\\[2ex]
\overline{k\,B} = u'\dfrac{k'(t)}{\Omega'(t)},\\[2ex]
\overline{i'B'} = u'\dfrac{k'(t')}{\Omega'(t')},\\[2ex]
\overline{k\,B} - \overline{i'B'} = u'\left(\dfrac{k'(t)}{\Omega'(t)} - \dfrac{k'(t')}{\Omega'(t')}\right) = -\,u'\displaystyle\int_t^{t'}\dfrac{d}{dt}\left(\dfrac{k'(t)}{\Omega'(t)}\right)dt,\\[2ex]
hk = (H(t') - H(t))\dfrac{k'(t)}{\Omega'(t)} - (w' - w),\\[2ex]
b\,B = (H(t') - H(t))\dfrac{k'(t)}{\Omega'(t)} - (w' - w) - u'\left(\dfrac{k'(t')}{\Omega'(t')} - \dfrac{k'(t)}{\Omega'(t)}\right),\\[2ex]
b\,B - \overline{hk} = -\,u'\left(\dfrac{k'(t')}{\Omega'(t')} - \dfrac{k'(t)}{\Omega'(t)}\right) = -\,u'\displaystyle\int_t^{t'}\dfrac{d}{dt}\left(\dfrac{k'(t)}{\Omega'(t)}\right)dt.
\end{cases}$$

Il s'ensuit que la connaissance de la fonction $H(t)$ ne sera nécessaire que pour la courbe initiale $i'k$, et que, du moment où la courbe $i'k$ sera connue, toutes les autres courbes de détente BB', $B_1 B'_1$,... se trouveront exactement déterminées quand on marquera de bas en haut sur la *fig.* 2 des longueurs Bk proportionnellement au rapport des fonctions $k'(t)$, $\Omega'(t)$.

Il s'ensuit encore que, entre deux courbes données ki', BB', la distance kB ira en augmentant ou en diminuant de bas en haut sur la *fig.* 2, selon que le rapport de $k'(t)$ à $\Omega'(t)$ augmentera ou diminuera avec t.

La valeur de u' des formules (24), (25), (25 *bis*) pourra d'ailleurs augmenter jusqu'à la limite où la dernière des courbes ψ passera par l'un des points I, I' selon que la quantité entre parenthèses dans le second membre de la formule (22 *ter*) sera positive ou négative.

De toute manière, on aura, au point I,

$$(26)\quad\begin{cases}
u = H(t) + \dfrac{\Omega'(t)}{k'(t)}(W - w),\\[2ex]
u' = u - H(t') = \dfrac{\Omega'(t)}{k'(t)}(W - w) - (H(t') - H(t)),\\[2ex]
\text{et au point I'},\\[2ex]
u = H(t') + \dfrac{\Omega'(t')}{k'(t')}(W' - w'),\\[2ex]
u' = u - H(t') = \dfrac{\Omega'(t')}{k'(t')}(W' - w').
\end{cases}$$

De I en I′ la quantité u éprouvera un accroissement total, soit positif, soit négatif, que l'on trouvera par la différence

$$(26\ bis)\quad\left\{\begin{array}{l}(\mathrm{H}\,(t') - \mathrm{H}\,(t)) + \left(\dfrac{\Omega'\,(t')}{k'\,(t')}\,(\mathrm{W}' - w') - \dfrac{\Omega'\,(t)}{k'\,(t)}\,(\mathrm{W} - w)\right),\\[2mm]\text{ou par l'intégrale définie}\\[2mm]\displaystyle\int_{t}^{t'}\dfrac{c'\,(t)}{\gamma\,(t)}\,dt + \int_{t}^{t'}\dfrac{d}{dt}\left(\dfrac{\Omega'\,(t)}{k'\,(t)}\,(\mathrm{W} - w)\right)dt.\end{array}\right.$$

Toutes les dimensions linéaires des courbes de détente B′ B u, B′, B, u, ... étant supposées connues, d'après les équations (24), (25), (25 bis) et (26), il ne serait pas difficile de calculer directement les aires de ces courbes ou les intégrales

$$\int v\,dp = \int v\,\Omega'\,(t)\,dt,\qquad \int p\,dv = vp - \int v\,dp = v\,\Omega\,(t) - \int v\,\Omega'\,(t)\,dt;$$

mais, pour traiter la question d'une manière plus complète, je préfère me servir des expressions générales des fonctions A, Q, R des formules (18), ce qui m'obligera de trouver d'abord la fonction $\alpha\,(t)$.

Je remonte donc à l'équation (19 bis), et j'en tire

$$\alpha'\,(t) = \mathrm{H}\,(t)\,k'\,(t) - w\,\Omega'\,(t).$$

Je multiplie par dt et j'intègre, ce qui me donne

$$(27)\qquad \alpha\,(t) = \int \mathrm{H}\,(t)\,k'\,(t)\,dt - \int w\,\Omega'\,(t)\,dt,$$

puis, en procédant par parties avec le premier terme du deuxième membre, je trouve

$$\int \mathrm{H}\,(t)\,k'\,(t)\,dt = \mathrm{H}\,(t)\,k\,(t) - \int k\,(t)\,\frac{d\mathrm{H}\,(t)}{dt}\,dt;$$

mais, d'après l'équation (20), on a

$$\frac{d\mathrm{H}\,(t)}{dt} = \frac{\Gamma\,(t)\,c'\,(t)}{k\,(t)}.$$

On a, en même temps,

$$dp = \Omega'\,(t)\,dt,$$

et, par suite, on trouvera l'intégrale générale

$$(27\ bis)\qquad \alpha\,(t) = \mathrm{H}\,(t)\,k\,(t) - \int \Gamma\,(t)\,c'\,(t)\,dt - \int w\,dp;$$

puis, de t à t', l'intégrale définie

$$(27\ ter)\quad \alpha\,(t') - \alpha\,(t) = (\mathrm{H}\,(t')\,k\,(t') - \mathrm{H}\,(t)\,k\,(t)) - \int_{t}^{t'}\Gamma\,(t)\,c'\,(t)\,dt - \int_{t}^{t'} w\,dp,$$

ce qui s'interprétera sur la *fig.* 2 en disant que de t à t', le long de la courbe $i_0\,i\,i'$, l'accroissement de la fonction $\alpha(t)$ est égal à l'accroissement de la fonction composée $H(t)k(t)$, moins l'aire $P\,i\,i'\,P'$ représentée par le dernier terme du deuxième membre de l'équation $(27\ ter)$, moins encore l'aire comprise entre la courbe initiale $i_0\,i\,i'$ et les deux courbes $\psi(v,p)=$ constante u, qui partiront, l'une du point i, l'autre du point i', et devront être prolongées jusqu'à la rencontre de l'axe $O\,v$, moins, enfin, la quantité de force vive latente qu'il pourra y avoir à considérer de l'une à l'autre des courbes ψ le long de l'axe $O\,v$.

En revenant à l'expression générale de la fonction $\alpha(t)$, et en la substituant dans l'expression de R des formules (18), je trouve

$$(28)\qquad R = k(t)\,u - \alpha(t) = (u - H(t))\,k(t) + \int \Gamma(t)\,c'(t)\,dt + \int w\,dp.$$

Les deux derniers termes du second membre sont les mêmes que dans la formule $(27\ bis)$, mais avec des signes contraires, et le tout doit être égal à l'aire OPB u, plus la quantité de force vive latente de O en u le long de l'axe $O\,v$.

Le dernier terme du second membre de la formule (28) étant égal à l'aire OP $i\,i_0$ sur la $fig.\ 2$, il s'ensuit que la somme des deux autres représentera l'aire $i_0\,i\,\mathrm{B}\,u$, plus la quantité de force vive latente de O en u le long de l'axe $O\,v$.

En remplaçant t par t', sans faire varier u, et en retranchant les deux expressions l'une de l'autre, je trouve

$$R' - R = (u - H(t'))\,k(t') - (u - H(t))\,k(t) + \int_t^{t'} \Gamma(t)\,c'(t)\,dt + \int_t^{t'} w\,dp,$$

pour l'expression générale de l'aire $PP'B'B$ sur la $fig.\ 2$.

La valeur de u ne devant pas être inférieure à $H(t')$, pour que le point B' ne tombe pas en deçà de la courbe $i_0\,i\,i'$, je pose

$$u = H(t') + u',$$

et je trouve

$$(28\ bis)\qquad \left\{ \begin{aligned} R' - R &= \int_t^{t'} w\,dp + \int_t^{t'} \Gamma(t)\,c'(t)\,dt \\ &\quad - (H(t') - H(t))\,k(t) + u'\,(k(t') - k(t)), \end{aligned} \right.$$

ce qui me permet de conclure que l'on aura

$$(28\ ter)\qquad \left\{ \begin{aligned} \text{aire } i\,i'\,k &= \int_t^{t'} \Gamma(t)\,c'(t)\,dt - (H(t') - H(t))\,k(t), \\ \text{aire } k\,i'\,B'\,B &= u'\,(k(t') - k(t)). \end{aligned} \right.$$

Au moyen de la relation (23), la quantité A des formules (18) se transformera en

$$(29)\qquad A = v\,p = w\,p + (u - H(t))\,\frac{k'(t)}{\Omega'(t)}\,\Omega(t),$$

et se compliquera en apparence ; mais au moyen d'une telle complication on trouvera

$$(30)\quad Q = R - A = (u - H(t))\left(k(t) - \frac{k'(t)}{\Omega'(t)}\Omega(t)\right) + \int \Gamma(t)\,c'(t)\,dt - \int p\,d\varpi.$$

Ce sera l'expression générale de l'aire $AB\,u$, plus la quantité de force vive latente de O en u le long de l'axe O ϖ.

Quand on y remplacera t par t', sans faire varier u, et qu'on retranchera les deux expressions l'une de l'autre, on aura

$$Q' - Q = (u - H(t'))\left(k(t') - \frac{k'(t')}{\Omega'(t')}\Omega(t')\right) - (u - H(t))\left(k(t) - \frac{k'(t)}{\Omega'(t)}\Omega(t)\right)$$
$$+ \int_t^{t'} \Gamma(t)\,c'(t)\,dt - \int_t^{t'} p\,d\varpi,$$

puis, en y faisant
$$u = H(t') + u',$$
on trouvera

$$(30\ bis)\quad
\begin{cases}
Q' - Q = -\int_t^{t'} p\,d\varpi + \int_t^{t'} \Gamma(t)\,c'(t)\,dt \\[1ex]
\qquad - (H(t') - H(t))\left(k(t) - \frac{k'(t)}{\Omega'(t)}\Omega(t)\right) \\[1ex]
\qquad + u'\left\{(k(t') - k(t)) - \left(\frac{k'(t')}{\Omega'(t')}\Omega(t') - \frac{k'(t)}{\Omega'(t)}\Omega(t)\right)\right\}.
\end{cases}$$

Ce sera l'expression générale de l'aire $ABB'A'$ sur la *fig.* 2, et les trois premiers termes du second membre représenteront la valeur initiale de cette aire pour $u' = 0$. Le dernier terme représentera l'augmentation due à une valeur quelconque u'.

Il s'ensuit que l'on aura

$$(30\ ter)\quad
\begin{cases}
\text{aire } lk\,i'\,n' \\[1ex]
= -\int_t^{t'} p\,d\varpi + \int_t^{t'} \Gamma(t)\,c'(t)\,dt - (H(t') - H(t))\left(k(t) - \frac{k'(t)}{\Omega'(t)}\Omega(t)\right), \\[1ex]
\text{aire } ABB'A' - \text{aire } lk\,i'\,n' \\[1ex]
= u'\left\{(k(t') - k(t)) - \left(\frac{k'(t')}{\Omega'(t')}\Omega(t') - \frac{k'(t)}{\Omega'(t)}\Omega(t)\right)\right\}.
\end{cases}$$

D'autre part, on trouvera, à la seule inspection de la *fig.* 2,

$$\text{aire } n'\,i'\,i\,n = \int_t^{t'} p\,d\varpi,$$

et, quand on ajoutera cette équation à la première des formules (30 *ter*), on aura

$$(30\ quater)\quad \text{aire } lki'in = \int_t^{t'} \Gamma(t)\,c'(t)\,dt - (H(t') - H(t))\left(k(t) - \frac{k'(t)}{\Omega'(t)}\Omega(t)\right);$$

F. R. 23

puis, en retranchant de celle-là la première des formules (28 *ter*), il restera

$$\text{aire } lkin = \{ \mathrm{H}(t') - \mathrm{H}(t) \} \frac{k'(t)}{\Omega'(t)} \Omega(t),$$

et, en effet, on devra avoir

$$\text{aire } lkin = \overrightarrow{ik} \times p,$$

ce qui, d'après la première des formules (25 *bis*), conduira exactement au même résultat.

Quand on remplacera t par t' dans la formule (29), sans faire varier u, on trouvera

$$\mathrm{A}' - \mathrm{A} = u'p' - wp + \{ u - \mathrm{H}(t') \} \frac{k'(t')}{\Omega'(t')} \Omega(t') - \{ u - \mathrm{H}(t) \} \frac{k'(t)}{\Omega'(t)} \Omega(t),$$

et, quand on y fera encore

$$u = \mathrm{H}(t') + u',$$

on aura

$$(29 \, bis) \qquad \left\{ \begin{aligned} \mathrm{A}' - \mathrm{A} &= w'p' - wp - \{ \mathrm{H}(t') - \mathrm{H}(t) \} \frac{k'(t)}{\Omega'(t)} \Omega(t) \\ &\quad + u' \left(\frac{k'(t')}{\Omega'(t')} \Omega(t') - \frac{k'(t)}{\Omega'(t)} \Omega(t) \right). \end{aligned} \right.$$

Mais la différence $\mathrm{A}' - \mathrm{A}$ ne représentera pas une quantité simple sur la *fig.* 2, car on aura

$$(29 \, ter) \qquad \mathrm{A}' - \mathrm{A} = \text{aire } \mathrm{PP}'\mathrm{B}' b - \text{aire } \mathrm{A}' b \mathrm{BA}.$$

Il suit de là que, par la somme des formules (29 *bis*) et (30 *bis*), on devra retrouver l'expression déjà connue de l'aire $\mathrm{PP}'\mathrm{B}'\mathrm{B}$ ou de la différence $\mathrm{R}' - \mathrm{R}$, ce qu'il sera, en effet, très-facile de vérifier.

Je reviens maintenant aux formules (29 *bis*), (29 *ter*), et j'observe que l'on aura directement sur la *fig.* 2,

$$(31) \qquad \text{aire } \mathrm{PP}'\mathrm{B}' b = v'(p' - p) = v'(\Omega(t') - \Omega(t)),$$

puis, en y substituant la valeur de v' de la seconde des formules (25),

$$(31 \, bis) \qquad \text{aire } \mathrm{PP}'\mathrm{B}' b = w'(p' - p) + u' \frac{k'(t')}{\Omega'(t')} (\Omega(t') - \Omega(t)).$$

De même on aura directement, sur la *fig.* 2,

$$(32) \qquad \text{aire } \mathrm{A}' b \mathrm{BA} = (v - v')p = (v - v') \Omega(t),$$

puis, en y substituant l'expression $v - v'$ tirée de la troisième des formules (25),

$$(32 \, bis) \qquad \left\{ \begin{aligned} \text{aire } \mathrm{A}' b \mathrm{BA} &= -(w' - w)p + \{ \mathrm{H}(t') - \mathrm{H}(t) \} \frac{k'(t)}{\Omega'(t)} \Omega(t) \\ &\quad - u' \left(\frac{k'(t')}{\Omega'(t')} - \frac{k'(t)}{\Omega'(t)} \right) \Omega(t). \end{aligned} \right.$$

Par conséquent, en soustrayant la formule (32 *bis*) de la formule (31 *bis*), on devra retrouver la différence déjà connue A′ — A de la formule (29 *bis*); ce qu'il sera, en effet, très-facile de vérifier.

Quand on fera $u' = o$ dans la formule (32 *bis*), on aura l'expression de l'aire $t\,k\,h\,n'$ sur la *fig.* 2, et le résultat sera parfaitement d'accord avec l'expression déjà connue de l'aire $t\,k\,i\,n$, qui ne différera de celle-là que par l'aire du rectangle $n\,i\,h\,n'$ égale au produit $(u' - u)\,p$.

L'aire triangulaire BB′ b pourra être obtenue, à volonté, par l'expression

$$R' - R - \text{aire PP}'\,B'\,b,$$

ou par l'expression

$$Q' - Q - \text{aire A}'\,b\text{BA},$$

c'est-à-dire en soustrayant la formule (31 *bis*) de la formule (28 *bis*), ou bien en soustrayant la formule (32 *bis*) de la formule (30 *bis*), et, de l'une comme de l'autre manière, on trouvera

$$(33)\quad \left\{ \begin{aligned} \text{aire BB}'\,b &= -\,\text{aire}\,t\,h\,i' + \int_t^{t'} \Gamma(t)\,c'(t)\,dt - \{H(t') - H(t)\}\,k(t) \\ &\quad + u'\left\{(k(t') - k(t)) - \frac{k'(t')}{\Omega'(t')}(\Omega(t') - \Omega(t))\right\}. \end{aligned} \right.$$

Quand on fera $u' = o$ dans l'équation (33), on aura l'aire triangulaire $k\,i'\,h$, et le résultat sera, en effet, d'accord avec l'expression déjà connue de l'aire $i\,i'\,k$.

Le dernier terme du second membre représentera ce que l'on devra ajouter à l'aire $k\,i'\,h$ pour trouver l'aire correspondante BB′ b, et, en effet, on aura directement sur la *fig.* 2,

$$\text{aire BB}'\,b = \text{aire}\,k\,i'\,h + \text{aire}\,k\,i'\,B'\,B - \text{aire}\,h\,i'\,B'\,b.$$

D'autre part, on connaît l'aire $k\,i'\,B'\,B$ par la seconde des formules (28 *ter*), et l'on trouvera l'aire $h\,i'\,B'\,b$, soit au moyen de la formule (31 *bis*), soit au moyen de la troisième des formules (25 *bis*), de manière à parvenir exactement au même résultat.

A l'aide de ces différentes formules, (23),..., (33), on pourra calculer les dimensions superficielles aussi bien que les dimensions linéaires de toutes les courbes de détente B′ B u, B′₁ B₁ u₁ dans l'intervalle de deux horizontales PI, P′ I′ entre les températures t, t', desquelles on connaîtra à la fois les fonctions $H(t)$, $k(t)$, $\Omega(t)$.

Le long de l'axe O v, de i_0 en I₀ sur la *fig.* 2, on devra concevoir une température constante t_0 qui dépendra de l'équation

$$(34)\qquad \Omega(t_0) = o,$$

et, quand on désignera par une constante arbitraire C la quantité de force vive latente de O en i_0 le long de l'axe O v, on aura en un point quelconque u de l'axe O v entre les deux limites $v = w_0$, $v = W_0$,

$$(35)\qquad R_0 = Q_0 = C + \{u - H(t_0)\}\,k(t_0),$$

ou simplement

$$(35 \; bis) \qquad \qquad \mathrm{R}_0 = \mathrm{Q}_0 = \mathrm{C} + u \, k \, (t_0),$$

alors qu'on déterminera la constante arbitraire de la fonction $\mathrm{H}(t)$, de manière à avoir

$$\mathrm{H}(t_0) = 0.$$

La dernière des courbes ψ passera par l'un des points I, I', selon que la quantité entre parenthèses dans le second membre de l'équation (22 *ter*) sera positive ou négative, et la valeur correspondante de u' sera déterminée par l'une des formules (26), ce qui obligera de connaître encore la différence $\mathrm{W} - w$ et amènera différentes réductions dans les formules (28 *bis*), (29 *bis*), (30 *bis*), (31 *bis*), (32 *bis*) et (33).

J'arrive maintenant à la neuvième et à la dixième des formules (18), qui pourront être remplacées par la relation unique

$$dq = \frac{k(t)}{\Gamma(t)} \, du = \gamma(t) \, du,$$

de telle sorte que, en y faisant d'abord

$$u = \mathrm{H}(t),$$

et, par suite,

$$du = \frac{d\mathrm{H}(t)}{dt} \, dt = \frac{\Gamma(t) \, c'(t)}{k(t)} \, dt = \frac{c'(t)}{\gamma(t)} \, dt,$$

je trouverai le long de la courbe $i_0 i \, i'$,

$$dq = c'(t) \, dt,$$

et, de t à t',

$$(36) \qquad \qquad \int_t^{t'} dq = \int_t^{t'} c'(t) \, dt = c(t') - c(t),$$

ce qui me ramènera précisément à la définition des fonctions $c(t)$ et $\mathrm{H}(t)$, d'après les équations (19) et (20).

Le long de la droite PI, on aura

$$t = \text{constante},$$

et, par suite, l'intégrale générale

$$q = \gamma(t) \, u + \text{fonction}(t).$$

Mais il faudra qu'on trouve

$$q = 0 \quad \text{pour} \quad u = \mathrm{H}(t),$$

et, par suite, on aura l'intégrale définie

$$(37) \qquad \qquad q = \{u - \mathrm{H}(t)\} \, \gamma(t)$$

pour l'expression générale de la quantité de chaleur latente de t en B sur la *fig.* 2.

Quand on remplacera t par t' dans la formule (37), on trouvera pour la quantité de chaleur latente correspondante, de i' en B' sur la *fig.* 2,

$$(37\ bis) \qquad q' = (u - H(t'))\,\gamma(t');$$

mais la variable u ne devra pas être moindre que $H(t')$ pour que le point B' ne tombe pas en deçà de la courbe $i_0\,i\,i'$ et pour que la valeur de q' ne devienne pas négative.

Il sera donc convenable de poser

$$u = H(t') + u',$$

et de n'admettre pour u' que des valeurs positives, ce qui fera trouver, en place des formules (37) et (37 *bis*),

$$(38) \qquad \begin{cases} q = (H(t') - H(t))\,\gamma(t) + u'\,\gamma(t), \\ q' = \qquad\quad 0 \qquad\qquad + u'\,\gamma(t'). \end{cases}$$

Il suit de là que, de i en i', puis de i' en B', la chaudière d'une machine à vapeur théoriquement parfaite aura à dépenser une quantité de chaleur représentée par la somme de la formule (36) et de la seconde des formules (38), c'est-à-dire par l'expression

$$(39) \qquad c(t') - c(t) + u'\,\gamma(t'),$$

et que le condenseur recevra une quantité de chaleur q représentée par la première des formules (38), c'est-à-dire par l'expression

$$(40) \qquad (H(t') - H(t))\,\gamma(t) + u'\,\gamma(t).$$

La différence des formules (39) et (40), ou la quantité de chaleur anéantie sera représentée par l'expression

$$(41) \qquad (c(t') - c(t)) - (H(t') - H(t))\,\gamma(t) + u'\,(\gamma(t') - \gamma(t)),$$

c'est-à-dire par l'intégrale définie

$$(41\ bis) \qquad \int_t^{t'} c'(t)\,dt - \gamma(t) \int_t^{t'} \frac{c'(t)}{\gamma(t)}\,dt + u' \int_t^{t'} \frac{d\gamma(t)}{dt}\,dt.$$

La quantité de travail obtenu sera égale à l'aire $i\,i'\,B'\,B$ ou à la somme des aires $i\,i'\,k$, $k\,i'\,B'\,B$, et, d'après les formules (28 *bis*), (28 *ter*), on aura

$$(42)\ \text{aire } i\,i'\,B'\,B = \int_t^{t'} \Gamma(t)\,c'(t)\,dt - (H(t') - H(t))\,k(t) + u'\,(k(t') - k(t)),$$

ou, ce qui reviendra au même,

$$(42\ bis) \qquad \begin{cases} \text{aire } i\,i'\,B'\,B = \displaystyle\int_t^{t'} \Gamma(t)\,c'(t)\,dt - \Gamma(t)\,\gamma(t) \int_t^{t'} \frac{c'(t)}{\gamma(t)}\,dt \\[2mm] \qquad\qquad + u' \displaystyle\int_t^{t'} \frac{d}{dt}\,(\Gamma(t)\,\gamma(t))\,dt. \end{cases}$$

Ainsi, la quantité de chaleur anéantie ne pourra généralement être égale à zéro qu'autant qu'on aura

$$\gamma(t) = \text{constante},$$

comme dans la manière de voir de MM. Carnot et Clapeyron, et alors la fonction $\Gamma(t)$ ne pourra être une constante. D'un autre côté, quand la fonction $\gamma(t)$ sera une quantité essentiellement variable avec t et que l'on admettra l'hypothèse

$$\Gamma(t) = \text{constante } G,$$

la formule (42 *bis*) deviendra le produit de la constante G par la formule (41 *bis*).

Dans l'entière rigueur des choses, une machine à vapeur théoriquement parfaite réaliserait, en outre, l'aire triangulaire $i h' i'$ que l'on obtiendrait en menant par le point i de la *fig.* 2 une courbe déterminée ih', non pas de l'espèce $\varphi(v, p) = \text{constante } t$, mais de l'espèce $\psi(v, p) = \text{constante } u$, par rapport à une masse d'eau complétement liquide.

Par contre, la quantité de chaleur sensible à dépenser par la chaudière ne serait pas la différence $c(t') - c(t)$ le long de la courbe $i_0 i i'$, mais une différence analogue $c_i(t') - c_i(0)$ de h' en i' sur la *fig.* 2, et il me suffirait d'appliquer mes principes généraux de la théorie des effets dynamiques de la chaleur à une masse entièrement liquide pour trouver la condition nécessaire

$$\text{aire } i h' i' = \int_t^{t'} \Gamma(t) c'_i(t)\, dt - \int_t^{t'} \Gamma(t) c'(t)\, dt.$$

Cela conduirait tout simplement à mettre $c'_i(t)$ au lieu de $c'(t)$ sous le signe de l'intégration du premier terme de chacune des formules (41 *bis*), (42 *bis*), et à remplacer la limite inférieure t de chacun de ces premiers termes par ϑ; mais comme un tel changement n'influerait pas sur la dépendance mutuelle des formules (41 *bis*), (42 *bis*), et que, d'un autre côté, l'expérience a fait reconnaître que l'aire triangulaire $i h' i$, en même temps que la différence $\vartheta - t$, sont presque inappréciables, je me dispenserai d'en tenir compte.

Dans une machine à vapeur sans détente, la quantité de chaleur à dépenser par la chaudière sera exactement la même que dans une machine à détente, mais le travail obtenu sera moindre d'une quantité égale à l'aire du triangle $BB' b$.

On n'utilisera que l'aire $i i' B' b$ dont la différence avec l'aire connue $h i' B' b$ sera égale à l'aire triangulaire $i h i'$, et, quand on négligera cette petite aire triangulaire, on aura sensiblement pour la quantité de force motrice de la machine à vapeur sans détente,

$$(43) \qquad \text{aire } h i' B' b = u' \frac{h'(t')}{\Omega'(t')} \{\Omega(t') - \Omega(t)\}.$$

La quantité de force motrice qu'on perdra sera la différence des formules (41) et (43), ou bien ce que deviendra le second membre de la formule (33) quand on y négligera l'aire triangulaire $i h i'$.

Je me propose maintenant de calculer la quantité de chaleur que recevra le condenseur dans une machine sans détente.

D'après le principe fondamental que j'ai érigé sur cette matière, toute la force vive non réalisée devra se retrouver dans le condenseur sous la forme d'une quantité équivalente de chaleur.

Donc le condenseur devra recevoir, d'une part, une quantité de chaleur égale à celle de la formule (40), plus une quantité additionnelle z qui dépendra de l'égalité

$$\Gamma(t)\, z = \text{aire } BB' b\,,$$

ce qui me fera trouver

$$z = \frac{\text{aire } BB'\, b}{\Gamma(t)} = \frac{1}{\Gamma(t)} \int_t^{t'} \Gamma(t)\, c'(t)\, dt - [H(t') - H(t)]\, \gamma(t)$$
$$+ \frac{u'}{\Gamma(t)} \left\{ (k(t') - k(t)) - \frac{k'(t')}{\Omega'(t')} (\Omega(t') - \Omega(t)) \right\}.$$

En y ajoutant la formule (40) et en ayant égard à la relation connue

$$k(t) = \Gamma(t)\, \gamma(t),$$

j'aurai en tout

$$(44) \quad \frac{1}{\Gamma(t)} \int_t^{t'} \Gamma(t)\, c'(t)\, dt + u' \frac{k(t')}{\Gamma(t)} - \frac{u'}{\Gamma(t)} \frac{k'(t')}{\Omega'(t')} (\Omega(t') - \Omega(t)),$$

et la différence ou la quantité de chaleur anéantie sera représentée par l'expression

$$(45) \quad \left\{ \begin{array}{l} (c'(t') - c(t)) - \dfrac{1}{\Gamma(t)} \displaystyle\int_t^{t'} \Gamma(t)\, c'(t)\, dt - u' \left(\dfrac{k'(t')}{\Gamma(t)} - \gamma(t') \right) \\[2ex] \qquad + \dfrac{u'}{\Gamma(t)} \dfrac{k'(t')}{\Omega'(t')} (\Omega(t') - \Omega(t)), \end{array} \right.$$

qui se réduira à

$$(45\ bis) \quad \left\{ \begin{array}{l} \displaystyle\int_t^{t'} c'(t)\, dt - \dfrac{1}{\Gamma(t)} \displaystyle\int_t^{t'} \Gamma(t)\, c'(t)\, dt - u' \left(\dfrac{\Gamma(t')}{\Gamma(t)} - 1 \right) \gamma(t') \\[2ex] \qquad + \dfrac{u'}{\Gamma(t)} \dfrac{k'(t')}{\Omega'(t')} (\Omega(t') - \Omega(t)). \end{array} \right.$$

Le principe duquel dépend la formule (44) est d'ailleurs fort simple, ainsi que je l'ai fait voir dans le temps, et se réduit à ce qui suit.

Toute somme de chaleur q à une température donnée t a pour équivalent mécanique le produit $q\,\Gamma(t)$, et toute autre somme de chaleur q' à une autre température t' a pour équivalent mécanique le produit $q'\,\Gamma(t')$; lors donc que, à l'aide d'un fluide élastique et avec la précaution essentielle de ne jamais mettre en présence des corps à des températures différentes t, t', on sera parvenu à produire de la force motrice, en enlevant une certaine somme de chaleur q' à une source entretenue à la température t', et en versant une autre somme de chaleur q dans une source entretenue à la température t, la quantité de force motrice obtenue devra être égale à la différence $q'\Gamma(t') - q\Gamma(t)$; tandis que, dans le phénomène de la transmission libre de la chaleur entre deux corps entretenus à des températures différentes t, t', on devra admettre de deux choses l'une, ou une perte de force vive, ou l'égalité $q'\Gamma(t') = q\Gamma(t)$; et comme l'idée d'une perte de force vive dans le phénomène de la transmission libre de la chaleur entre deux corps entretenus à des températures différentes t, t' choque éminemment notre bon sens, nous devons naturellement opter pour l'égalité $q'\Gamma(t') = q\Gamma(t)$.

Mais, dans ce cas-là, on se trouvera amené très-manifestement à prendre la commune valeur des produits $q\Gamma(t)$, $q'\Gamma(t')$ pour la mesure rationnellement exacte de la quantité de chaleur qui passera d'un corps à un autre, et, à moins de supposer que les physiciens n'aient pas réussi jusqu'à ce jour à bien mesurer ce que l'on doit nommer une quantité de chaleur, on se trouvera conduit à admettre la relation

$$\Gamma(t) = \text{constante G}.$$

Néanmoins, comme je n'ai pas été arrêté jusqu'ici dans mes calculs en regardant la fonction $\Gamma(t)$ comme une quantité variable, je continuerai à me tenir à ce point de vue jusqu'au bout.

Ce sera donc la formule (44) que j'adopterai pour la mesure de la quantité de chaleur que recevra le condenseur dans une machine sans détente, tandis que la chaudière ne cessera pas de fournir une quantité de chaleur représentée par la formule (39); et alors ce sera la formule (45) ou (45 *bis*) que l'on devra employer en place de la formule (41) ou (41 *bis*), quand on voudra passer d'une machine à détente complète à une machine sans détente.

Quand enfin on voudra supposer

$$\Gamma'(t) = \text{constante G},$$

la formule (45 *bis*) se réduira à son dernier terme, et le rapport de ce dernier terme au second membre de la formule (43) deviendra égal à la constante G.

Toutes ces formules seront d'ailleurs applicables jusqu'à la limite où la dernière des courbes $\psi(v, p) = $ constante u passera par l'un points I, I' de la *fig.* 2, selon que la quantité entre parenthèses au second membre de l'équation (22 *ter*) sera positive ou négative, et la valeur correspondante de u' dépendra de l'une ou de l'autre des formules (26).

Les valeurs correspondantes de la formule (41) seront respectivement

$$(46) \quad \begin{cases} (c(t') - c(t)) - [H(t') - H(t)]\gamma(t') + \dfrac{\Omega'(t)}{k'(t)}(W - w)(\gamma(t') - \gamma(t)), \\[2ex] (c(t') - c(t)) - [H(t') - H(t)]\gamma(t) + \dfrac{\Omega'(t')}{k'(t')}(W' - w')(\gamma(t') - \gamma(t)), \end{cases}$$

mais celles de la formule (45) ne seront pas assez simples pour que je me donne la peine de les développer explicitement ici.

Après avoir épuisé, de cette manière, tout ce qui est relatif à la détermination des dimensions linéaires, des dimensions superficielles et des quantités de chaleur, à l'entour des aires $ii'k$, $ii'\mathrm{B}'\mathrm{B}$, $ii'\mathrm{B}'_{,}\mathrm{B}_{,}$,..., sur la *fig.* 2, je supposerai encore que l'on veuille trouver la quantité de chaleur nécessaire le long d'une courbe quelconque représentée par une équation arbitrairement donnée

$$\chi(v,\,t)=0.$$

En joignant alors une telle équation à la relation

$$p=\Omega(t),$$

on n'aurait qu'à effectuer l'élimination de la variable t pour trouver l'équation de la courbe donnée en v, p; et, réciproquement, si cette dernière équation était donnée, on n'aurait qu'à y substituer la relation

$$p=\Omega(t)$$

pour trouver l'équation correspondante de la courbe en v, t.

La question étant ainsi posée, je remonte à la formule (23), ou plutôt à la formule (21), et j'en tire

$$(47)\qquad u=\mathrm{H}(t)+\frac{\Omega'(t)}{k'(t)}(v-w).$$

Ce sera l'expression générale de u le long de la courbe donnée, pourvu que, au second membre, on établisse entre v, t la relation

$$\chi(v,\,t)=0;$$

par conséquent, d'un point à un autre de la courbe donnée, on aura d'abord

$$\frac{d\chi}{dv}\,dv+\frac{d\chi}{dt}\,dt=0,$$

puis

$$(47\;bis)\qquad du=\left\{\frac{d}{dt}\left(\mathrm{H}(t)-w\,\frac{\Omega'(t)}{k'(t)}\right)+v\,\frac{d}{dt}\left(\frac{\Omega'(t)}{k'(t)}\right)\right\}dt+\frac{\Omega'(t)}{k'(t)}\,dv,$$

et l'expression de la quantité de chaleur correspondante dq sera

$$(48)\;\;dq=\gamma(t)\,du=\gamma(t)\left\{\frac{d}{dt}\left(\mathrm{H}(t)-w\,\frac{\Omega'(t)}{k'(t)}\right)+v\,\frac{d}{dt}\left(\frac{\Omega'(t)}{k'(t)}\right)\right\}dt+\gamma(t)\,\frac{\Omega'(t)}{k'(t)}\,dv.$$

Quand l'équation donnée

$$\chi(v,\,t)=0$$

se réduira à

$$t=\text{constante},$$

on aura simplement

$$dq=\gamma(t)\,\frac{\Omega'(t)}{k'(t)}\,dv,$$

F. R. 24

et, par voie d'intégration, on en déduira, sous forme générale,

$$q = \gamma(t) \frac{\Omega'(t)}{k'(t)} v + \text{fonction}(t);$$

puis, en exprimant que pour $v = w$ on devra avoir $q = 0$, on trouvera particulièrement

$$(49) \qquad q = \gamma(t) \frac{\Omega'(t)}{k'(t)} (v - w).$$

Ce sera la quantité de chaleur latente pour une augmentation de volume $v - w$, et, quand on y substituera la valeur de $v - w$ tirée de la formule (47), on retrouvera l'expression déjà connue par la formule (37), qui était

$$(49\ bis) \qquad q = (u - H(t))\, \gamma(t).$$

Quand l'équation de la courbe donnée se réduira à

$$v = \text{constante},$$

on aura

$$dv = 0,$$

et l'équation (48) fera trouver l'expression de la chaleur spécifique à volume constant sous la forme

$$(50) \qquad c_i = \gamma(t)\left\{ \frac{d}{dt}\left(H(t) - w\,\frac{\Omega'(t)}{k'(t)} \right) + v\,\frac{d}{dt}\left(\frac{\Omega'(t)}{k'(t)} \right) \right\},$$

puis, en développant et en faisant usage de l'expression connue de la fonction $H(t)$, on aura

$$(50\ bis) \qquad c_i = c'(t) - \gamma(t)\frac{\Omega'(t)}{k'(t)}\frac{dw}{dt} + (v - w)\,\gamma(t)\frac{d}{dt}\left(\frac{\Omega'(t)}{k'(t)} \right),$$

ou, ce qui reviendra au même, en remplaçant la différence $v - w$ par sa valeur tirée de la formule (47),

$$(50\ ter) \qquad c_i = c'(t) - \gamma(t)\frac{\Omega'(t)}{k'(t)}\frac{dw}{dt} + (u - H(t))\,\gamma(t)\frac{k'(t)}{\Omega'(t)}\frac{d}{dt}\frac{\Omega'(t)}{k'(t)}.$$

Quand on fera successivement

$$v = w \quad \text{et} \quad v = W$$

dans la formule $(50\ bis)$, on trouvera pour les deux limites correspondantes de c_i, en i, I,

$$(51) \qquad \left\{ \begin{array}{l} c'(t) - \gamma(t)\dfrac{\Omega'(t)}{k'(t)}\dfrac{dw}{dt}, \\[2ex] c'(t) - \gamma(t)\dfrac{\Omega'(t)}{k'(t)}\dfrac{dw}{dt} + (W - w)\,\gamma(t)\dfrac{d}{dt}\left(\dfrac{\Omega'(t)}{k'(t)} \right): \end{array} \right.$$

mais ces limites de la quantité c_i ne seront applicables que de haut en bas sur la *fig.* 2, c'est-à-dire pour des valeurs négatives de dt.

Quand, enfin, on voudra trouver la quantité de chaleur dq le long d'une courbe quelconque dans une direction non parallèle aux axes Ov, Op, on devra employer la formule (48) dont le développement sera très-compliqué et qui ne prendra une forme simple que lorsqu'on se bornera à écrire

$$(48\,bis) \qquad dq = c'(t)\,dt + \gamma(t)\,d\left(\frac{\Omega'(t)}{k'(t)}(v - w)\right).$$

Quand on fera

$$v = w$$

dans cette expression générale de dq, on retrouvera la relation connue

$$dq = c'(t)\,dt$$

le long de la courbe $i_0\,i\,i'$.

On retrouvera encore la même relation

$$dq = c'(t)\,dt$$

quand les variables v, t satisferont à la condition

$$\frac{\Omega'(t)}{k'(t)}(v - w) = \text{constante } h.$$

Le long de la courbe $I_0 II'$, on aura

$$(52) \qquad v = W, \quad \frac{dq}{dt} = c'(t) + \gamma(t)\frac{d}{dt}\left(\frac{\Omega'(t)}{k'(t)}(W - w)\right).$$

Quand, enfin, on voudra appliquer la formule $(48\,bis)$ tout à l'entour d'une courbe fermée quelconque s, on trouvera d'abord

$$(53) \qquad \int_0^s dq = \int_0^s c'(t)\,dt + \int_0^s \gamma(t)\,d\left(\frac{\Omega'(t)}{k'(t)}(v - w)\right)$$

Mais, d'une part, l'intégrale définie d'une différentielle exacte, tout à l'entour d'une courbe fermée, sera toujours égale à zéro, et, d'autre part, on aura généralement

$$\int y\,dx = xy - \int x\,dy,$$

$$\int_{x_0}^{x} y\,dx = (x_1 y_1 - x_0 y_0) - \int_{x_0, y_0}^{x_1, y_1} x\,dy,$$

par suite, tout à l'entour d'une courbe fermée,

$$\int_0^s y\,dx = 0 - \int_0^s x\,dy;$$

de telle sorte que la formule (53) se réduira à

$$(53 \text{ bis}) \qquad \int_0^s dq = - \int_0^s \frac{\Omega'(t)}{k'(t)} (v - w) \gamma'(t) \, dt.$$

L'aire S, délimitée par une pareille courbe fermée sur la *fig.* 2, pourra en même temps être calculée, d'après les deux dernières des formules (18), par l'une des expressions

$$(54) \quad \begin{cases} S = \displaystyle\int_0^s p \, dv = - \int_0^s v \, dp, \\[2ex] S = \displaystyle\int_0^s \Gamma(t) \, dq = \int_0^s \Gamma(t) c'(t) \, dt + \int_0^s \Gamma(t) \gamma(t) \, d\left(\frac{\Omega'(t)}{k'(t)} (v - w) \right), \\[2ex] = \qquad 0 \qquad + \displaystyle\int_0^s k(t) \, d\left(\frac{\Omega'(t)}{k'(t)} (v - w) \right), \\[2ex] = \qquad 0 + 0 - \displaystyle\int_0^s \Omega'(t)(v - w) \, dt \\[2ex] = - \displaystyle\int_0^s v \, \Omega'(t) \, dt = - \int_0^s v \, dp = + \int_0^s p \, dv. \end{cases}$$

Les formules (54) pourraient être employées à retrouver d'une autre manière toutes les aires déjà connues $ii'k$, $ki'B'B$, $hi'k$, $bB'B$,…; mais je ne m'arrêterai pas à de pareilles vérifications ici.

Je me bornerai à faire remarquer que l'aire totale ii'I'I sera représentée par l'intégrale

$$(55) \qquad \int_t^{t'} (W - w) \, dp = \int_t^{t'} (W - w) \, \Omega'(t) \, dt,$$

et que, tout à l'entour de cette aire, la formule (53 bis) fera trouver

$$(56) \qquad \int_0^s dq = - \int_0^s \frac{\Omega'(t)}{k'(t)} (W - w) \gamma'(t) \, dt.$$

La discussion des formules (18) est ainsi véritablement complète sans que j'aie en à faire usage de la relation fondamentale exprimée par la seconde des équations (18).

La seconde des formules (18) ne devra pourtant pas être omise, car il est directement évident, d'après la nature physique des choses, que l'expression de la chaleur latente devra se réduire à la formule (9), et pour que cette réduction puisse se faire, il sera nécessaire et suffisant que l'on ait la seconde des formules (18), ainsi que l'on pourra s'en assurer de nouveau par une comparaison directe entre les formules (9) et (49).

Or la seconde des formules (18) exigera que l'on ait

$$(57) \qquad \frac{\Omega'(t)}{k'(t)} = \frac{\Gamma(t)\,L}{k(t)\,(W - w)} = \frac{L}{\gamma(t)\,(W - w)},$$

et, par conséquent, cette valeur du rapport des fonctions $\Omega'(t)$, $k'(t)$ pourra être substituée dans toutes les relations précédentes.

Il y aura surtout de l'avantage à faire une telle substitution dans celles des relations précédentes qui dépendront à la fois du rapport des fonctions $\Omega'(t)$, $k'(t)$, et de la différence $W - w$ le long de la courbe limite $I_0 II'$, parce que l'on aura simplement

$$(57\ bis) \qquad \begin{cases} \dfrac{\Omega'(t)}{k'(t)}\,(W - w) = \dfrac{L}{\gamma(t)}, \\[2mm] \dfrac{\Omega'(t')}{k'(t')}\,(W' - w') = \dfrac{L'}{\gamma(t')}. \end{cases}$$

Mais on pourra mieux faire encore en adjoignant aux formules (18) une relation auxiliaire qui aura une signification très-nette au point de vue physique des choses, et qui, par cette raison en même temps que par sa forme algébrique, entraînera de grandes simplifications dans différentes parties du sujet.

Je veux parler de la relation

$$(58) \qquad x = \frac{v - w}{W - w},$$

des formules (7), (8), (9), dans lesquelles la lettre x m'a servi à désigner la fraction de la masse entière actuellement transformée en vapeur sous un volume donné v du mélange.

Il suffira, en effet, que l'on veuille faire usage en même temps des relations (57) et (58) pour que la formule (21) se réduise à la forme très-simple

$$(59) \qquad u - H(t) = \frac{L}{\gamma(t)}\,x.$$

Quand on y remplacera t par t' sans changer u, on aura à une autre hauteur $p' = \Omega(t')$ sur la *fig.* 2, le long d'une même courbe $\psi(v, p) = $ constante u,

$$(59\ bis) \qquad u - H(t') = \frac{L'}{\gamma(t')}\,x',$$

puis, en intervertissant les deux équations et en les retranchant l'une de l'autre,

$$(59\ ter) \qquad \frac{L'}{\gamma(t')}\,x' - \frac{L}{\gamma(t)}\,x = H(t') - H(t) = \int_t^{t'} \frac{c'(t)}{\gamma(t)}\,dt,$$

ce qui permettra de trouver les rapports x, et, par suite, les espacements proportionnels de toutes les courbes de détente $B'B\,u$, $B'_1 B_1 u_1, \ldots$, sur les droites horizontales $i\,I$, $i'\,I'$ de la *fig.* 2, dès l'instant qu'on connaîtra la fonction $H(t)$ et le rapport de la chaleur latente L à la fonction $\gamma(t)$.

Ce sera, ensuite, une deuxième question que celle de connaître encore les longueurs des droites $i\,\mathrm{I}$, $i'\,\mathrm{I}'$, ou les différences $\mathrm{W} - w$, $\mathrm{W}' - w'$, de manière à pouvoir déterminer les dimensions absolues de la *fig.* 2 au moyen de l'équation (58) qui fera trouver respectivement

$$(60) \qquad \begin{cases} v = w + (\mathrm{W} - w)\,x, \\ v' = w' + (\mathrm{W}' - w')\,x'. \end{cases}$$

Rien n'est plus clair que cette manière de scinder la théorie complète en différentes parties au moyen de la variable auxiliaire x, et je vais en présenter l'entier développement.

Les limites de x seront manifestement $x = 0$, $x = 1$, et, par suite, on aura, en place des formules (22), d'une part, le long de la courbe $i_0\,i\,i'$,

$$(61) \qquad \begin{cases} x = 0, \quad u = \mathrm{H}(t), \\[2mm] \text{d'autre part, le long de la courbe } \mathrm{I}_0\,\mathrm{I}\,\mathrm{I}', \\[2mm] x = 1, \quad u = \mathrm{H}(t) + \dfrac{\mathrm{L}}{\gamma(t)}. \end{cases}$$

Quand t variera, on aura, en place des formules (22 *bis*) et (22 *ter*), d'une part, le long de la courbe $i_0\,i\,i'$,

$$(61\ bis) \qquad x = 0, \quad du = \frac{d\,\mathrm{H}(t)}{dt}\,dt = \frac{c'(t)}{\gamma(t)}\,dt,$$

et, d'autre part, le long de la courbe $\mathrm{I}_0\,\mathrm{I}\,\mathrm{I}'$,

$$(61\ ter) \qquad x = 1, \quad du = \left(\frac{c'(t)}{\gamma(t)} + \frac{d}{dt}\left(\frac{\mathrm{L}}{\gamma(t)} \right) \right) dt.$$

En place de l'équation (23) on écrira

$$(62) \qquad x = (u - \mathrm{H}(t))\,\frac{\gamma(t)}{\mathrm{L}}.$$

Ce sera l'expression générale de la fraction x, de i en B sur la *fig.* 2.

En y remplaçant t par t' sans changer u, on aura, de i' en B' sur la *fig.* 2,

$$(62\ bis) \qquad x' = (u - \mathrm{H}(t'))\,\frac{\gamma(t')}{\mathrm{L}'},$$

et, en retranchant les deux formules l'une de l'autre,

$$(62\ ter) \qquad x - x' = (u - \mathrm{H}(t))\,\frac{\gamma(t)}{\mathrm{L}} - (u - \mathrm{H}(t'))\,\frac{\gamma(t')}{\mathrm{L}'}.$$

La valeur de u ne devant pas être inférieure à $\mathrm{H}(t')$ pour que le point B' ne tombe pas en deçà de la courbe $i_0\,i\,i'$, il sera convenable de poser

$$(63) \qquad u = \mathrm{H}(t') + u'.$$

Les formules (62), (62 *bis*), (62 *ter*) deviendront alors

$$
(64)\quad
\begin{cases}
x = (\mathrm{H}(t') - \mathrm{H}(t))\dfrac{\gamma(t)}{\mathrm{L}} + u'\dfrac{\gamma(t)}{\mathrm{L}},\\[2ex]
x' = \qquad\quad 0 \qquad\quad + u'\dfrac{\gamma(t')}{\mathrm{L}'},\\[2ex]
x - x' = (\mathrm{H}(t') - \mathrm{H}(t))\dfrac{\gamma(t)}{\mathrm{L}} - u'\left(\dfrac{\gamma(t')}{\mathrm{L}'} - \dfrac{\gamma(t)}{\mathrm{L}}\right)\\[2ex]
\qquad = \dfrac{\gamma(t)}{\mathrm{L}}\displaystyle\int_t^{t'}\dfrac{c'(t)}{\gamma(t)}\,dt - u'\int_t^{t'}\dfrac{d}{dt}\left(\dfrac{\gamma(t)}{\mathrm{L}}\right)dt,
\end{cases}
$$

et l'on en conclura, tant pour les valeurs absolues de x que pour les accroissements de cette variable sur la *fig.* 2,

$$
(64\ bis)\quad
\begin{cases}
\text{de } i' \text{ en } k, \quad (\mathrm{H}(t') - \mathrm{H}(t))\dfrac{\gamma(t)}{\mathrm{L}} = \dfrac{\gamma(t)}{\mathrm{L}}\displaystyle\int_t^{t'}\dfrac{c'(t)}{\gamma(t)}\,dt,\\[2ex]
\text{de } k \text{ en } \mathrm{B}, \qquad\qquad u'\dfrac{\gamma(t)}{\mathrm{L}},\\[2ex]
\text{de } i' \text{ en } \mathrm{B}', \qquad\qquad u'\dfrac{\gamma(t')}{\mathrm{L}'},\\[1ex]
\cdots\cdots\cdots\cdots\cdots\cdots\cdots\cdots
\end{cases}
$$

La valeur de u' des formules (63), (64), (64 *bis*) pourra d'ailleurs augmenter jusqu'à la limite où la dernière des courbes ψ passera par l'un des points I, I', selon que la quantité entre parenthèses, dans le second membre de la formule (61 *ter*), sera positive ou négative.

De toute manière, on aura, au point I,

$$
(65)\quad
\begin{cases}
u = \mathrm{H}(t) + \dfrac{\mathrm{L}}{\gamma(t)},\\[2ex]
u' = u - \mathrm{H}(t') = \dfrac{\mathrm{L}}{\gamma(t)} - (\mathrm{H}(t') - \mathrm{H}(t)) = \dfrac{\mathrm{L}}{\gamma(t)} - \displaystyle\int_t^{t'}\dfrac{c'(t)}{\gamma(t)}\,dt,\\[2ex]
\text{et, au point I',}\\[1ex]
u = \mathrm{H}(t') + \dfrac{\mathrm{L}'}{\gamma(t')}, \quad u' = u - \mathrm{H}(t') = \dfrac{\mathrm{L}'}{\gamma(t')}.
\end{cases}
$$

De I en I' la quantité u éprouvera un accroissement total, soit positif, soit négatif, que l'on trouvera par la différence

$$
(65\ bis)\quad
\begin{cases}
(\mathrm{H}(t') - \mathrm{H}(t)) + \left(\dfrac{\mathrm{L}'}{\gamma(t')} - \dfrac{\mathrm{L}}{\gamma(t)}\right),\\[2ex]
\text{ou, par l'intégrale définie,}\\[1ex]
\displaystyle\int_t^{t'}\dfrac{c'(t)}{\gamma(t)}\,dt + \int_t^{t'}\dfrac{d}{dt}\left(\dfrac{\mathrm{L}}{\gamma(t)}\right)dt.
\end{cases}
$$

La formule (57) pourra être substituée encore dans les expressions de toutes les aires qui dépendront du rapport des fonctions $\Omega'(t)$, $k'(t)$, mais on n'y trouvera un avantage réel que pour celles de ces aires qui aboutiront à la courbe $I_0 II'$; à moins qu'on ne veuille se placer à un point de vue exactement inverse en prenant x comme variable indépendante de tous les calculs, auquel cas les formules (28), (29) et (30) ou les expressions générales des fonctions A, Q, R deviendront

$$(66) \quad \begin{cases} \mathrm{R} = \Gamma(t)\mathrm{L}x + \int \Gamma(t)c'(t)\,dt + \int w\,dp, \\[2mm] \mathrm{A} = (\mathrm{W} - w)px + wp, \\[2mm] \mathrm{Q} = \mathrm{R} - \mathrm{A} = \{\Gamma(t)\mathrm{L} - (\mathrm{W} - w)p\}x + \int \Gamma(t)c'(t)\,dt - \int p\,dw, \end{cases}$$

et se réduiront à un tel degré de simplicité, que chacune d'elles sera directement évidente dans toutes ses parties dès l'instant qu'on se pénétrera bien de la relation fondamentale

$$\mathrm{S} = q'\,\Gamma(t') - q\,\Gamma(t),$$

à laquelle j'ai été amené par le cours naturel des idées dans la voie de raisonnement ouverte par M. Carnot, et de laquelle je suis parvenu à tirer tout le contenu du présent Mémoire.

On pourra donc s'étonner que depuis longtemps je n'ai pas abandonné les formules (28), (29) et (30) pour leur substituer les formules (66).

Mais pouvais-je abandonner les formules (18) aussitôt après les avoir trouvées, et ne faudra-t-il pas, en tout état de choses, que l'on se serve de la variable u? Car, au moyen des formules (66), on trouvera bien, d'un point t, x à un autre point quelconque t', x' sur la *fig.* 2,

$$(66\ bis) \quad \begin{cases} \mathrm{R}' - \mathrm{R} = (\Gamma(t')\mathrm{L}'x' - \Gamma(t)\mathrm{L}x) + \int_t^{t'} \Gamma(t)c'(t)\,dt + \int_t^{t'} w\,dp, \\[2mm] \mathrm{A}' - \mathrm{A} = ((\mathrm{W}' - w')p'x' - (\mathrm{W} - w)px) + w'p' - wp, \\[2mm] \mathrm{Q}' - \mathrm{Q} = \{(\Gamma(t')\mathrm{L}' - (\mathrm{W}' - w')p')x' - (\Gamma(t)\mathrm{L} - (\mathrm{W} - w)p)x\} \\[2mm] \qquad + \int_t^{t'} \Gamma(t)c'(t)\,dt - \int_t^{t'} p\,dw; \end{cases}$$

mais il restera à savoir quelle devra être la relation de x à x' le long d'une courbe donnée $\mathrm{B}'\mathrm{B}u$ de l'espèce $\psi(v, p) = $ constante u, et cette relation sera exprimée par la formule $(59\ ter)$, à laquelle je ne suis parvenu qu'en passant par les formules (18), (19), (20) et (21), et dont l'emploi dérangera la simplicité des formules $(66\ bis)$.

Les formules $(66\ bis)$ seraient, à la vérité, d'une commodité extrême si, au lieu d'aller le long d'une courbe $\mathrm{B}'\mathrm{B}u$ ou $\psi(v, p) = $ constante u, on voulait aller le long d'une des courbes $x = $ constante, dont j'ai dit un mot à l'occasion des formules (7) et (8), et parmi lesquelles se trouveront toujours les courbes $i_0 i\,i'$, $I_0 II'$, dont l'une correspondra à $x = 0$ et l'autre à $x = 1$.

Les formules (66 *bis*) pourront encore être transformées très-facilement en v, v'; puisqu'il suffira d'y faire

$$(67) \qquad \begin{cases} x = \dfrac{v - w}{W - w}, \\[2mm] x' = \dfrac{v' - w'}{W - w'}, \end{cases}$$

quelle que puisse être d'ailleurs la relation de v en fonction de t ou de p le long d'une courbe donnée quelconque.

Mais je ne crois pas avoir besoin de m'appesantir plus longuement là-dessus, et, pour arriver à la fin de cette longue théorie dans l'exposition de laquelle la parfaite clarté des choses a toujours été mon but principal, je veux me hâter de faire voir encore ce que deviendra, à ce point de vue, au moyen de la variable auxiliaire x, le calcul de la quantité de chaleur dq le long d'une courbe donnée quelconque sur la *fig.* 2.

Je ne reprendrai pas une à une toutes celles des formules (36), ..., (56) qui se rapportent à cet objet; je me bornerai à remplacer la formule (47) par

$$(68) \qquad u = H(t) + \frac{L}{\gamma(t)} x,$$

et, par suite, la formule (47 *bis*) par

$$(68\ bis) \qquad du = \frac{c'(t)}{\gamma(t)} dt + d\left(\frac{L}{\gamma(t)} x\right) = \left\{\frac{c'(t)}{\gamma(t)} + x \frac{d}{dt}\left(\frac{L}{\gamma(t)}\right)\right\} dt + \frac{L}{\gamma(t)} dx,$$

ce qui me fera trouver, en place des formules (48) et (48 *bis*),

$$(69) \qquad dq = \gamma(t) du = c'(t) dt + \gamma(t) d\left(\frac{L}{\gamma(t)} x\right),$$

et, en développant,

$$(69\ bis) \qquad dq = \left\{c'(t) + x \gamma(t) \frac{d}{dt}\left(\frac{L}{\gamma(t)}\right)\right\} dt + L\, dx$$

Dans le dernier terme du second membre, on reconnaîtra immédiatement l'expression de la chaleur latente le long de la droite $i\mathrm{I}$ sur la *fig.* 2, et la quantité entre parenthèses dans le premier terme représentera la chaleur spécifique du mélange le long d'une courbe $x = $ constante.

En y faisant $x = 0$ et $x = 1$, on retrouvera, d'une part, le long de la courbe $i_0 i\, i'$, l'expression connue

$$dq = c'(t) dt,$$

et, d'autre part, le long de la courbe $\mathrm{I}_0 \mathrm{I} \mathrm{I}'$, en place de la formule (52),

$$(70) \qquad dq = \left\{c'(t) + \gamma(t) \frac{d}{dt}\left(\frac{L}{\gamma(t)}\right)\right\} dt.$$

Pour trouver la chaleur spécifique du mélange à volume constant, il faudra que la

F. R. 25

variable x soit assujettie à la relation

$$v - w = (W - w)\,x,$$

et qu'on ne fasse pas varier v pendant la différentiation, ce qui fera trouver

$$- dw = (W - w)\,dx + x\,d(W - w),$$

et, par suite,

$$dx = - x\frac{d(W - w)}{W - w} - \frac{dw}{W - w};$$

puis, en substituant dans la formule (69 *bis*) et en divisant dt, on aura, en place des formules (50 *bis*), (50 *ter*),

$$(71)\quad c_1 = \frac{dq}{dt} = c'(t) + x\left\{\gamma(t)\frac{d}{dt}\left(\frac{L}{\gamma(t)}\right) - \frac{L}{W - w}\frac{d}{dt}(W - w)\right\} - \frac{L}{W - w}\frac{dw}{dt}.$$

Quand on y fera respectivement $x = 0$, $x = 1$, on trouvera pour les deux limites de c_1, en place des formules (51),

$$(72)\quad \begin{cases} c'(t) - \dfrac{L}{W - w}\dfrac{dw}{dt}, \\[2ex] c'(t) + \gamma(t)\dfrac{d}{dt}\left(\dfrac{L}{\gamma(t)}\right) - \dfrac{L}{W - w}\dfrac{dW}{dt}, \end{cases}$$

mais ces limites de la quantité c_1 ne seront applicables que de haut en bas sur la *fig.* 2, c'est-à-dire pour des valeurs négatives de dt.

Quand la variable x satisfera à la condition

$$\frac{L}{\gamma(t)}\,x = \text{constante},$$

c'est-à-dire

$$\frac{L}{\gamma(t)}\frac{v - w}{W - w} = \text{constante},$$

ou bien

$$u - H(t) = \text{constante},$$

on aura, d'après la formule (69), la même expression

$$dq = c'(t)\,dt$$

que le long de la courbe $i_{\bullet}\,i\,i'$.

Quand la variable x satisfera à la relation

$$\frac{L}{\gamma(t)}\,x + H(t) = \text{constante},$$

on aura

$$\frac{d}{dt}\left(\frac{L}{\gamma(t)}\,x\right) = -\frac{dH(t)}{dt} = -\frac{c'(t)}{\gamma(t)},$$

(195)

et la formule (69) fera trouver

$$dq = 0,$$

parce que, en effet, dans ce cas-là, on aura

$$u = \text{constante},$$

et, par suite,

$$du = 0, \quad dq = \gamma(t)\,du = 0.$$

La formule (69) pouvant être intégrée le long d'une courbe quelconque, on aura, en principe,

$$(73) \qquad \int_{t_0 x_0}^{t_1 x_1} dq = \left(c(t_1) - c(t_0)\right) + \int_{t_0 x_0}^{t_1 x_1} \gamma(t)\,d\left(\frac{L}{\gamma(t)}x\right);$$

mais on aura aussi, en intégrant par parties,

$$\int \gamma(t)\,d\left(\frac{L}{\gamma(t)}x\right) = Lx - \int \frac{Lx}{\gamma(t)}\gamma'(t)\,dt,$$

et, par suite, la formule (73) pourra être remplacée par

$$(73\ bis) \qquad \int_{t_0 x_0}^{t_1 x_1} dq = \left(c(t_1) - c(t_0)\right) + \left(L_1 x_1 - L_0 x_0\right) - \int_{t_0 x_0}^{t_1 x_1} \frac{Lx}{\gamma(t)}\gamma'(t)\,dt,$$

puis, quand on opérera tout à l'entour d'une ligne fermée s, on aura, en place des formules (54) et (54 bis),

$$(74) \qquad \int_0^s dq = \int_0^s \gamma(t)\,d\left(\frac{L}{\gamma(t)}x\right) = -\int_0^s \frac{Lx}{\gamma(t)}\gamma'(t)\,dt.$$

On aura en même temps, pour l'expression de l'aire S délimitée par une pareille courbe fermée,

$$S = \int_0^s \Gamma(t)\,dq,$$

et, au moyen de la formule (69), en ne perdant pas de vue que l'intégrale définie d'une différentielle exacte à l'entour d'une ligne fermée sera toujours égale à zéro, on trouvera, en place des formules (54),

$$(75)\ S = \int_0^s \Gamma(t)\,dq = \int_0^s \Gamma(t)\gamma(t)\,d\left(\frac{L}{\gamma(t)}x\right) = -\int_0^s \frac{Lx}{\gamma(t)}\frac{d}{dt}\left\{\Gamma(t)\gamma(t)\right\}\,dt.$$

Quand les deux relations générales

$$(74\ bis) \qquad \int_0^s dq = -\int_0^s \frac{Lx}{\gamma(t)}\gamma' t\,dt,$$

$$(75\ bis) \qquad S = -\int_0^s \frac{Lx}{\gamma(t)}\frac{d}{dt}\left(\Gamma(t)\gamma(t)\right)\,dt,$$

devront être appliquées tout à l'entour d'une aire S qui sera délimitée sur la *fig.* 2 par

25..

la courbe $i_0 i i'$, par deux horizontales $i\,\mathrm{I}$, $i'\,\mathrm{I}'$, et par une autre courbe quelconque allant d'un point B de l'horizontale $i\,\mathrm{I}$ à un autre point B', de l'horizontale $i'\,\mathrm{I}'$, on aura à faire $x = 0$ le long de la courbe $i_0 i i'$ et $dt = 0$ le long de chacune des droites $i\,\mathrm{I}$, $i'\,\mathrm{I}'$; donc, en voulant déterminer les valeurs des intégrales en question, on trouvera zéro de i en i', comme aussi de B en i et de i' en B'.

Ainsi, les seconds membres des formules ($74\ bis$), ($75\ bis$) se réduiront chacun à la seule quantité que l'on trouvera par voie d'intégration de B', en B le long de la courbe donnée qui passera par ces deux points, et l'on aura tout uniment

$$(76)\quad \left\{ \begin{aligned} \int_0^s dq &= -\int_{t'}^{t} \frac{\mathrm{L}x}{\gamma(t)}\,\gamma'(t)\,dt = +\int_{t}^{t'} \frac{\mathrm{L}x}{\gamma(t)}\,\gamma'(t)\,dt,\\[1ex] \mathrm{S} = \int_0^s \Gamma(t)\,dq &= -\int_{t'}^{t} \frac{\mathrm{L}x}{\gamma(t)}\frac{d}{dt}\big(\Gamma(t)\,\gamma(t)\big)\,dt\\[1ex] &= +\int_{t}^{t'} \frac{\mathrm{L}x}{\gamma(t)}\frac{d}{dt}\big(\Gamma(t)\,\gamma(t)\big)\,dt, \end{aligned} \right.$$

ce qui pourra servir à démontrer que l'on ne saurait avoir généralement

$$\int_0^s dq = 0$$

qu'autant que l'on aura

$$\gamma(t) = \text{constante},$$

et, par suite,

$$\mathrm{S} = \int_{t}^{t'} \mathrm{L}x\,\frac{d\Gamma(t)}{dt}\,dt,$$

comme dans la manière de voir de MM. Carnot et Clapeyron.

Cela pourra servir aussi à faire voir que, avec l'hypothèse $\Gamma(t) = \text{constante G}$, on trouvera

$$\mathrm{S} = \mathrm{G}\int_0^s dq.$$

Mais le principal objet des formules (76) sera de faire trouver les deux intégrales définies

$$\int_0^s dq, \qquad \int_0^s \Gamma(t)\,dq,$$

sous leurs formes algébriques les plus simples possibles, avec la facilité de pouvoir repasser à tout instant de ces formules simples à des formules explicites d'une plus grande complication.

Je suppose, par exemple, que l'on doive avoir

$$\frac{\mathrm{L}}{\gamma(t)}\,x = \text{constante} = h;$$

alors on trouvera

$$(77) \quad \begin{cases} \displaystyle\int_0^s dq = h\left(\gamma(t') - \gamma(t)\right), \\[2ex] S = \displaystyle\int_0^s \Gamma(t)\, dq = h\left(\Gamma(t')\gamma(t') - \Gamma(t)\gamma(t)\right), \end{cases}$$

mais ce ne sera qu'un exemple de calcul sans utilité réelle.

Je suppose, en second lieu, que l'on doive avoir

$$\frac{L}{\gamma(t)}\, x + H(t) = \text{constante} = u,$$

ou

$$\frac{L}{\gamma(t)}\, x = u - H(t);$$

alors l'aire S se trouvera délimitée par l'une des courbes $B'B u$, $B'_1 B_1 u_1, \ldots$, et l'on trouvera, en place des formules (41) et (42),

$$(78) \quad \begin{cases} \displaystyle\int_0^s dq = u\left(\gamma(t') - \gamma(t)\right) - \int_t^{t'} H(t)\,\gamma'(t)\, dt, \\[2ex] S = \displaystyle\int_0^s \Gamma(t)\, dq = u\left(\Gamma(t')\gamma(t') - \Gamma(t)\gamma(t)\right) \\[2ex] \qquad - \displaystyle\int_t^{t'} H(t)\frac{d}{dt}\left(\Gamma(t)\gamma(t)\right) dt, \end{cases}$$

puis, en appliquant aux derniers termes des seconds membres le procédé des intégrations par parties, en ne perdant pas de vue que l'on devra avoir

$$\frac{dH(t)}{dt} = \frac{c'(t)}{\gamma(t)},$$

on sera conduit aux deux relations suivantes :

$$(78\ bis) \quad \begin{cases} \displaystyle\int_0^s dq = u\left(\gamma(t') - \gamma(t)\right) - \left(H(t')\gamma(t') - H(t)\gamma(t)\right) + c(t') - c(t), \\[2ex] S = u\left(\Gamma(t')\gamma(t') - \Gamma(t)\gamma(t)\right) - \left(H(t')\Gamma(t')\gamma(t') - H(t)\Gamma(t)\gamma(t)\right) \\[2ex] \qquad + \displaystyle\int \Gamma(t)\, c'(t)\, dt, \end{cases}$$

et, dans le cas où l'on s'aviserait d'y faire

$$u = H(t') + u',$$

on retrouverait précisément les formules (41) et (42).

Quand, enfin, la valeur de u devra être telle que la dernière des courbes

$\psi(v, p) = $ constante u passe par l'un des points I, I', on aura, par rapport au point I,

$$(79) \quad \begin{cases} u = \mathrm{H}(t) + \dfrac{\mathrm{L}}{\gamma(t)}, \\[2mm] \displaystyle\int_0^s dq = -(\mathrm{H}(t') - \mathrm{H}(t))\gamma(t') + \dfrac{\mathrm{L}}{\gamma(t)}(\gamma(t') - \gamma(t)) + (c(t') - c(t)), \\[2mm] \mathrm{S} = -(\mathrm{H}(t') - \mathrm{H}(t))\Gamma(t')\gamma(t') + \dfrac{\mathrm{L}}{\gamma(t)}(\Gamma(t')\gamma(t') - \Gamma(t)\gamma(t)) \\[2mm] \qquad\qquad + \int \Gamma(t)\, c'(t)\, dt, \end{cases}$$

et, par rapport au point I',

$$(79\ bis) \quad \begin{cases} u = \mathrm{H}(t') + \dfrac{\mathrm{L}'}{\gamma(t')}, \\[2mm] \displaystyle\int_0^s dq = -(\mathrm{H}(t') - \mathrm{H}(t))\gamma(t) + \dfrac{\mathrm{L}'}{\gamma(t')}(\gamma(t') - \gamma(t)) + (c(t') - c(t)), \\[2mm] \mathrm{S} = -(\mathrm{H}(t') - \mathrm{H}(t))\Gamma(t)\gamma(t) + \dfrac{\mathrm{L}'}{\gamma(t')}(\Gamma(t')\gamma(t') - \Gamma(t)\gamma(t)) \\[2mm] \qquad\qquad + \int \Gamma(t)\, c'(t)\, dt. \end{cases}$$

Les secondes des formules (79), (79 *bis*) serviront à remplacer les formules (46), et les dernières seront les expressions correspondantes des aires S.

Je ne m'arrêterai pas à déterminer les expressions correspondantes de l'aire triangulaire $b\,\mathrm{B}'\mathrm{B}$, qui représenterait le bénéfice de force motrice d'une machine à vapeur à détente complète par rapport à une machine sans détente.

Je me bornerai à faire remarquer que les groupes de formules (79) et (79 *bis*) ne seront pas applicables tous les deux, et que l'on devra prendre le groupe (79) ou le groupe (79 *bis*), selon que la quantité u ira en augmentant ou en diminuant avec t, le long de la courbe $\mathrm{I}_0\mathrm{II}'$, c'est-à-dire selon que, dans le second membre de l'équation (61 *ter*), on aura

$$(80) \qquad \frac{c'(t)}{\gamma(t)} + \frac{d}{dt}\left(\frac{\mathrm{L}}{\gamma(t)}\right) > \text{ ou } < 0.$$

Cela reviendra a dire que l'on devra employer celui des groupes (79) et (79 *bis*) qui fera trouver la moindre valeur pour S; car, quand on retranchera chacune des formules du groupe (79) de sa correspondante du groupe (79 *bis*), on trouvera les différences que voici :

$$\text{pour } u\ldots\ldots (\mathrm{H}(t') - \mathrm{H}(t)) + \left(\frac{\mathrm{L}'}{\gamma(t')} - \frac{\mathrm{L}}{\gamma(t)}\right),$$

$$\text{pour } \int_0^s dq\ldots (\gamma(t') - \gamma(t))\left\{(\mathrm{H}(t') - \mathrm{H}(t)) + \left(\frac{\mathrm{L}'}{\gamma(t')} - \frac{\mathrm{L}}{\gamma(t)}\right)\right\},$$

$$\text{pour } \mathrm{S}\ldots\ldots (\Gamma(t')\gamma(t') - \Gamma(t)\gamma(t))\left\{(\mathrm{H}(t') - \mathrm{H}(t)) + \left(\frac{\mathrm{L}'}{\gamma(t')} - \frac{\mathrm{L}}{\gamma(t)}\right)\right\},$$

en sorte que de I en I′, les intégrales définies

$$\int_0^s dq, \quad S = \int_0^s \Gamma(t)\, dq,$$

éprouveront des accroissements soit positifs, soit négatifs, qui seront égaux respectivement aux produits de l'accroissement de u par les facteurs

$$\gamma(t') - \gamma(t) = \int_t^{t'} \frac{d\,\gamma(t)}{dt}\, dt,$$

$$\Gamma(t')\gamma(t') - \Gamma(t)\gamma(t) = \int_t^{t'} \frac{d}{dt}\big(\Gamma(t)\gamma(t)\big)\, dt.$$

Je suppose d'ailleurs que, de t à t', la variable u aille toujours en augmentant ou toujours en diminuant, et alors il est bien clair que celle des aires S qui ne dépassera pas la courbe $I_0 I I'$ correspondra au point I ou au point I′ sur la *fig.* 2, selon que le premier membre des formules (61 *ter*) ou (80) sera positif ou négatif.

Les formules (76) seront directement applicables à l'aire $i i' I' I$, quand on y fera $x = 1$, et, par conséquent, l'on aura tout à l'entour de l'aire $i i' I' I$, en place des formules (56) et (57),

$$(81) \quad \begin{cases} \displaystyle \int_0^s dq = \int_t^{t'} \frac{L}{\gamma(t)}\, \gamma'(t)\, dt, \\[2ex] \displaystyle S = \int_0^s \Gamma(t)\, dq = \int_t^{t'} \frac{L}{\gamma(t)} \frac{d}{dt}\big(\Gamma(t)\gamma(t)\big)\, dt, \end{cases}$$

puis, en intégrant par parties,

$$(81\ bis) \quad \begin{cases} \displaystyle \int_0^s dq = (L' - L) - \int_t^{t'} \gamma(t) \frac{d}{dt}\!\left(\frac{L}{\gamma(t)}\right) dt, \\[2ex] \displaystyle S = (\Gamma(t')L' - \Gamma(t)L) - \int_t^{t'} \Gamma(t)\gamma(t) \frac{d}{dt}\!\left(\frac{L}{\gamma(t)}\right) dt. \end{cases}$$

D'autre part, si l'on convient de désigner par $C(t)$ une fonction de t qui soit telle, que la différentielle de cette fonction $C'(t)\, dt$ puisse représenter la quantité de chaleur dq le long de la courbe $I_0 I I'$, il faudra que, d'après la formule (70), l'on ait

$$(82) \quad C'(t) = c'(t) + \gamma(t) \frac{d}{dt}\!\left(\frac{L}{\gamma(t)}\right),$$

et, par suite, les formules (81 *bis*) se réduiront à

$$(81\ ter) \quad \begin{cases} \displaystyle \int_0^s dq = (L' - L) + (c(t') - c(t)) - (C(t') - C(t)), \\[2ex] \displaystyle S = (\Gamma(t')L' - \Gamma(t)L) + \int_t^{t'} \Gamma(t)c'(t)\, dt - \int_t^{t'} \Gamma(t)C'(t)\, dt. \end{cases}$$

La seconde des formules (81 *ter*) sera une conséquence immédiate de la relation de principe $S = q'\Gamma(t') - q\Gamma(t)$, et la première des formules (81 *ter*) sera directement évidente sur la *fig.* 2, en ce que, de i en i', puis de là en I, il faudra une quantité de chaleur représentée par l'expression

$$(c(t') - c(t)) + L',$$

tandis que, de i en I, puis de là en I', le long de la courbe $I_0 I I'$, il faudra une quantité de chaleur représentée par l'expression

$$L + (C(t') - c(t));$$

de telle sorte que, en soustrayant cette dernière expression de la précédente, on tombera justement sur le second membre de la première des formules (81 *ter*).

Ainsi donc, des deux groupes de formules (79) et (79 *bis*), on devra faire usage de celui dont l'aire S sera la plus petite, ou de celui dont l'aire S sera moindre que la valeur de S des formules (81 *ter*), et ce sera le groupe (79) ou le groupe (79 *bis*) qui se trouvera dans ce cas-là; selon que le premier membre de la formule (80) sera positif ou négatif, c'est-à-dire, en d'autres termes, quand la fonction $\gamma(t)$ sera positive, selon que la quantité $C'(t)$ de l'équation (82) sera positive ou négative.

La circonstance physique à laquelle cela correspondra est facile à assigner et pourra être énoncée comme il suit :

Une masse de vapeur saturée, que l'on fera diminuer de volume par compression, ne pourra rester à l'état de saturation qu'autant qu'on lui fournira de la chaleur quand $C'(t)$ sera positif, et qu'on lui ôtera de la chaleur quand $C'(t)$ sera négatif.

Donc, quand la compression se fera sans aucune addition ni soustraction de chaleur, il arrivera que, dans le premier cas, une partie de la vapeur existante passera à l'état liquide, et que, dans le second cas, toute la vapeur existante passera à l'état gazeux ou à l'état de vapeur surchauffée.

Le contraire arrivera dans l'un et l'autre cas quand le volume d'une masse de vapeur saturée augmentera au lieu de diminuer.

La mesure du phénomène se réduira d'ailleurs à avoir recours aux équations (68), (68 *bis*), (69), (69 *bis*), et à y faire $du = 0$, pour le cas d'une augmentation ou diminution du volume v du mélange dans une enveloppe non perméable à la chaleur, ce qui fera trouver généralement le long d'une courbe donnée $B'B u$, d'après la formule (68 *bis*),

$$(83) \qquad L\,dx = -\left(c'(t) + x\gamma(t)\frac{d}{dt}\left(\frac{\Gamma}{\gamma(t)}\right)\right)dt.$$

Quand, ensuite, on fera $x = 1$, pour que la formule (83) devienne applicable à celle des courbes $\psi(v, p)$ qui partira du point I sur la *fig.* 2, on aura

$$(84) \qquad L\,dx = -\left(c'(t) + \gamma(t)\frac{d}{dt}\left(\frac{L}{\gamma(t)}\right)\right)dt,$$

c'est-à-dire

$$(84 \ bis) \qquad \qquad \mathrm{L}\, dx = - \, \mathrm{C}'(t)\, dt,$$

et il y aura précipitation ou surchauffe selon que la différentielle dx ressortira de la formule (84 *bis*) avec le signe — ou avec le signe +.

Toute valeur négative de dx sera la mesure de la quantité de vapeur qui se condensera par suite d'un changement de volume dans une enveloppe non perméable à la chaleur pendant que la température variera de t à $t + dt$, et la valeur négative correspondante du produit $\mathrm{L}dx$ sera la mesure de la quantité de chaleur latente qui deviendra libre et qui sera employée à porter la masse de vapeur restante $1 - dx$ à sa nouvelle température de saturation $t + dt$.

Par contre, toute valeur positive de dx sera un indice de surchauffe, et la valeur correspondante du produit $\mathrm{L}\, dx$ sera la mesure de la quantité de chaleur employée à produire l'état surchauffé de la masse entière à sa nouvelle température $t + dt$.

Quand on aura $\mathrm{C}'(t) = 0$, on trouvera en même temps $dx = 0$, le long de la courbe $\psi(v, p) =$ constante u partant du point I, et $du = 0$ le long de la courbe $\mathrm{I_0 II'}$; par suite, la dernière des courbes ψ coïncidera avec la courbe $\mathrm{I_0 II'}$, et les formules (79), (79 *bis*) se confondront avec les formules (81 *ter*).

Tout cela étant supposé compris, j'observe que l'on aura

$$\frac{d}{dt}\left(\frac{\mathrm{L}}{\gamma(t)}\right) = \frac{1}{\gamma(t)}\frac{d\mathrm{L}}{dt} - \frac{\mathrm{L}\,\gamma'(t)}{\gamma(t)^2},$$

et que, par suite, la formule (82), servant à définir la quantité $\mathrm{C}(t)$, se réduira à

$$(82 \ bis) \qquad \qquad \mathrm{C}'(t) = c'(t) + \frac{d\mathrm{L}}{dt} - \mathrm{L}\,\frac{\gamma'(t)}{\gamma(t)},$$

de telle sorte que, si les quantités L, $c(t)$, $\mathrm{C}(t)$ étaient connues, la formule (82 *bis*) pourrait servir à faire trouver la nature de la fonction $\gamma(t)$.

De la formule (82 *bis*) on conclura, en effet,

$$(82 \ ter) \quad \begin{cases} \dfrac{\gamma'(t)}{\gamma(t)} = \dfrac{c'(t) + \dfrac{d\mathrm{L}}{dt} - \mathrm{C}'(t)}{\mathrm{L}} \\[2em] \text{puis, en multipliant par } dt \text{ et en intégrant,} \\[1em] \log \gamma(t) = \displaystyle\int \dfrac{c'(t) + \dfrac{d\mathrm{L}}{dt} - \mathrm{C}'(t)}{\mathrm{L}}\, dt, \\[1em] \text{ou, ce qui reviendra au même,} \\[1em] \gamma(t) = e^{\displaystyle\int \frac{c'(t) + \frac{d\mathrm{L}}{dt} - \mathrm{C}'(t)}{\mathrm{L}}\, dt}. \end{cases}$$

F. R.   26

Cela ne changera rien à la forme algébrique des formules (81 *ter*); mais, dans le cas où l'expérience ferait trouver

$$c(t) + L - C(t) = \text{constante},$$

le second membre de la première des équations (81 *ter*) se réduirait à zéro.

On aurait en même temps

$$c'(t) + \frac{dL}{dt} - C'(t) = 0,$$

et, par suite, les formules (82 *ter*) feraient trouver

$$\gamma(t) = \text{constante},$$

à la manière de voir de MM. Carnot et Clapeyron.

Quoi qu'il en soit, je suppose que, à l'aide des formules (82 *ter*), on soit parvenu à déterminer la nature de la fonction $\gamma(t)$.

J'aurai recours ensuite à la seconde des formules (18), et j'y remplacerai la fonction $k(t)$ par sa valeur connue

$$k(t) = \Gamma(t)\,\gamma(t),$$

d'où

$$k'(t) = \frac{d}{dt}\big(\Gamma(t)\,\gamma(t)\big),$$

ce qui me fera trouver d'abord

$$\frac{\gamma(t)\,\Omega'(t)}{\dfrac{d}{dt}\big(\Gamma(t)\,\gamma(t)\big)} = \frac{L}{W - \omega},$$

et, en transposant,

$$(83) \qquad \frac{d}{dt}\big(\Gamma(t)\,\gamma(t)\big) = \frac{W - \omega}{L}\,\Omega'(t)\,\gamma(t),$$

puis, en multipliant par dt et en intégrant,

$$(83\ bis) \quad
\begin{cases}
k(t) = \Gamma(t)\,\Gamma(t) = \displaystyle\int \frac{W - \omega}{L}\,\Omega'(t)\,\gamma(t)\,dt, \\[2ex]
\text{d'où, enfin,} \\[2ex]
\Gamma(t) = \dfrac{1}{\gamma(t)} \displaystyle\int \frac{W - \omega}{L}\,\Omega'(t)\,\gamma(t)\,dt,
\end{cases}$$

et ce sera le second membre de cette dernière formule qui devra être sinon une constante, du moins une même fonction de t pour tous les corps de la nature.

Si la fonction universelle $\Gamma(t)$ était connue, on se servirait de l'équation (83) d'une autre manière. On effectuerait la différentiation indiquée au premier membre et l'on diviserait les deux membres par la fonction $\gamma(t)$, ce qui ferait avoir

$$(84) \quad \begin{cases} \Gamma(t)\dfrac{\gamma'(t)}{\gamma(t)} + \Gamma'(t) = \dfrac{W - w}{L}\,\Omega'(t), \\[2mm] \text{et, par conséquent,} \\[2mm] \dfrac{\gamma'(t)}{\gamma(t)} + \dfrac{\Gamma'(t)}{\Gamma(t)} = \dfrac{(W - w)\,\Omega'(t)}{\Gamma(t)\,L}, \end{cases}$$

puis, en y substituant la première des formules (82 *ter*) et en chassant le dénominateur $\Gamma(t)\,L$, on aurait la condition universelle

$$(85) \qquad \Gamma(t)\left(c'(t) + \frac{d\,L}{dt} - C'(t)\right) + L\,\Gamma'(t) = (W - w)\,\Omega'(t).$$

On trouverait la même relation d'une autre manière si l'on remontait à la seconde des formules (81 *ter*), et si l'on y faisait d'abord

$$S = \int_t^{t'} (W - w)\,dp = \int_t^{t'} (W - w)\,\Omega'(t)\,dt,$$

puis

$$t' = t + dt,$$

ce qui ferait trouver

$$(85\ bis) \qquad (W - w)\,\Omega'(t) = \frac{d}{dt}\big(\Gamma(t)\,L\big) + \Gamma(t)\,c'(t) - \Gamma(t)\,C'(t),$$

de telle sorte que, en développant le premier terme du second membre et en transposant, on aurait précisément l'équation (85).

C'est là le plus haut degré de généralité que je puisse et doive donner à la théorie des effets dynamiques de la chaleur pour un mélange de liquide et de vapeur saturée de ce liquide, sans faire aucune hypothèse, c'est-à-dire en ne m'appuyant que sur la relation fondamentale

$$(86) \qquad S = q'\,\Gamma(t') - q\,\Gamma(t) = \int_t^{t'} \frac{d}{dt}\big(q\,\Gamma(t)\big)\,dt,$$

à laquelle j'ai été amené en me laissant aller au cours naturel des idées dans la voie de raisonnement qui a été ouverte ou inventée par Carnot.

Et comme j'ai démontré rigoureusement que, pour un mélange de liquide et de vapeur saturée de ce liquide, on devra avoir

$$(87) \qquad dq = \gamma(t)\,du,$$

il en est résulté que la formule (86) s'est changée en

$$(88) \qquad S = \iint \frac{d}{dt}\big(\Gamma(t)\,\gamma(t)\big)\,dt\,du,$$

de telle sorte que, par une simple comparaison de la formule (88) avec l'ancienne formule de MM. Carnot et Clapeyron, qui était

$$(89) \qquad S \int \int \frac{d\,\Gamma(t)}{dt}\,dt\,dq,$$

il me sera permis de dire que, dans la théorie exacte des vapeurs, ce seront, d'une part, la quantité u ou la constante arbitraire de mes formules, et, d'autre part, la fonction composée

$$k(t) = \Gamma(t)\,\gamma(t),$$

qui joueront exactement les mêmes rôles que ceux que MM. Carnot et Clapeyron voulaient faire jouer de prime abord à une quantité de chaleur q et à la fonction simple $\Gamma(t)$.

J'ai expliqué d'ailleurs, en deux et même en trois passages, que du moment où l'expérience ne vérifierait pas la relation $\gamma(t) = $ constante, on ne saurait guère se refuser à admettre l'hypothèse $\Gamma(t) = $ constante, afin qu'il n'y eût pas de perte de travail ou de force vive dans le phénomène de la transmission libre de la chaleur entre deux corps A, A$'$ à des températures différentes t, t'.

Toute quantité de chaleur deviendrait alors l'équivalent immédiat d'une certaine somme de travail ou de force vive, et, dans le cas où l'expérience ferait trouver des résultats différents, on serait conduit naturellement à penser que c'est la manière usitée de mesurer une quantité de chaleur qui est défectueuse.

Quoi qu'il en soit, avec l'hypothèse

$$(90) \qquad \Gamma(t) = \text{constante } G,$$

les formules (75) et (76), appliquées à une ligne fermée quelconque s, se réduiront à une seule en ce que l'on aura

$$(91). \quad S = G \int_0^s dq = G \int_0^s \gamma(t)\,d\left(\frac{L}{\gamma(t)}x\right) = - G \int_0^s \frac{Lx}{\gamma(t)}\,\gamma'(t)\,dt.$$

La formule (85) se réduira à

$$(92) \qquad G\left(c'(t) + \frac{dL}{dt} - c'(t)\right) = (W - \omega)\,\Omega'(t),$$

et les formules (82), (82 *bis*), (82 *ter*) ne changeront pas.

— ···· ··· ···

Après cet exposé général de toute ma théorie des vapeurs, il me reste à ajouter que la somme qui, dans les équations précédentes, est désignée par $c(t) + L$ est précisément celle que M. Regnault a représentée, pour de la vapeur d'eau, par la formule

$$(1) \qquad \lambda = 606,5 + 0,305\,t = a + bt.$$

(205)

Donc, pour de la vapeur d'eau, en partant de la formule de M. Regnault, et en faisant

$$a = 606,5, \quad b = 0,305,$$

on aura

(1 *bis*)
$$\begin{cases} c(t) + L = a + bt, \\ c(t') + L' = a + bt', \end{cases}$$

et la première des formules (81 *ter*), c'est-à-dire l'expression de la quantité de chaleur anéantie tout à l'entour de la ligne $i i' I' I$ sur la *fig.* 2 deviendra

(2)
$$\int_0^s dq = b(t' - t) - \left[C(t') - C(t)\right].$$

On aura ensuite

$$c'(t) + \frac{dL}{dt} = b,$$

et la première des formules (82 *ter*) se réduira à

(3)
$$\frac{\gamma'(t)}{\gamma(t)} = \frac{b - c'(t)}{L}.$$

Les formules (83), (83 *bis*), (84) ne changeront pas, et la condition (85) deviendra

(4)
$$\Gamma(t)\left[b - C'(t)\right] + L\Gamma'(t) = (W - w)\Omega'(t).$$

Quand on supposera, en outre,

$$c(t) = t,$$

on trouvera

(5)
$$L = \lambda - t = a - (1 - b)t,$$

et les formules (3), (4) prendront les formes un peu plus explicites

(3 *bis*)
$$\frac{\gamma'(t)}{\gamma(t)} = \frac{b - c'(t)}{a - (1 - b)t},$$

(4 *bis*)
$$\Gamma(t)\left[b - C'(t)\right] + \left[a - (1 - b)t\right]\Gamma'(t) = (W - w)\Omega'(t),$$

ou, ce qui reviendra au même, de la formule (3 *bis*) on conclura

$$\gamma(t) = e^{\int \frac{b - C'(t)}{a - (1 - b)t}},$$

et, au moyen de cette valeur de $\gamma(t)$, on trouvera, d'après les formules (83 *bis*),

(6)
$$\Gamma(t) = \frac{1}{\gamma(t)} \int \frac{(W - w)\Omega'(t)}{a - (1 - b)t}\gamma(t)\,dt.$$

Mais cela ne suffira pas pour trouver la fonction $\gamma(t)$ tant qu'on ne connaîtra pas la fonction C (*t*), ni pour trouver la fonction Γ (*t*) tant qu'on ne connaîtra pas la fonction $\Omega'(t)$ et l'expression de la différence W — *w* en *t*.

L'unité calorifique étant la quantité de chaleur nécessaire pour élever de 1 degré centigrade la température de 1 kilogramme d'eau, la différence W — *w* sera l'augmentation de volume de 1 kilogramme d'eau transformé en vapeur.

Le mètre cube étant pris pour unité de volume, on aura, à très-peu près, pour la valeur de la différence W — *w* à la température de 100 degrés,

$$1,695\;;$$

mais on n'est pas encore bien fixé sur la loi d'après laquelle la différence W — *w* varie avec *t*.

La fonction $\Omega'(t)$ est celle que l'on connaît le mieux : c'est la dérivée par rapport à *t* de l'équation

$$p = \Omega(t).$$

En langage interprétatif ordinaire, on peut dire que la quantité $\Omega'(t)$ est l'accroissement de la pression *p* pour une augmentation de température de 1 degré.

Dans les Tables de M. Regnault, tome XXI des *Mémoires de l'Académie des Sciences*, la pression *p* est mesurée par la hauteur d'une colonne de mercure évaluée en millimètres, en sorte que le nombre 760 y représente la pression de 1 atmosphère.

Mais quand on voudra prendre pour unité de travail le poids de 1 kilogramme élevé à 1 mètre de hauteur et que le volume *v* d'un fluide élastique sera exprimé en mètres cubes, il faudra que la pression *p* du fluide élastique soit représentée par le poids d'un nombre équivalent de kilogrammes sur 1 mètre carré de surface pour que la valeur numérique du produit *vp* représente des kilogrammètres.

D'autre part, le poids d'une colonne de mercure de 760 millimètres de hauteur sur 1 mètre carré de surface est de 10333 kilogrammes.

Donc, avec l'emploi du kilogrammètre comme unité de travail, et avec le mètre cube comme unité de volume, toutes les pressions ou tensions des Tables de M. Regnault devront être multipliées par le nombre

$$\frac{10333}{760} = 13,596.$$

Ainsi, par exemple, à la température de 100 degrés on trouvera en millimètres de mercure

$$\Omega'(t) = 27,15,$$

et, par suite, on aura pour la valeur absolue correspondante de $\Omega'(t)$, en kilogrammes par mètre carré,

$$27,15 \times 13,596 = 369,131.$$

La valeur de W — *w* à 100 degrés étant de 1,695 mètres cubes, on trouvera pour la valeur absolue du produit $(W - w)\,\Omega'(t)$ en kilogrammètres,

$$1{,}695 \times 369{,}131 = 625{,}677.$$

Cela ne permettra pas de faire usage de l'équation (6), mais l'équation (4 *bis*) deviendra, à la température de 100 degrés,

(4 *ter*) $\qquad \Gamma(100)\,(0{,}305 - C'(100)) + 537\,\Gamma'(100) = 625{,}677.$

On ne saurait aller plus avant sans connaître la fonction $C(t)$ en ce qui concerne la détermination de la fonction $\gamma(t)$ par la formule (3 *bis*), et, pareillement, sans connaître la loi de $W - w$ en t dans la formule (4 *bis*) ou dans la formule (6).

Cela posé, MM. Carnot et Clapeyron érigeraient en principe la relation

$$\gamma(t) = \text{constante},$$

et, par suite, d'après les formules (3), (3 *bis*), il leur faudrait supposer

$$C'(t) = 0{,}305,$$

c'est-à-dire

(7) $\qquad C(t) = 0{,}305\,t + \text{constante}.$

De la formule (2) ils concluraient

$$\int_0^s dq = 0$$

tout à l'entour de la courbe $ii'\mathrm{I'I}$, et la formule (4 *bis*) leur ferait trouver généralement

(8) $\qquad \Gamma'(t) = \dfrac{(W - w)\,\Omega'(t)}{a - (1 - b)\,t} = \dfrac{(W - w)\,\Omega'(t)}{606{,}5 - 0{,}695\,t};$

par suite, ils auraient, à la température de 100 degrés, d'après la formule (4 *ter*),

(8 *bis*) $\qquad \Gamma'(100) = \dfrac{625{,}677}{537} = 1{,}165.$

MM. Regnault, Joule, etc., admettent, au contraire, que l'on devra avoir

$$\Gamma(t) = \text{constante } G,$$

et, par suite,

$$\Gamma'(t) = 0,$$

ce qui réduira les formules (4) et (4 *bis*) à

(4 *quater*) $\qquad G\,(b - C'(t)) = (W - w)\,\Omega'(t).$

Ainsi la différence $W - w$ devra varier en raison directe de la différence $b - C'(t)$ et en raison inverse de $\Omega'(t)$.

Il faudra que l'on ait

$$C'(t) < b,$$

et le second membre de la formule (2) ne se réduira plus à zéro.

On admet communément que l'expérience doit vérifier la relation

$$C'(t) = 0,$$

mais les conséquences que l'on trouvera dans ce cas-là rentreront dans le cas plus général où l'on supposera

$$(9) \quad \left\{ \begin{array}{l} C'(t) = \text{constante} = \beta, \\ \text{et, par suite,} \\ C(t) = \beta t + \text{constante}. \end{array} \right.$$

De la formule (2) on conclura alors

$$(10) \qquad \int_0^s dq = (b - \beta)(t' - t).$$

pour la quantité de chaleur anéantie tout à l'entour de l'aire $i\,i'\,1'\,1$ sur la *fig.* 2.

La formule (3 *bis*) deviendra

$$(3\ ter) \qquad \frac{\gamma'(t)}{\gamma(t)} = \frac{b - \beta}{a - (1 - b)t},$$

et, par voie d'intégration, on en conclura

$$\log \gamma(t) = -\frac{b - \beta}{1 - b} \log(a - (1 - b)t) + \log \text{constante},$$

c'est-à-dire

$$(3\ quater) \qquad \gamma(t) = \frac{\text{constante}}{(a - (1 - b)t)^{\frac{b - \beta}{1 - b}}}.$$

Les formules (4 *ter*), (4 *quater*) feront trouver, à la température de 100 degrés,

$$G(b - \beta) = 625,677,$$

d'où

$$(11) \qquad G = \frac{625,677}{b - \beta}.$$

Ainsi, la constante G sera inversement proportionnelle à la différence constante $b - \beta$, et, quelque valeur que l'on veuille attribuer à cette différence, cela ne changera rien à la nature de la courbe $1_*\,1\,1'$ sur la *fig.* 1, puisque, d'après l'équation (4 *quater*), on devra avoir tout le long de cette courbe

$$(W - w)\,\Omega'(t) = \text{constante},$$

et, à la température de 100 degrés,

$$W - w = 1,695,$$
$$\Omega'(t) = 27,15 \times 13,596 = 369,131.$$

L'aire $ii'I'I$ de la *fig.* 2 sera égale au produit de la constante G par le second membre de la formule (10), et comme la constante G dépendra de l'équation (11), on aura

$$(12) \qquad G(b - \beta)(t' - t) = 625,677(t' - t).$$

Ainsi, par exemple, dans une machine à vapeur théoriquement parfaite à détente complète, où l'on aura

$$t' = 100°, \quad t = 50,$$

et où, pour chaque kilogramme de vapeur dépensée, la chaudière aura à fournir une quantité de chaleur égale à

$$(100 - 50) + 537 = 587,$$

la quantité de chaleur anéantie qui ne paraîtra pas dans le condenseur sera égale à

$$(13) \qquad (b - \beta) \times 50 = (0,305 - \beta) \times 50.$$

Le maximum de travail théoriquement possible avec une telle perte de chaleur sera

$$(14) \qquad G(b - \beta) \times 50 = 625,677 \times 50 = 31284.$$

Dans une machine sans détente, entre les mêmes limites de température $t' = 100$, $t = 50$, on utilisera une quantité de travail égale au produit $(W - w)(p' - p)$, et, d'après les Tables de M. Regnault, la différence $p' - p$ serait mesurée par une colonne de 668 millimètres de mercure; par suite, on utiliserait une quantité de travail égale au produit

$$(15) \qquad 1,695 \times 668 \times 13,596 = 15394,$$

c'est-à-dire, en nombre rond, la moitié seulement de ce que l'on obtiendrait dans une machine à détente complète. Par conséquent, la quantité de chaleur détruite qui ne reparaîtrait pas dans le condenseur serait aussi, en nombre rond, la moitié du second membre de la formule (13).

Ainsi, du moment où l'on supposera

$$C'(t) = \text{constante } \beta,$$

rien ne changera dans les seconds membres des formules (14) et (15); ce seront les quantités

$$G, \quad \int_0^s dq \quad \text{et la fonction } \gamma(t)$$

seulement qui prendront d'autres valeurs.

F. R.

Quand on fera

$$\beta = b = 0,305,$$

(16) on trouvera

$$G = \infty, \quad \int_0^s dq = 0, \quad \gamma(t) = \text{constante},$$

et l'on retombera sur la manière de voir de MM. Carnot et Clapeyron.

Quand on fera

$$\beta = 0,$$

(17) on trouvera

$$G = \frac{625,77}{0,305} = 2052,$$

et le second membre de la formule (13), c'est-à-dire la quantité de chaleur anéantie dans une machine à détente complète pour

$$t' = 100 \quad \text{et} \quad t = 50,$$

sera

$$0,305 \times 50 = 15,25.$$

Dans la machine correspondante sans détente, on trouvera la moitié environ, ou 7,5.

La formule (3 *quater*) deviendra, dans ce cas-là,

(18).
$$\gamma(t) = \frac{\text{constante}}{(606,5 - 0695\, t)^{\frac{0,305}{0,697}}},$$

et, quand on y fera respectivement

$$t = 50, \quad t = 100,$$

on trouvera

$$\gamma(50) = \frac{\text{constante}}{16,22}.$$

$$\gamma(100) = \frac{\text{constante}}{15,78}.$$

Ainsi la fonction $\gamma(t)$ augmentera très-lentement avec t, et dans la proportion de 158 à 162 seulement depuis $t = 50$ jusqu'à $t = 100$.

M. Joule admet que l'on doit avoir

$$\Gamma(t) = \text{constante } G;$$

mais il assigne à la constante G une valeur à peu près cinq fois plus petite que le nombre trouvé 2052.

(211)

Selon M. Joule, la quantité de chaleur nécessaire pour augmenter de 1 degré Fahrenheit la température d'une livre d'eau, a pour équivalent mécanique une quantité de force motrice égale à celle d'un poids de 772 livres élevé à la hauteur d'un pied.

Cela revient à dire que la quantité de chaleur nécessaire pour augmenter de $\frac{100}{180}$ degrés centigrades la température d'un kilogramme d'eau, a pour équivalent mécanique une quantité de force motrice égale à celle d'un poids de 772 kilogrammes élevé à la hauteur de $0^m,3048$, et de là on conclut que l'unité de chaleur précédemment employée doit avoir pour équivalent mécanique un nombre de kilogrammètres représentés par le nombre

$$772 \times 0,3048 \times \frac{180}{100} = 424.$$

Pour que la formule (11) donnât cette valeur, il faudrait que l'on eût

$$b - \beta = \frac{625,77}{424} = 1,476,$$

et, par conséquent,

$$\beta = b - 1,476 = 0,305 - 1,476 = -1,171,$$
$$c(t) = -1,171\,t + \text{constante}.$$

Le second membre de la formule (13), c'est-à-dire la quantité de chaleur anéantie dans une machine théoriquement parfaite, à détente complète, serait

$$1,476 \times 50 = 73,8.$$

Dans la machine sans détente, ce ne serait que la moitié environ, ou

$$\frac{15394}{424} = 36,3$$

(pour une dépense de 587 unités de chaleur par la chaudière dans l'un et l'autre cas).

La formule (3 *quater*) deviendrait

$$\gamma(t) = -\frac{\text{constante}}{(606,5 - 0,695\,t)^{\frac{1,476}{0,695}}},$$

et, en y faisant respectivement

$$t = 50, \quad t = 100,$$

on trouverait

$$\gamma(50) = \frac{\text{constante}}{717100},$$

$$\gamma(100) = \frac{\text{constante}}{627700}.$$

Ainsi, la fonction $\gamma(t)$ augmenterait dans la proportion de 63 à 72, de $t = 50$ à $t = 100$.

Là se termine le rôle que je m'étais proposé de remplir, celui d'exposer une théorie complète des effets dynamiques de la chaleur par des formules explicitement développées qui permettront de soumettre au calcul telles hypothèses que l'on voudra sur les chaleurs spécifiques et sur les chaleurs latentes des gaz et des vapeurs en même temps que sur l'utilité dynamique de ces fluides élastiques dans la théorie générale des machines à vapeur.

Je réserverai pour une autre fois l'application de ces formules à la théorie du thermomètre, qui faisait partie encore du Mémoire que j'ai présenté à l'Institut dans la séance du 24 novembre 1851.

PARIS. — IMPRIMERIE DE MALLET-BACHELIER,
rue du Jardinet, n° 12.

Théorie générale des Effets dynamiques de la Chaleur; par Mr. F. Reech.

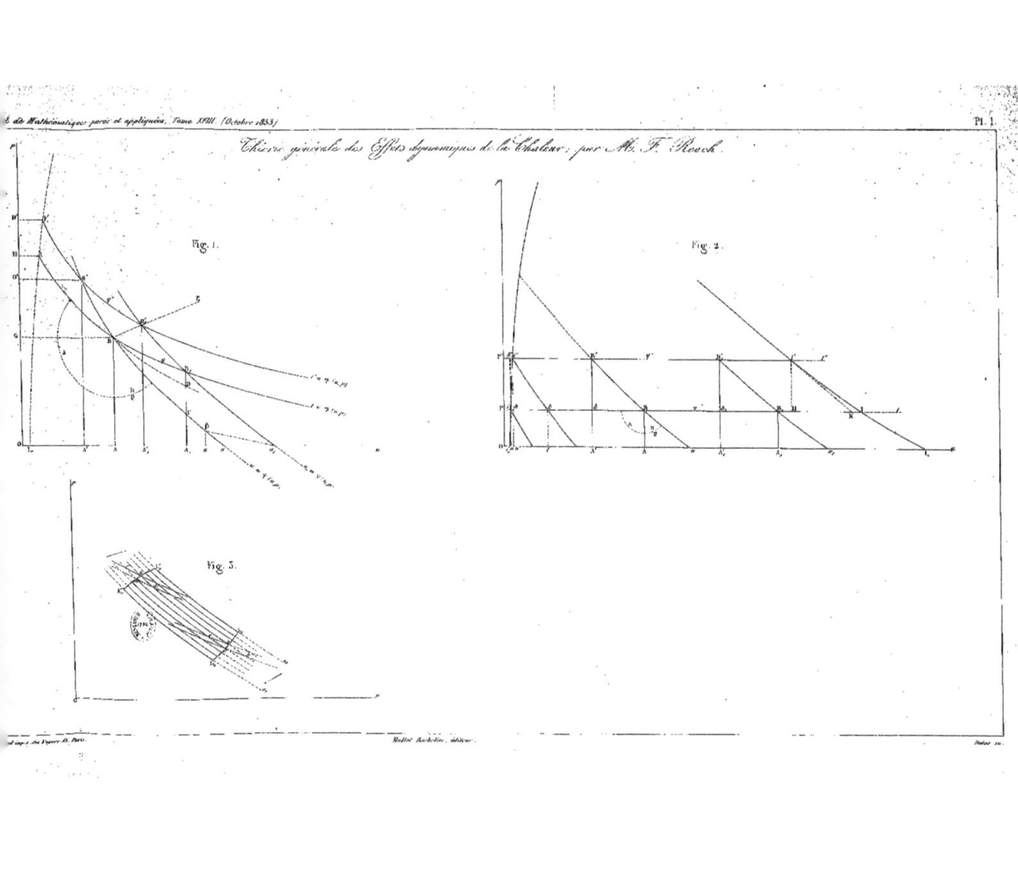

Fig. 1.

Fig. 2.

Fig. 3.

EXTRAIT DU CATALOGUE DES LIVRES DE FONDS ET D'ASSORTIMENT

DE

MALLET-BACHELIER,

Gendre et Successeur de Bachelier,

IMPRIMEUR–LIBRAIRE DU BUREAU DES LONGITUDES — DE L'ÉCOLE IMPÉRIALE POLYTECHNIQUE — DE L'ÉCOLE CENTRALE DES ARTS ET MANUFACTURES — DU DÉPOT CENTRAL DE L'ARTILLERIE.

ÉDITEUR du Journal de Mathématiques pures et appliquées, par **M. J. LIOUVILLE**, Membre de l'Institut. — **Des Nouvelles Annales de Mathématiques**, Journal des Candidats aux Écoles Polytechnique et Normale, par **M. TERQUEM**, officier de l'Université, et **M. GERONO**, Professeur de Mathématiques. — **Des Comptes rendus hebdomadaires des séances de l'Académie des Sciences**. — **Du Journal de l'École Polytechnique**. — **Des Exercices d'Analyse et de Physique mathématique**, par **M. Augustin CAUCHY.**

IMPRIMEUR des Annales de Chimie et de Physique, par **MM. CHEVREUL, DUMAS, PELOUZE, BOUSSINGAULT, REGNAULT, DE SENARMONT**, Membres de l'Institut. — Dé la Chambre des Avoués près la Cour impériale de **Paris.**

LIBRAIRE POUR LES MATHÉMATIQUES, LA PHYSIQUE, LA CHIMIE, LES ARTS MÉCANIQUES LES PONTS ET CHAUSSÉES, LA MARINE ET L'INDUSTRIE,

Cet établissement, exclusivement consacré à la publication d'ouvrages relatifs aux Sciences et aux Arts, continue à se charger, soit pour son compte, soit pour celui des Auteurs, de l'impression d'ouvrages **scientifiques**, et spécialement d'ouvrages sur les **Mathématiques**. On y reçoit également en commission, et l'on se charge de la vente des livres imprimés, tant en France qu'en pays étranger.

Les Établissements publics, MM. les Ingénieurs, les Professeurs, les Chefs d'institution, les Bibliothécaires, les Élèves de l'École Polytechnique et ceux de l'École centrale des Arts et Manufactures, jouissent de la remise d'usage.

TOUT COMPTE SERA FERMÉ AUX CORRESPONDANTS QUI REFUSERONT LE PAYEMENT DE MES TRAITES.

A

ALLAIZE, BILLY, BOUDROT, professeurs de Mathématiques, et **PUISSANT**, membre de l'Institut. — **Cours de Mathématiques** rédigé pour l'usage des Écoles militaires, d'après l'ordre de M. le général **Bellavène**, commandant directeur des études de l'École spéciale de Saint-Cyr. 4ᵉ édition; in-8, avec planches; 1854 .... 7 fr. 50 c.

ALLIX (J.-A.-F.), Lieutenant général. — **Théorie de l'Univers, ou de la Cause primitive du Mouvement, et de ses principaux effets.** 2ᵉ édition; in-8, avec figures; 1818 .... 5 fr.

AMADIEU (P.-F.), directeur d'une École préparatoire à Versailles. — **Notions élémentaires d'Algèbre**, exigées pour l'admission à l'École Navale, à l'École de Saint-Cyr et à l'École Forestière. 2ᵉ édition; in-12, avec pl.; 1849. 3 fr.

AMADIEU (P.-F.). — **Notions** élémentaires de **Géométrie descriptive**, exigées pour l'admission aux diverses Écoles du Gouvernement. In-8, avec pl.; 1838 . . . . 2 fr. 50 c.

AMIOT (A.). — **Leçons nouvelles d'Algèbre élémentaire**, à l'usage des aspirants au baccalauréat et aux écoles du Gouvernement. In-8; 1853 . . . . . . 4 fr.

AMIOT (A.). — **Leçons nouvelles de Géométrie descriptive**. 2 vol. in-8, dont 1 de pl.; 1853 . . . . 6 fr.

AMPÈRE. — **Recueil d'Observations électrodynamiques** (Mémoires extraits des Annales de Chimie). In-8, avec pl.; 1822 . . . . 10 fr.

ANNUAIRE DE LA MARINE ET DES COLONIES POUR 1854. In-8 . . . . 2 fr.

ARAGO (F.), secrétaire perpétuel de l'Académie des Sciences. — **Analyse de la vie et des Travaux de Sir William Herschel**. In-18 . . . . 2 fr.

ARAGO (F.), secrétaire perpétuel de l'Académie des Sciences. — **Œuvres complètes**. 12 vol. in-8 se vendant séparément . . . . 7 fr. 50 c.
Le 1er volume est en vente.

ARMENGAUD jeune **(Ch.)**, ingénieur civil. — **L'Ouvrier mécanicien. Guide de Mécanique pratique**, précédé des **Notions** élémentaires d'Arithmétique décimale, d'Algèbre et de Géométrie. 3e édition; in-12, avec planches; 1848 . . . . 4 fr.

ARMENGAUD Jeune. — **Guide manuel de l'Inventeur et du Fabricant.** In-8; 1853 . . . . 5 fr.

B

BARDIN, professeur à l'École d'Artillerie de Metz. — **Notes et Croquis de Géométrie descriptive**. 2e édition; in-folio, avec un grand nombre de figures; 1837 . . . . 10 fr.

BARRESWIL et DAVANNE. — **Chimie photographique**, contenant les éléments de Chimie expliqués par les manipulations photographiques. — Les procédés de Photographie sur plaque, sur papiers sec ou humide, sur verres au collodion et à l'albumine. — La manière de préparer soi-même, d'employer tous les réactifs et d'utiliser les résidus. — Les recettes les plus nouvelles et les derniers perfectionnements. — La Gravure et la Lithophotographie. In-8; 1854 . . . . 5 fr.

BARRÈME (N.). — **L'Arithmétique du sieur Barrème, ou le Livre facile pour apprendre l'Arithmétique de soi-même et sans maître**. Nouvelle édition, augmentée de règles différentes de la Géométrie servant au mesurage et à l'arpentage, et du Traité d'Arithmétique nécessaire à l'arpentage et au toisé; in-12; 1788 . . . . 3 fr.

BAUDUSSON. — **Le Rapporteur exact, ou Tables des cordes de chaque angle**, depuis une minute jusqu'à cent quatre-vingts degrés, pour un rayon de mille parties égales; augmenté de la nouvelle Division du Cercle en parties centésimales, ou Tables des cordes de tous les arcs du demi-cercle, de 10 en 10 minutes, avec une colonne des différences, au moyen de laquelle on peut prendre à vue les unités des minutes. (A l'usage des ingénieurs du Cadastre, de ceux qui lèvent des plans au graphomètre et qui s'occupent de la Gnomonique, ou art de tracer les Cadrans solaires.) 3e édit.; in-18, avec pl.; 1842 . . . . 2 fr.

BENOIT (P.-M.-N.), ingénieur civil, ancien élève de l'École Polytechnique, l'un des cinq fondateurs de l'École centrale des Arts et Manufactures. — **La Règle à Calcul expliquée, ou Guide du Calculateur à l'aide de la Règle logarithmique à tiroir**, dans lequel on indique le moyen de construire cet instrument, et l'on enseigne à y opérer toutes sortes de calculs numériques. Fort vol. in-12, avec pl.; 1853 . . . . 6 fr.

La **RÈGLE A CALCUL** (*Instrument*) se vend séparément . . . . 6 fr.

BERTRAND, professeur à l'Académie de Genève. — **Éléments de Géométrie.** In-4, avec 11 planches; 1812 . . . . 12 fr.

BERTRAND (C.), directeur de l'Institution de Gien. — **Programme des Leçons de Géométrie rationnelle et appliquée**. *Première partie*: Géométrie plane rationnelle, suivie de la Géométrie de l'échelle et de la Théorie de la règle à calculs. In-8, 1853 . . . . 3 fr.

BEZOUT. — **Traité d'Arithmétique**, à l'usage de la Marine et de l'Artillerie; avec Notes du baron *Reynaud*. 20e édition; in-8 . . . . 3 fr. 50 c.

BEZOUT pur. — **Arithmétique**. 20e édition; in-8 . . . . 2 fr.
— **Le Même**, suivi des Tables de Poids et Mesures et des Tables de Logarithmes depuis **1** jusqu'à **10 000** . . . . 2 fr. 50 c.

BEZOUT. — **Algèbre et Application de cette science à l'Arithmétique et à la Géométrie**. Nouvelle édition, avec les Notes du baron *Reynaud* et *Catalan*; in-8. (*Sous presse.*)
Le texte pur (séparément) . . . . 4 fr.
Les Notes (séparément) . . . . 4 fr. 50 c.

BEZOUT. — **Cours de Mathématiques**, à l'usage de la Marine et de l'Artillerie ; avec les **Notes** du baron *Reynaud*. 6 vol. in-8..................... 40 fr.

BEZOUT. — **Cours de Géométrie**, contenant la **Géométrie**, la **Trigonométrie rectiligne** et la **Trigonométrie sphérique** ; avec des Notes sur les **Éléments de Géométrie descriptive** et de **Problèmes**. Avec 27 pl. 7 fr. 50 c.
   Géométrie pure, avec 7 planches........................... 4 fr. » c.
   Les **Notes**, avec 15 planches............................. 4 fr. 50 c.

BEZOUT. — **Géométrie, Trigonométrie rectiligne et sphérique**, suivie des **Théorèmes et Problèmes de Géométrie**, et de la **Géométrie descriptive**. 10e édition ; in-8, avec planches ; 1845..................... 7 fr. 50 c.

BEZOUT. — **Éléments de Géométrie**, suivis de la **Géométrie démontrée** plus rigoureusement ; par *Peyrard*. 7e éd. ; in-8, avec pl. ; 1832.......... 7 fr.

BIENAYMÉ, membre de l'Institut. — **Considérations** à l'appui de la découverte de **Laplace** sur la **Loi** de probabilité dans la méthode des moindres carrés. In-4... 1 fr. 25 c.

BIOT, membre de l'Institut. — **Traité élémentaire d'Astronomie physique.** 3e édition, entièrement refondue et considérablement augmentée ; 6 vol. in-8 ; avec Atlas.
   Les quatre premiers volumes, avec 4 Atlas, sont en vente......... 65 fr.
     dont 10 fr. à valoir sur le dernier volume.
   Les tomes V et VI sont *sous presse.*

BOBILLIER (E.-E.), chef des études et professeur de Mécanique aux Écoles nationales d'Arts et Métiers de Châlons et d'Angers. — **Principes d'Algèbre.** 3e édition ; in-8 ; 1849. (*Ouvrage adopté par le Ministre de l'Agriculture et du Commerce pour les Écoles nationales d'Arts et Métiers.*)............... 3 fr. 50 c.

BOBILLIER (E.-E.). — **Cours de Géométrie.** 10e édition ; in-8, avec figures dans le texte ; 1850.................................... 6 fr. 50 c.

BOIS-BERTRAND (E.-D.), directeur de l'École préparatoire Polytechnique. — **Cours d'Algèbre**, à l'usage des aspirants à l'École Polytechnique. 2 vol. in-8 ; 1810 et 1811................................... 10 fr. 50 c.

BONFILS, docteur en Médecine, à Nancy. — **Marsh et sa méthode ;** notions élémentaires, à l'usage des gens du monde, des jurés, des avocats, des magistrats, sur la recherche chimico-légale de l'Arsenic. Avec deux pl. coloriées. 2 fr. 50 c.

BONY (J.-A.), agent-voyer. — **Tables des Surfaces et des Dimensions des profils**, avec compensation entre les déblais et les remblais, dressées pour des routes de 8 et de 6 mètres en plaine et à mi-côte, et applicables à des routes de toute autre largeur. In-8 ; 1853............................. 6 fr.

BORGNET, professeur de Mathématiques au Lycée de Tours. — **Essai de Géométrie analytique de la Sphère.** In-8 ; 1847.................. 1 fr. 50 c.

BORGNIS. — **Traité complet de Mécanique appliquée aux arts**, contenant l'exposition méthodique des théories et des expériences les plus utiles pour diriger le choix, l'invention, la construction et l'emploi de toutes les espèces de machines. Ouvrage divisé en dix Traités, formant 10 volumes in-4, avec 249 planches ; 1818 à 1823.
  — I. **De la Composition des machines.** Volume in-4.
  — II. **Du Mouvement des fardeaux.** Volume in-4. (*Sous presse.*)
  — III. **Des Machines que l'on emploie dans les constructions diverses.** In-4.
  — IV. **Des Machines hydrauliques.** Volume in-4.

Les volumes 5, 6, 7, 8, 9, 10 se vendent séparément :
  — V. **Des Machines d'Agriculture.** Volume in-4, avec 28 planches ; 1819. 21 fr.
  — VI. **Des Machines employées dans diverses fabrications.** Volume in-4, avec 27 planches ; 1819.. 21 fr.
  — VII. **Des Machines qui servent à confectionner les étoffes.** Volume in-4, avec 44 planches ; 1820..................................... 30 fr.
  — VIII. **Des Machines qui imitent ou facilitent les fonctions vitales des corps animés.** Volume in-4, avec 25 planches ; 1820.................. 21 fr.
  — IX. **Théorie de la Mécanique usuelle.** Volume in-4 ; 1821........... 25 fr.
  — X. **Dictionnaire de Mécanique appliquée aux arts.** Volume in-4 ; 1823. 21 fr.

BORGNIS. — **Traité élémentaire de Construction appliquée à l'Architecture civile.** 2e édition ; Paris, 1838 ; in-4 et Atlas............... 36 fr.

BORN, officier d'artillerie. — **Gnomonique graphique et analytique ;** ou l'Art de tracer les **Cadrans solaires.** In-8, avec planches ; 1846. 3 fr. 50 c.
   Quartier de réduction et astronomique,
     En feuille......... 60 c. — Cartonné..................... 1 fr. 25 c.

BOSSUT (l'abbé), de l'Académie des Sciences, examinateur des Ingénieurs. — **Traité élémentaire d'Algèbre.** In-8 ; 1773..................... 6 fr.

BOUCHARLAT (J.-L.), professeur de Mathématiques transcendantes aux Écoles militaires. — **Théorie des Courbes et des Surfaces du second ordre**, ou **Traité complet d'application de l'Algèbre à la Géométrie.** 3e édition, revue, corrigée et augmentée de **Notes** et des principes de la **Trigonométrie rectiligne.** In-8, avec planches ; 1845......................... 7 fr.

BOUCHARLAT. — Éléments de Calcul différentiel et intégral. 6ᵉ édition; in-8; 1852. . . . . 8 fr.

BOURGEOIS et **CABART**, anciens élèves de l'École Polytechnique, professeurs au Collège Stanislas. — **Leçons nouvelles sur les Applications pratiques de la Géométrie et de la Trigonométrie**, à l'usage des *Candidats au Baccalauréat ès sciences et à l'École Polytechnique*. In-8, avec 5 planches; 1853. 3 fr. 50 c.

BOURDON, ancien examinateur d'admission à l'École Polytechnique. — **Éléments d'Arithmétique**. 28ᵉ édition rédigée conformément aux nouveaux Programmes de l'enseignement dans les Lycées. In-8; 1853. (*Adopté par l'Université*.) . . . . 5 fr.

BOURDON. — **Éléments d'Algèbre**. 10ᵉ édition; in-8; 1848. (*Adopté par l'Université*) . . . . 8 fr.

BOURDON, professeur de Mathématiques au Lycée Charlemagne. — **Thèse de Mécanique**. In-4; 1811 . . . . 2 fr. 50 c.

BOURDON et **VINCENT**, professeur de Mathématiques au Collège St-Louis. — Cours de Géométrie élémentaire. 5ᵉ éd.; in-8, avec pl.; 1844. (*Adopté par l'Université*.) . . . . 7 fr.

BOURDON et **VINCENT**. — **Abrégé du Cours de Géométrie**. In-8, avec planches; 1844. (*Adopté par l'Université*.) . . . . 5 fr.

BRASSINNE (E. , professeur à l'École impériale de Toulouse. — **Précis des Œuvres mathématiques de P. Fermat, et de l'Arithmétique de Diophante**. In-8; 1853. . . . . 3 fr. 50 c.

BREITHOF, ancien répétiteur à l'Athénée royal du Luxembourg. — **Éléments d'Algèbre**, ouvrage renfermant un grand nombre de Problèmes et de Théorèmes propres à exciter la curiosité et l'intérêt. In-12; 1836. . . . . 4 fr.

BRESSON (G.). — **Traité élémentaire de Mécanique appliquée aux sciences physiques et aux arts. (Mécanique des corps solides.)** In-4 et Atlas de 18 planches doubles; 1842. . . . . 25 fr.

BRETON (de Champ), ingénieur des Ponts et Chaussées. — **Traité du Nivellement, comprenant la Théorie et la Pratique du Nivellement ordinaire et des Nivellements expéditifs** dits préparatoires ou de reconnaissance. In-8, avec planches; 1848 . . . . 5 fr.

BUQUOY (le comte **DE**). — **Exposition d'un Nouveau principe général de Dynamique**, dont le principe des vitesses virtuelles n'est qu'un cas particulier. In-4; 1815. . . . . 2 fr. 50 c.

BURAT (A.), professeur de Mathématiques spéciales. — **Arithmétique à l'usage des Collèges et des Écoles normales**. 3ᵉ édition; in-8 . . . . 4 fr. 50 c.

C

CAGNOLI (Antoine). — **Trigonométrie rectiligne et sphérique**; traduite de l'italien par *M.-N. Chompré*. 2ᵉ édition considérablement augmentée; in-4, avec planches; 1808. . . . . 18 fr.

CAILLET (V.), examinateur de la Marine. — **Tables de réfractions astronomiques**; précédées d'un Rapport fait au Bureau des Longitudes, par M. *Largeteau*, membre de l'Académie des Sciences (Institut) et du Bureau des Longitudes. In-8 . . . . 2 fr.

CALLET (F). — **Tables portatives de Logarithmes**, contenant les logarithmes des nombres depuis **1** jusqu'à **108 000**, les logarithmes des sinus et tangentes de seconde en seconde pour les cinq premiers degrés, de dix en dix secondes pour tous les degrés du quart de cercle, etc. In-8; tirage de 1853. 15 fr.

CARNOT, de l'Institut. — **Géométrie de Position**. In-4, avec planches; 1803.

CARNOT. — **De la Corrélation des figures de Géométrie**. In-8 grand papier, avec 4 planches; 1801. . . . . 3 fr.

CARNOT (S.). — **Réflexions sur la puissance motrice du feu et sur les machines propres à développer cette puissance**. In-8; 1824. . . . . 3 fr.

CATALAN (E.), et **LAFRÉMOIRE** (H.-Ch. **DE**). ancien élève de l'École Polytechnique. — **Traité élémentaire de Géométrie descriptive**, renfermant toutes les matières exigées pour l'admission à l'École Polytechnique. 2ᵉ édit.; in-8 et Atlas; 1852. . . . . 6 fr. 50 c.

CAUCHY (Aug.), membre de l'Académie des Sciences, professeur d'Analyse à l'École Polytechnique. — **Cours d'Analyse de l'École Polytechnique.** (*Première partie*, **Analyse algébrique**.) In-8; 1821. . . . . 7 fr.

CAUCHY. — **Exercices d'Analyse et de Physique mathématique**. 4 volumes in-4. . . . . 72 fr.
     Chaque volume se vend séparément. . . . . 18 fr.

CAZENAVE (Édouard), docteur en Médecine de la Faculté de Paris, membre de la Société d'Hydrologie médicale, médecin des Eaux-Bonnes. — **Recherches cliniques sur les Eaux-Bonnes**. In-8; 1854 . . . . 2 fr.

CHASLES, membre de l'Institut. — **Traité de Géométrie supérieure**. Fort vol. in-8, avec 12 planches; 1852 . . . . 15 fr.

CHAVERONDIER (H.). — **Nouvelle Théorie sur les Roues hydrauliques.** In-8, avec planche; 1855.. 4 fr.

CHENU (J.), instituteur-géomètre. — **Traité pratique d'Arithmétique ancienne et décimale, comparée et rendue facile.** — **De la Géométrie.** — **De l'Arpentage.** — **Du Toisé des bâtiments, bois,** etc. In-8, avec figures; 1822... 7 fr.

CHOQUET, docteur ès Sciences, professeur de Mathématiques, et **MAYER**, ancien élève de l'École Polytechnique. — **Traité élémentaire d'Algèbre.** 5e édit., revue, corrigée et augmentée; in-8; 1849. (*Adopté par l'Université*). 7 fr. 50 c.

CHOQUET. — **Complément d'Algèbre,** contenant les matières exigées suivant le *Programme officiel,* pour l'admission à l'École Polytechnique, et qui ne se trouvent pas dans la 5e édition du **Traité élémentaire d'Algèbre.** 2e édition; in-8; 1853.. 2 fr.

CHORON (F.), professeur au Collége de Troyes. — **Traité d'Arithmétique** pratique d'après la méthode des **Progressions.** In-12............. 1 fr.

CHRISTIAN (S.), professeur de Mathématiques spéciales, et **PLANCHE** (J.), inspecteur de l'Académie de Caen. — **Cours de Cosmographie,** à l'usage des élèves des Lycées, des Colléges communaux et des Écoles secondaires privées, *rédigé d'après le Programme de l'Université et adopté par le Conseil de l'Instruction publique* (1er et 2e semestres). 3e édit; in-8, avec 4 pl; 1849......... 5 fr.

CLAIRAUT. — **Éléments d'Algèbre.** 6e édition, avec des **Notes** et des **Additions** très-étendues, par M. *Garnier;* précédés d'un **Traité d'Arithmétique,** par *Theveneau;* et d'une **Instruction sur les nouveaux Poids et Mesures.** 2 vol. in-8; 1801... 10 fr.

CLAIRAUT. — **Éléments de Géométrie.** Nouvelle édit.; in-8, avec planches; 1852.. 2 fr. 50 c.

CLARKE (Léonce), professeur de Mathématiques. — **Théorèmes et Problèmes de Trigonométrie rectiligne et sphérique.** *Première partie:* **Trigonométrie rectiligne.** In-8; 1849.................................... 1 fr. 50 c.

COMTE (Auguste), ancien élève de l'École Polytechnique. — **Cours de Philosophie positive.** 6 vol. in-8.. 70 fr.
Tome I (Préliminaires généraux, et Philosophie mathématique).
Tome II (Philosophie astronomique et Philosophie de la Physique).
Il ne reste qu'un très-petit nombre d'exemplaires complets.

On vend séparément:

Tome III (Philosophie chimique et Philosophie biologique).......... 15 fr.
Tome IV (Portion dogmatique de la Philosophie sociale)............ 10 fr.
Tome V (Partie historique de la Philosophie sociale, en tout ce qui concerne l'état théologique et l'état métaphysique)............... 10 fr.
Tome VI (Complément de la Philosophie sociale, et Conclusions génér.). 12 fr.

COUCHE (C.), professeur à l'École des Mines. — **Des Mesures propres à prévenir les collisions sur les chemins de fer.** In-8; 1853........... 2 fr.

COULVIER-GRAVIER. — **Catalogue des Globes filants (Bolides).** In-4; 1854.. 3 fr.

COURS D'ARITHMÉTIQUE, DE GÉOMÉTRIE ET DE TRIGONOMÉTRIE, à l'usage des sous-officiers du corps de l'Artillerie. In-12. (*Approuvé par le Ministre secrétaire d'État de la guerre.*).................... 4 fr.

CROS (S.-C.-Henri), docteur en droit. — **Théorie de l'Homme intellectuel et moral.** 3e édition; 2 vol. in-8; 1842........................... 12 fr.

D

D'ABREU (J.-M.) — **Principes mathémathiques de feu Joseph-Anastase da Cunha,** traduits du portugais. In-8, avec planches; 1811........ 6 fr.

DALMAS (J.-B.), membre de la Société Géologique de France, etc. — **La Cosmogonie et la Géologie** basées sur les faits physiques, astronomiques et géologiques qui ont été constatés ou admis par les savants du XIXe siècle, et leur comparaison avec la formation des cieux et de la terre selon la Genèse. 1 vol. in-8, avec planches... 3 fr. 50 c.

DÉCRET DU 29 JANVIER 1853, DÉTERMINANT L'UNIFORME DES DIFFÉRENTS CORPS DE LA MARINE. (Extrait du Bulletin officiel.) In-8; 1853.. 2 fr.

DELAGRIVE (l'abbé). — **Manuel de Trigonométrie pratique;** revu et augmenté de **Tables de Logarithmes** à l'usage des Ingénieurs; par *A.-A.-L. Reynaud.* Nouvelle édition; in-8, avec planche; 1806.............. 7 fr.

DELAMBRE. — **Astronomie théorique et pratique.** 3 vol. in-4, avec planches; 1814... 60 fr.

DELAMBRE. — **Abrégé du même Ouvrage,** ou **Leçons élémentaires d'Astronomie théorique et pratique** données au Collége de France. 1 vol. in-8.

DELAMBRE. — **Histoire de l'Astronomie ancienne.** 2 vol. in-4, avec planches; 1817.. 40 fr.

DELAMBRE. — Histoire de l'Astronomie du moyen âge. 1 vol. in-4, avec planches ; 1819.. 25 fr.

DELAMBRE. — Histoire de l'Astronomie moderne. 2 v. in-4, avec pl. ; 1821. 50 fr.

DELAMBRE. — Histoire de l'Astronomie au 18ᵉ siècle ; publiée par M. *Mathieu*, membre de l'Académie des Sciences et du Bureau des Longitudes. In-4, avec planches ; 1827.. 36 fr.

DELATOUCHE (Gustave), professeur de Mathématiques. — Trigonométrie rectiligne, à l'usage des Élèves qui se destinent aux Écoles du Gouvernement. 3ᵉ édition, revue et augmentée ; in-12, avec pl. ; 1852.......... 3 fr. 50 c.

DELAUNAY (Ch.), ingénieur des Mines. — Cours élémentaire d'Astronomie, concordant avec les articles du Programme officiel pour l'enseignement de la Cosmographie dans les lycées. 1ʳᵉ partie ; in-8, avec pl. ; 1853.... 3 fr. 75 c.

DELAUNAY (M.-C.), ingénieur des Mines, professeur de Mécanique à l'École Polytechnique et à la Faculté des Sciences de Paris. — Cours élémentaire de Mécanique théorique et appliquée. 3ᵉ édition ; in-12, avec un grand nombre de figures dans le texte ; in-12................................. 8 fr.

DELHORBE. — Nouveau Traité de Géométrie théorie-pratique sur la division des Champs. 2ᵉ édition ; in-8................................... 5 fr.

DELILE (J.-Cl.-Ouvrier), professeur de tenue de livres. — L'Arithmétique méthodique et démontrée, appliquée au Commerce, à la Banque et à la Finance, avec un Traité complet de changes étrangers. 9ᵉ édition ; in-8 ; 1812... 6 fr.

DELISLE (A.), examinateur pour l'admission à l'École Navale, professeur émérite et officier de l'Université, et **GERONO**, professeur de Mathématiques. — Géométrie analytique. In-8, avec pl. ; 1853....................... 8 fr.

DELISLE et **GERONO**. — Éléments de Trigonométrie rectiligne et sphérique. 3ᵉ éd. ; in-8, avec pl.. 3 fr. 50 c.

DENNIÉE, ingénieur civil. — De l'Enseignement professionnel (**1762-1852**). In-8 ; 1852... 25 c.

DERYAUX (A.). — Découverte de la vraie cause de la précession des équinoxes, ainsi que de la rétrogradation des nœuds de la Lune contre l'ordre des signes du Zodiaque. In-8 ; 1850.................................. 3 fr.

DERYAUX (A.). — Découverte de la véritable Astronomie. In-8 ; 1853.
　　　　　　　　　　　　　　　　　　　　　　　　　　　　 1 fr. 25 c.

DEVELEY (Em.), professeur de Mathématiques. — Application de l'Algèbre à la Géométrie, contenant en particulier les deux Trigonométries et les Sections coniques. 2ᵉ édit. ; in-4, avec pl. ; 1824................... 14 fr.

DEVELEY (Em.). — Éléments de Géométrie, distribués dans un cadre naturel et sur un plan absolument neuf. 2ᵉ édition ; in-8, avec planches ; 1816.. 6 fr.

DIDIEZ, professeur de Mathématiques. — Cours complet de Géométrie (1ʳᵉ partie, Géométrie plane, section élémentaire). In-8, avec pl. ; 1828. 6 fr.

DIDIEZ (N.-J.). — Petit Cours élémentaire d'Arithmétique théorique et pratique, à l'usage des Commençants. In-24.......................... 1 fr.

DIDION (Is.), chef d'escadron d'artillerie. — Cours élémentaire de Balistique. In-4 ; 1852... 3 fr.

DIDION (Is.). — Traité de Balistique. In-8, avec planches ; 1848...... 8 fr.

DIEU (Th.), professeur à la Faculté des Sciences de Grenoble. — Éléments d'Arithmétique, rédigés suivant les nouveaux Programmes pour l'enseignement secondaire et l'enseignement primaire. In-8 ; 1845........... 2 fr. 50 c.

DUBOIS (Pierre), horloger. — Histoire et Traité de l'Horlogerie ancienne et moderne, précédés de Recherches sur la mesure du Temps dans l'antiquité, et suivis de la Biographie des Horlogers les plus célèbres de l'Europe. 1 volume in-4, avec planches dans le texte ; 1852............. 30 fr.

DU BOIS (F.), ancien élève de l'École Polytechnique. — Géométrie descriptive de Monge, ou les Arts graphiques ramenés aux principes de ce grand maître. In-8, avec pl. ; 1854.............................. 5 fr. 50 c.

DUCROS DE SIXT (J.-P.). — Leçons d'Arithmétique et de Métrage, d'après la Méthode analytique de l'abbé Gaultier. 4ᵉ édition ; in-18 ; 1853. (*Ouvrage adopté par l'Université et le Ministre de la Guerre pour les sous-off.*). 2 fr. 50 c.

DUHAMEL, membre de l'Institut. — Cours de Mécanique. 2ᵉ édition ; 2 vol. in-8, avec planches ; 1854.. 12 fr.

DUHAMEL. — Cours d'Analyse de l'École Polytechnique ; 2ᵉ édition ; 2 vol. in-8° ; 1847... 10 fr.

DU MONCEL (Th). — Théorie des Éclairs. In-8 ; 1854............... 1 fr.

DUPIN (Ch.), membre de l'Institut. — Géométrie et Mécanique des arts et métiers et des beaux-arts, Cours normal à l'usage des Ouvriers et des Artistes, des Sous-Chefs et des Chefs d'Ateliers et de Manufactures ; professé au Conservatoire des Arts et Métiers. 3 vol. in-8, avec 44 planches ; 1842.
Se vend séparément : Tome I (**Géométrie appliquée aux Arts**)..... 6 fr.
　　　　　　　　　　　 Tome II (**Mécanique**)......................... 6 fr.
　　　　　　　　　　　 Tome III (**Dynamique**). [*Sous presse.*]

DUPIN. — Application de Géométrie et de Méchanique à la Marine, aux Ponts et Chaussées, etc., pour faire suite aux Développements de Géométrie. In-4, avec planches; 1822.. 15 fr.

DUPIN. — Développements de Géométrie, avec des Applications à la stabilité des vaisseaux, aux déblais et aux remblais, au défilement, à l'optique, etc., pour faire suite à la Géométrie analytique de Monge. In-4, avec planches; 1813 .... 15 fr.

DUSSON. — Traité des Puissances numériques. In-8; 1847.......... 3 fr.

E

ÉTIENNE, professeur de Mathématiques au Lycée de Versailles. — **Table des Racines carrées**, contenant les racines carrées des nombres **1 à 750**, avec **28**, **24** et **21** décimales pour les **103** premiers nombres; **19** décimales pour les nombres **104 à 419**, et **17** décimales pour les autres nombres. In-12; 1 fr.

Cette Table est précédée d'une exposition sur la Théorie des puissances des nombres et des radicaux du deuxième degré et suivi d'un Tableau des carrés et des nombres qui contiennent des carrés comme facteurs, depuis **1** jusqu'à **3 000**.

F

FAURE. — Mémoire sur la Réforme de l'enseignement de la Géométrie où se trouve la Solution de plusieurs Questions réputées insolubles, adressé au Conseil royal et à l'Académie des Sciences. In-8; 1845.............. 1 fr.

FAVRE (P.-A.), agrégé de la Faculté de Médecine. — Thèse de Chimie: Recherches thermochimiques sur les composés formés en proportions multiples. Thèse de Physique: Recherches thermiques sur les courants hydro-électriques. In-4; 1853.. 3 fr. 50 c.

FAYET. — Programmes de Géométrie élémentaire, ou Énoncé des principaux Théorèmes de la Géométrie élémentaire. In-8.............. 1 fr.

FERRIOT (L.-A.-S.), recteur honoraire de l'Académie de Grenoble.— Application de la méthode des Projections à la recherche de certaines propriétés géométriques. In-8, avec planches; 1838 .... 3 fr. 50 c.

FIEVET (A.). — Histoire du Ciel et de la Terre, nouvelle Physique céleste. In-8, avec planches; 1849...................................... 6 fr.

FINANCE (Ch.-S.), maître à l'École primaire supérieure de Saint-Dié (Vosges). — Arithmétique, à l'usage des Écoles primaires supérieures, des Écoles normales primaires, des petits Séminaires, des Communautés religieuses et des Pensions; comprenant les matières exigées pour le brevet d'Instituteur et pour l'admission aux Écoles des Arts et Métiers. In-12; 1854.......... 2 fr. 50 c.

FLANDIN (Ch.), docteur en médecine de la Faculté de Paris. — Traité des Poisons, ou Toxicologie appliquée à la Médecine légale, à la Physiologie et à la Thérapeutique. 3 vol. in-8, avec planches; 1853............ 21 fr.

Les tomes II et III se vendent séparément.................... 14 fr.

FRANCŒUR (L.-B.), membre de l'Institut. — Traité d'Arithmétique appliquée à la Banque, au Commerce, à l'Industrie, etc.; Recueil de Méthodes propres à résoudre les Problèmes et à abréger les Calculs numériques. In-8; 1845.. 4 fr.

FRANCŒUR (L.-B.). — La Goniométrie, ou l'Art de tracer sur le papier des Angles dont la graduation est connue, et d'évaluer le nombre des degrés d'un angle déjà tracé, accompagné d'une Table des cordes pour le rayon 10 000. In-8, avec planches; 1820...................................... 1 fr. 25 c.

FRANCOEUR (L.-B.). — Éléments de Statique. In-8, avec pl; 1810. 3 fr.

FRANCOEUR (L.-B.). — Astronomie pratique. Usage et composition de la Connaissance des Temps, ouvrage destiné aux Astronomes, aux Marins et aux Ingénieurs. 2e édition; in-8, avec planches; 1840 .... 7 fr. 50 c.

FRANCŒUR (L.-B.). — Uranographie, ou Traité élémentaire d'Astronomie, à l'usage des personnes peu versées dans les Mathématiques, des Géographes, des Marins, des Ingénieurs, accompagnée de Planisphères; 6e édition, revue, corrigée et augmentée d'une Notice sur la Vie et les Ouvrages de l'Auteur, par M. *Francœur fils*, professeur de Mathématiques à l'École des Beaux-Arts. (Dédiée à M. *F. Arago*). In-8, avec planches; 1853.............. 10 fr.

FRANCŒUR. — Cours complet de Mathématiques pures. 4e édition; 2 vol. in-8, avec planches; 1837. (*Ouvrage destiné aux élèves des Écoles Normale et Polytechnique, et aux candidats qui se préparent à y être admis.*)........ 15 fr.

FRANCŒUR fils, professeur de Mathématiques au Collège Chaptal. — Notice sur la vie et les ouvrages de **L.-B. Francœur**. In-8; 1853.............. 75 c.

FRONTERA (G.). Thèses d'Analyse et de Mécanique. In-4; 1851. 3 fr. 50 c.

G

GANOT (A.), professeur de Mathématiques et de Physique. — Traité élémentaire de Physique expérimentale et appliquée et de Météorologie. 3e édit.; in-12; 1853.. 7 fr.

GARIDEL (DE), capitaine du génie. — **Tables des poussées des voûtes en plein cintre.** In-4, avec planches; 1837. (*Première partie.*) .... 5 fr.

GARLIN (J.). — **Thèse de Mécanique** : Sur les surfaces isothermes et orthogonales. **Thèse d'Astronomie** : Sur les mouvements apparents. In-4; 1853. 3 fr. 50

GARNIER (J.-G.), ancien professeur à l'École Polytechnique. — **Traité d'Arithmétique**, à l'usage d'Élèves de tout âge. 2e édit.; in-8 .... 2 fr. 50 c.

GARNIER (J.-G.). — **Éléments d'Algèbre**, à l'usage des aspirants à l'École Polytechnique (*première section*). In-8, avec planche; 1811 .... 7 fr.

GARNIER (J.-G.). — **Analyse algébrique**, faisant suite à la *première section* de l'Algèbre. 2e édition; in-8, avec planches; 1814. .... 7 fr.

GARNIER. — **Éléments de Géométrie**, comprenant les **deux Trigonométries**, une **Introduction à la Géométrie descriptive**, les **Éléments de la Polygonométrie** et quelques **Notions sur le levé des Plans.** In-8, avec planches; 1812 .... 6 fr.

GAROT (A.). — **Instruction pour se servir de la Règle à Calcul**, à l'usage des élèves des Écoles d'Arts et Métiers. 1852 .... 25 c.

GERONO. — **Statique appliquée à l'équilibre des principales machines employées sur les vaisseaux.** In-8 .... 5 fr.

GIAMBONI (H.), professeur à l'Université de Pérouse. — **Éléments d'Algèbre, d'Arithmétique et de Géométrie**, où l'Arithmétique et la Géométrie se déduisent des premières notions de l'Algèbre; traduits de l'italien sur la troisième édition, par *D. Roux*, de Genève. 2 vol. in-8, avec pl.; 1829 ..... 9 fr.

GIRARD (L.-D.). — **Hydraulique appliquée. Nouveau système de locomotion sur les chemins de fer.** In-4, avec 1 pl. lithographiée en couleur; 1852 .... 7 fr.

GIRARD (L.-D.), ingénieur. — **Nouveau barrage hydropneumatique.** In-4, et une planche in-folio coloriée .... 5 fr.

GOSSART (Alexandre), sous-inspecteur des Contributions indirectes. — **Sténarithmie ou Abréviation des Calculs**, Complément indispensable de toutes les Arithmétiques. In-12; 2e édition; 1853 .... 1 fr.

GOULARD-HENRIONNET, géomètre du Cadastre, attaché à l'Administration centrale des forêts pour la vérification des plans d'aménagement. — **Guide du Géomètre pour les opérations d'Arpentage et le rapport des Plans**, suivi d'un **Traité de Topographie et de Nivellement**, contenant toutes les Méthodes pratiques propres à faciliter l'application, sur le terrain et au cabinet, des principes théoriques constituant l'art de l'Arpenteur. 2e éd.; in-8, avec Atlas de 25 pl., dont plusieurs coloriées; 1853 .... 12 fr.

GOURÉ, proviseur du Lycée de Strasbourg. — **Éléments d'Arithmétique**, à l'usage des Candidats des Écoles spéciales du Gouvernement. 2e éd.; in-8; 1852. (*Autorisés pour l'enseignement dans les Lycées et Collèges.*) .... 5 fr.

GOURÉ. — **Éléments de Géométrie et de Trigonométrie**, à l'usage des Candidats aux Écoles du Gouvernement. 4e édition; in-8, avec planches; 1852. 7 fr.

GREMILLIET (J.-J.). — **Traité élémentaire et complet d'Arithmétique**, à l'usage de toutes les classes de la société. In-8; 1839 .... 5 fr.

GREMILLIET (J.-J.) — **Recueil de Problèmes amusants et instructifs.** *Première partie*, renfermant les **Questions.** In-8 .... 5 fr.
   — *Deuxième partie*, renfermant les **Solutions.** In-8 .... 6 fr.

GREMILLIET (J.-J.). — **Calcul des Intérêts composés, des Annuités et des Rentes viagères.** 1 vol. in-8 .... 7 fr. 50 c.

GUDIN. — **Traité des Courbes algébriques.** In-12; 1756. (*Ouvrage approuvé par l'Académie royale des Sciences, le 11 juin 1755, sur un Rapport de MM. Clairaut et d'Alembert.*) .... 4 fr.

GUEPRATTE. — **Problèmes d'Astronomie nautique.** 2 volumes in-8, avec additions .... 30 fr.

GUETTIER (A.), professeur à l'École d'Arts et Métiers d'Angers. — **De la Fonderie telle qu'elle existe aujourd'hui en France, et de ses nombreuses Applications à l'Industrie.** In-4, avec planches; 1847 .... 15 fr.

   — (*Deuxième partie*). — **Glissement des Voussoirs, Frottement et Cohésion dans les corps solides, les terres et les sables.** In-4; 1842 .... 5 fr.

H

HARANT (H.), licencié ès Sciences, et **LAFFITTE (P.)**, professeur de Mathématiques. — **Leçons de Cosmographie**, *rédigées d'après les Programmes arrêtés par la Commission chargée des attributions du Conseil de perfectionnement et approuvés par le Ministre de la Guerre.* In-8, avec planches; 1853 .... 5 fr.

HEEGMANN (Alphonse), membre de la Société des Sciences de Lille. — **Études sur la Trigonométrie sphérique, suivies de Nouvelles Tables trigonométriques.** In-8, avec planches; 1851 .... 3 fr.

J

JACOB (C.), capitaine d'artillerie. — Application de l'Algèbre à la Géométrie, suivie de la Discussion des Courbes d'un degré supérieur au second. In-8, avec planches; 1842.................................... 7 fr. 5o c.

JARIEZ (J.), Sous-directeur de l'École d'Arts et Métiers de Châlons-sur-Marne. — Cours d'Arithmétique, à l'usage des élèves des Écoles d'Arts et Métiers. In-8; 1853.................................... 3 fr. 5o c.

JARIEZ (J.) — Notions d'Algèbre et de Trigonométrie, suivies de quelques Applications au lever des Plans, à l'usage des Écoles d'Arts et Métiers. In-8, avec planches; 1847.................................... 5 fr. 5o c.

JARIEZ (J.). — Cours de Géométrie descriptive et ses Applications au dessin des Machines, à l'usage des Écoles d'Arts et Métiers. In-8, avec pl.; 1846.................................... 5 fr.

JARIEZ. — Cours élémentaire de Mécanique industrielle à l'usage des élèves des Écoles nationales d'Arts et Métiers. 2e édition, 2 parties et 2 atlas; in-8; 1840.................................... 15 fr.

JUVIGNY (J.-B.), de la Société académique des Sciences de Paris. — Moyen de suppléer par l'Arithmétique à l'emploi de l'Algèbre, dans les questions d'intérêts composés, d'annuités, etc., terminé par une application spéciale du même procédé à l'extinction de la dette publique. In-8; 1825........ 2 fr.

K

KORALEK, ancien élève de l'École Polytechnique de Vienne. — Méthode nouvelle pour calculer rapidement les Logarithmes des nombres et pour trouver les Nombres correspondant aux Logarithmes. In-8; 1851... 2 fr.

L

LACOMBE. — Nouveau manuel de l'Escompteur, du Banquier, du Capitaliste et du Financier, ou Nouvelles Tables de calculs d'Intérêts simples, précédées de la manière de les calculer à tous les taux, suivi du Calendrier de l'Escompteur, pour connaître sans calcul le nombre de jours entre deux époques dans le courant d'une année. In-8; 1848.................................... 5 fr.

LABEY (J.-B.), examinateur à l'École Polytechnique. — Traité de Statique. In-8, avec planches; 1812.................................... 3 fr. 5o c.

LACROIX (S.-F.), membre de l'Institut. — Traité élémentaire d'Arithmétique. 20e édition; in-8.................................... 2 fr.

LACROIX (S.-F.). — Éléments d'Algèbre. 20e édition, revue et corrigée; in-8; 1852.................................... 4 fr.

LACROIX (S.-F.). — Complément des Éléments d'Algèbre. 6e édition, revue et corrigée; in-8; 1835.................................... 4 fr.

LACROIX (S.-F.). — Traité élémentaire de Trigonométrie rectiligne et sphérique, et d'Application de l'Algèbre à la Géométrie. 10e édition, revue et corrigée; in-8, avec planches; 1852.................................... 4 fr.

LACROIX (S.-F.).—Éléments de Géométrie. 16e édition; in-8, avec planches; 1848.................................... 4 fr.

LACROIX (S.-F.). — Essais de Géométrie sur les Plans et les Surfaces courbes (Éléments de Géométrie descriptive). 7e édition, revue et corrigée; in-8, avec planches; 1840.................................... 3 fr.

LACROIX (S.-F.). — Introduction à la connaissance de la Sphère. In-18, avec planches; 1832.................................... 1 fr.

LAFFITTE (P.) professeur de Mathématiques, et **HARANT (H.)**, licencié ès Sciences. — Leçons de Cosmographie, *rédigées d'après les Programmes arrêtés par la Commission chargée des attributions du Conseil de perfectionnement et approuvés par le Ministre de la Guerre.* In-8, avec planches; 1853........ 5 fr.

LAFRÉMOIRE (H.-Ch. DE), ancien élève de l'École Polytechnique, et **CATALAN (E.)**, docteur ès Sciences. — Traité élémentaire de Géométrie descriptive, renfermant toutes les matières exigées pour l'admission à l'École Polytechnique. 2e édit.; in-8, et Atlas in-8; 1852.................................... 6 fr. 5o c.

LAGRANGE (J.-L.). — Mécanique analytique. Troisième édition, revue, corrigée et annotée par M. *J. Bertrand.* 2 vol. in-4.................................... 40 fr.

(On peut se procurer de suite le tome Ier. — Il est délivré un BON pour le tome II, dont la publication aura lieu en juin 1854.)

LALANDE. — Tables de Logarithmes pour les Nombres et les Sinus à cinq décimales; revues par le baron *Reynaud.* Nouvelle édition augmentée de *Formules pour la Résolution des Triangles,* par M. *Bailleul,* prote de l'imprimerie mathématique de M. *Mallet-Bachelier.* In-18; 1854.................................... 2 fr.

LALANDE. — Tables de Logarithmes, étendues à sept décimales, par *F.-.-M. Marie,* précédées d'une Instruction dans laquelle on fait connaître les limites des erreurs qui peuvent résulter de l'emploi des Logarithmes des nombres et des lignes trigonométriques; par le baron *Reynaud.* In-12........ 3 fr. 5o c.

LAMBERT (César), lieutenant-colonel du génie, et **PICQUÉ** (J.), professeur de Mathématiques. — **Cours de Géométrie descriptive**, renfermant les Plans tangents, les Intersections des surfaces, les Propriétés des sections coniques, la Théorie géométrique des ombres, la Perspective linéaire, les Projections stéréographiques, les Echelles et les Plans cotés. In-8, avec pl.; 1843..... 10 fr.

LAMBERT (César). — **Trigonométrie rectiligne**, suivie de **Tables de Logarithmes pour les nombres** et les lignes trigonométriques, à l'usage des candidats qui se destinent aux Écoles du Gouvernement. 2e édit.; in-8; 1844.

LAMBERT (César) et **PICQUÉ** (J.). — **Éléments de Géométrie descriptive**, à l'usage des élèves qui se destinent à l'École spéciale militaire de Saint-Cyr, à l'École Navale et à l'École Forestière. 2e édit; in-8; 1850....

LAMBERT (César) et **PICQUÉ** (J.). — **Éléments de Géométrie descriptive**, à l'usage des élèves qui se destinent à l'École Polytechnique. 2e édition; in-8, et Atlas in-4; 1850.....................................

LAMÉ (G.), membre de l'Institut. — **Leçons sur la Théorie mathématique de l'élasticité des corps solides.** In-8, avec pl.; 1852................. 5 fr.

LAPLACE (le marquis **DE**). — **Exposition du Système du Monde.** 6e édition, précédée de l'Éloge de l'Auteur, par M. le baron *Fourrier*. In-4, papier fin, avec portrait; 1835..................................... 18 fr.

— **Le même Ouvrage.** 2 vol. in-8; 6e édition; 1836................. 15 fr.

LAPLACE (le marquis **DE**). — **Précis de l'Histoire de l'Astronomie.** In-8; 1821.. 3 fr.

LAPLACE (Œuvres de). 7 vol. in-4 (*Édition du Gouvernement*)........ 70 fr.

LAURENT (l'abbé), ancien professeur de l'Université. — **Traité de Calcul différentiel**, à l'usage des aspirants au grade de licencié ès Sciences mathématiques. In-8; avec figures dans le texte; 1853...................... 7 fr.

LAVAUX (P.-A.). — **Traité d'Arithmétique**, à l'usage des Écoles normales primaires, des Écoles primaires et supérieures et des Pensions. In-8; 1845. 5 fr.

LECOT (V.). — **Récréations arithmétiques.** In-18; 1853............. 1 fr.

LECOY (F.), architecte à Angers. — **Tarif des Prix de tous les ouvrages de la construction des bâtiments**, suivant leurs genres et espèces; à l'usage des propriétaires, des ouvriers et des entrepreneurs. In-12; 1849..... 3 fr. 50 c.

LEFÉBURE DE FOURCY, examinateur pour l'admission à l'École Polytechnique. — **Leçons d'Algèbre.** 6e édition; in-8; 1850............ 7 fr. 50 c.

LEFÉBURE DE FOURCY. — **Leçons de Géométrie analytique**, comprenant la Trigonométrie rectiligne et sphérique, les Lignes et les Surfaces des deux premiers ordres. 5e édition; in-8, avec planches; 1846..... 7 fr. 50 c.

LEFÉBURE DE FOURCY. — **Traité de Géométrie descriptive**, précédé d'une Introduction qui renferme la **Théorie du Plan et de la Ligne droite** considérée dans l'espace. 5e édit.; 2 vol. in-8, dont un composé de 32 planches; 1842... 10 fr.

LEFÉBURE DE FOURCY. — **Éléments de Trigonométrie**, contenant la Trigonométrie rectiligne, la Trigonométrie sphérique et quelques Applications à l'Algèbre. 6e édition; in-8, avec planche; 1846............. 2 fr.

LEFRANÇOIS (F.), officier d'Artillerie. — **Essais de Géométrie analytique.** 2e édit., revue et augmentée; in-8, avec pl.; 1804............... 2 fr. 50 c.

LEFÈVRE. — **Application de la Géométrie à la Mesure des Lignes inaccessibles et des surfaces planes**, etc., ou **Longiplanimétrie pratique.** In-8, avec 5 planches; 1827.. 5 fr.

LEGENDRE. — **Éléments de Géométrie**, avec Additions et Modifications; par M. *A. Blanchet*. 3e édit.; in-8, avec fig. dans le texte; 1853........ 4 fr.

LENTHÉRIC (P.), professeur à la Faculté des Sciences de Montpellier. — **Trigonométrie et Géométrie analytique.** In-8, avec planches; 1841. (*Ouvrage autorisé par le Conseil de l'Instruction publique.*)............. 6 fr. 50 c.

LEROY, professeur à l'École Polytechnique. — **Traité de Stéréotomie**, comprenant les Applications de la Géométrie descriptive à la théorie des Ombres, la **Perspective linéaire**, la **Gnomonique**, la **Coupe des pierres**, et la **Charpente.** In-4, avec Atlas de 74 planches in-fol.; 1844............. 26 fr.

LEROY. — **Traité de Géométrie descriptive.** 3e édition; in-4, avec Atlas de 71 planches; 1850... 16 fr.

LEROY-LÉRAILLÉ, maître de pension. — **Les Principes de l'Arithmétique**, ouvrage essentiellement théorique. In-8; 1850..................... 2 fr.

LESBROS et **PONCELET**, capitaines du génie. — **Hydraulique expérimentale à l'usage des Ingénieurs, des Chefs d'usines**, etc. (1re *Partie*). *Comprenant* : la première partie des résultats d'expériences exécutées par ces officiers sur le jaugeage des orifices à minces parois planes, précédée d'un résumé historique sur l'état actuel et les progrès de nos connaissances en hydraulique théorique et pratique. In-4, avec planches; 1832............................. 10 fr.

LESBROS, colonel du génie, commandeur de la Légion d'honneur. — **Hydraulique expérimentale** à l'usage des **Ingénieurs**, des **Chefs d'usines**, etc. (2ᵉ *Partie*). *Comprenant* : la dernière partie des nombreux résultats d'expériences exécutées par cet officier supérieur sur le jaugeage des pertuis avec ou sans coursier, dans toutes les circonstances de la pratique, et accompagnés de la discussion comparée de ces résultats avec ceux antérieurement connus. In-4, avec pl.; 1851.. 30 fr.
Chaque Partie se vend séparément.

LE SECQ (A.). — **Interpolation** des **Coordonnées lunaires**, à l'usage des Astronomes, des Navigateurs et des Géographes. In-8; 1853. .... 1 fr. 50 c.

LIAGRE (J.-B.-J.), capitaine du génie. — **Calcul** des **Probabilités** et théorie des **Erreurs**, avec des applications aux Sciences d'observation en général et à la Géodésie en particulier. In-8... 8 fr.

LIONNET (E.). — **Des Approximations numériques.** In-8; 1853.... 50 c.

LONG. — **Révolution navale. L'Angleterre continentale**, ou il n'y a plus de **Manche**, avec une **Introduction** par M. *F. Billot*, avocat. In-8; 1853. 2 fr.

LOUPOT (C.), professeur de Mathématiques au Collège de Nîmes. — **Éléments d'Astronomie**, à l'usage des personnes peu versées dans les Mathématiques. In-8; 1842.. 5 fr. 50. c.

LUTTERBACH (P.). — **De l'Importance des différentes manières de respirer.** In-12; 1853.. 50 c.

LUTTERBACH (P.). — **Révolution dans la marche.** In-12; 1851... 5 fr.

M

MAINGON (J.-R.), capitaine de vaisseau. — **Considérations nouvelles sur divers points de la Mécanique.** In-8; 1807................... 1 fr. 50 c.

MARIE (l'abbé), professeur de Mathématiques au Collège Mazarin. — **Traité de Mécanique.** In-4, avec planches; 1774......................... 12 fr.

MARIE (F.-C.-M.). — **Géométrie stéréographique**, ou **Reliefs des Polyèdres** pour faciliter l'étude des **Corps**, en 25 planches gravées, dont 24 sur carton et découpées, d'après l'ouvrage anglais de *John-Logde Cowley*. In-8; 1835... 8 fr.

MARTENS (J.). — **Table de Pythagore**, produisant la **Multiplication**, la **Division**, la **Règle de Trois**; suivie de deux Tableaux d'intérêts simples et d'intérêts composés, et de quatre Tableaux sur les rentes 3 et 4 1/2 pour 100 aux divers cours de la Bourse, avec explications au point de vue du Commerce et de l'Industrie. 5ᵉ édition; in-8; 1853........................... 1 fr.

MARTIN (Roger), professeur de Physique expérimentale à Toulouse. — **Éléments de Mathématiques**, à l'usage des écoles nationales, ouvrage servant d'introduction à l'étude des Sciences physico-mathématiques. Nouvelle édit.; in-8; an x... 7 fr.

MASCHERONI. — **Géométrie du compas**; traduit de l'italien, par M. *Carette*, officier supérieur du Génie. 2ᵉ édition, augmentée d'une Notice biographique sur l'auteur; in-8, avec planches; 1828...................... 7 fr.

MASCHERONI. — **Problèmes de Géométrie**................. 3 fr. 50 c.

MATHIEU (P.-F.). — **Auto-Photographie** ou **Méthode de reproduction** par la lumière des dessins, lithographies, gravures, etc., sans l'emploi du daguerréotype. 6ᵉ édit.; in-8; 1850............................... 50 c.

MAUDUIT (A.-R.), professeur de Mathématiques au Collège de France. — **Leçons élémentaires d'Arithmétique**, ou **Principes d'Analyse numérique.** Nouvelle édition; in-8; 1804.. 5 fr.

MAUDUIT, professeur de Mathématiques de l'ancienne Académie d'architecture. — **Leçons de Géométrie théorique et pratique.** Nouvelle édition; 2 vol. in-8, avec planches; 1817.. 10 fr.

MAUDUIT. — **Introduction aux Sections coniques** pour servir de suite aux **Éléments de Géométrie** de M. **Rivard.** In-8, avec planches; 1761... 3 fr.

MAZEAS (J.-M.), ancien professeur de Philosophie à l'Université de Paris. — **Éléments d'Arithmétique, d'Algèbre et de Géométrie**, avec une **Introduction aux Sections coniques.** 7ᵉ éd.; in-8, avec pl.; 1788................. 7 fr.

MAZEAS. — **Éléments de Géométrie, d'Arithmétique et d'Algèbre**, avec une **Introduction aux Sections coniques.** 7ᵉ édition; in-8.......... 7 fr.

MELLONI (Macédoine). — **La Thermochrôse**, ou la **Coloration calorifique.** 1ʳᵉ partie. In-8, avec planches; 1850.............................. 7 fr. 50 c.

MÉMOIRE SUR LA TRIGONOMÉTRIE SPHÉRIQUE et son Application à la confection des **Cartes marines et géographiques**; par un Officier de l'État-major de l'armée du Rhin. In-8, avec planches; 1801..... 1 fr. 50 c.

MERCIER (Alexandre), géomètre. — **Tables géodésiques**, donnant tous les multiplicateurs nécessaires à la division de toutes espèces de quadrilatères irréguliers, précédées d'un **Traité de Géodésie théorique et pratique.** Grand in-8.. 3 fr.

MERCIER (E.). — **De l'influence du Bien-Être matériel sur la moralité des peuples modernes.** In-8; 1854.. 3 fr.

MESTIVIER, membre de l'Académie industrielle de Paris. — **Cosmographie** ou **Réhabilitation du Système du Monde selon Ptolémée.** In-8; 1841.. 6 fr.

MOLLET (J.), professeur de Physique et de Géométrie pratique. — **Gnomonique graphique, ou Méthode simple et facile pour tracer les Cadrans solaires sur toutes sortes de Plans** en ne faisant usage que de la règle et du compas; suivie de la **Gnomonique analytique.** 5e édition; in 8, avec planches; 1853... 3 fr. 50 c.

MONGE. — **Application de l'Analyse à la Géométrie.** *Cinquième édition*, revue, corrigée et annotée par M. *J. Liouville*, membre de l'Académie des Sciences et du Bureau des Longitudes. In-4, sur carré superfin des Vosges, avec le portrait de Monge et 5 pl.; 1850. (*Édition de luxe*)....................................... 36 fr.

MONGE. — **Géométrie descriptive, suivie d'une Théorie des Ombres et de la Perspective**, extraite des papiers de l'auteur par M. *Brisson*, inspecteur divisionnaire des Ponts et Chaussées. 7e éd.; in-4, avec pl.; 1847.............. 12 fr.

MONGE. — **Traité élémentaire de Statique**, à l'usage des Écoles de la Marine. 8e édition conforme à la précédente, revue par M. *Hachette*, membre de l'Institut; et suivie d'une **Note contenant une nouvelle démonstration du parallélogramme des forces**; par M. *Aug. Cauchy*. In-8; 1846........ 4 fr.

MOULIN-COLLIN (L.), professeur de Mathématiques. — **Traité général et complet, théorique et pratique du calcul des Intérêts composés, du calcul des Intérêts simples.** Ouvrage mis à la portée de tout le monde; in-4; 1846. 15 fr.

MOULTSON (A.), ancien officier d'Artillerie. — **Arithmétique des Campagnes, à l'usage des Écoles primaires.** In-12............................... 1 fr.

MURAZ, ingénieur des Mines. — **Nouveaux Principes de Mécanique.** In-8, avec planche; an VIII... 2 fr.

N

NICOLLET (J.-N.).— **Géométrie et Trigonométrie, Applications diverses.** In-8; 1830.. 7 fr.

NICOLLET (J.-N.). — **Trigonométrie, Géométrie, Applications diverses.** In-8; 1830.. 7 fr.

NORZEWSKI ROCH, professeur de Mathématiques. — **Nouvelle théorie des Proportions et Progressions harmoniques avec ses applications à la Géométrie.** In-8; 1852.. 3 fr.

NOURY, ancien administrateur forestier de la Marine. — **Tarifs d'après le Système Métrique décimal pour cuber les bois carrés ou en grume ou ronds, et tous les Corps solides quelconques,** ainsi que les colis ou ballots, caisses, etc.; à l'usage des propriétaires et des marchands de bois; *ouvrage utile en général aux agents forestiers, aux architectes, aux entrepreneurs, ainsi qu'aux armateurs et capitaines de navires.* 2e édition; in-8; 1847........................... 5 fr.

NOURY. — **Tarifs d'après le Système Métrique pour cuber les bois carrés et ronds,** à l'usage des agents de la Marine. In-4, avec planches. (*Approuvé par les Ministres de l'Intérieur et de la Marine.*)........................ 5 fr.

O

O'BYRNE. — **Dictionnary of Mechanics engine work et engineering.** Grand in-8.. Livr. 1 à 40. — Publiées à 3 fr. chacune.

P

PAOLI (Pietro), P. P. delle Matematiche superiori nell' Università di Pisa.— **Elementi d'Algebra.** 3 vol. in-4, avec planches; 1744..................... 25 fr.

PASCAL (J.-C.). — **Cours de Géométrie élémentaire.** In-8, avec planches; 1835.. 7 fr.

PASTEUR (L.). — **Recherches sur les Alcaloïdes des quinquinas.** In-4; 1853... 2 fr. 50 c.

PEYRARD (F.), professeur de Mathématiques et d'Astronomie au Lycée Bonaparte. — **Les Éléments de Géométrie d'Euclide,** traduits littéralement, et suivis d'un **Traité du Cercle, du Cylindre, du Cône et de la Sphère; de la Mesure des Surfaces et des Solides;** avec des Notes. 2e édition, augmentée du *cinquième livre*; in-8, avec planches; 1809. (*Ouvrage approuvé par l'Institut.*).. 7 fr. 50 c.

PICQUÉ (J.), professeur de Mathématiques, et **LAMBERT** (César). — **Cours de Géométrie descriptive,** renfermant les **Plans tangents, les Intersections des surfaces, les Propriétés des sections coniques, la Théorie géométrique des ombres, la Perspective linéaire, les Projections stéréographiques, les Échelles et les Plans cotés.** In-8, avec pl.; 1843... 10 fr.

PINAULT (l'abbé), professeur de Physique au séminaire d'Issy. — **Éléments de Physique.** 4e édition, in-8, avec planches; 1852.................... 6 fr.

PLANCHE (J.), inspecteur de l'Académie d'Amiens. — **Cahiers de Géométrie élémentaire** pour servir de Complément au **Traité de Legendre**. 2e édition; in-8, avec planches; 1845. (*Ouvrage adopté par le Conseil de l'Instruction publique*.)... 5 fr.

PLANCHE (J.), Inspecteur de l'Académie de Caen, et **CHRISTIAN** (S.), professeur de Mathématiques spéciales. — **Cours de Cosmographie**, à l'usage des élèves des Lycées, des Colléges communaux et des Écoles secondaires privées, *rédigé d'après le Programme de l'Université et adopté par le Conseil de l'Instruction publique* (1er et 2e semestres). 3e édit.; in-8, avec 4 pl.; 1849. 5 fr.

POINSOT, membre de l'Institut. — **Éléments de Statique**. 9e édition; 1848.
6 fr. 50 c.

POINSOT. — **Théorie des Cônes circulaires roulants**. In-8, avec planche; 1853.. 2 fr. 50 c.

POINSOT. — **Théorie nouvelle de la Rotation des corps**. In-8, avec planches; 1852.. 5 fr.

PONCELET, membre de l'Institut. — **Mémoire sur les Roues hydrauliques à aubes courbes mues par-dessous**, suivi d'**Expériences sur les effets mécaniques de ces Roues**. 2e édition, revue, corrigée et augmentée d'un Mémoire sur des Expériences en grand relatives à la nouvelle Roue, contenant une Instruction pratique sur la manière de procéder à son établissement. In-4, avec pl.; 1827.. 7 fr.

PONTÉCOULANT (G. DE), ancien élève de l'École Polytechnique, colonel au corps d'État-major. — **Théorie analytique du système du Monde**. 4 vol. in-8, et Supplement aux livres II et V.. 100 fr.

    On vend séparément :
    Les tomes III et IV.. 33 fr.
    Le tome IV... 18 fr.
    Les Suppléments, livres II et V..................................... 2 fr. 50 c.

POULLET-DELISLE (A.-Ch.), ingénieur des Ponts et Chaussées. — **Application de l'Algèbre à la Géométrie**. In-8, avec pl.; 1809................ 5 fr.

POURTALÈS (le comte L.-A. DE) — **Des Quantités positives et négatives en Géométrie**. Petit in-4, avec Atlas de 27 planches; 1847.......... 10 fr.

PRONY (DE), membre de l'Institut. — **Leçons de Mécanique analytique** données à l'École impériale Polytechnique. 2 vol. in-4; 1810........... 30 fr.

PUILLE (d'Amiens), professeur de Sciences physiques et de Mathématiques. — **Cours complet d'Arithmétique élémentaire, théorique et pratique**, à l'usage des Établissements d'instruction publique de tous les degrés, contenant les Principes du calcul des Nombres entiers et des Nombres fractionnaires, avec toutes les Applications dont ils sont susceptibles; l'Exposé complet du Système des nouvelles Mesures; augmenté d'un grand nombre d'Exercices et de Problèmes gradués et variés à résoudre. In-12, cartonné; 1853. 1 fr. 50 c.

PUILLE (d'Amiens). — **Cours complet d'Arpentage élémentaire, théorique et pratique**, comprenant les Notions indispensables de Géométrie; les Principes fondamentaux de l'Arpentage proprement dit; le Levé, le Lavis et le Bornage des plans; le Nivellement et les notions sur les Déblais et les Remblais; le Partage des superficies agraires; le Métré des corps; un grand nombre de Problèmes gradués, immédiatement suivis de leurs solutions raisonnées; un Recueil de lois, formules et modèles de Procès-Verbaux usités en Arpentage; un Traité sur le Partage amiable et judiciaire; 160 dessins intercalés dans le texte et deux planches topographiques gravées sur acier. 2e édit.; in-12; 1854.. 4 fr.

PUILLE (d'Amiens). — **Cours d'Algèbre élémentaire, théorique et pratique**. In-8; 1841.. 3 fr. 50 c.

PUILLE (d'Amiens). — **Leçons normales de Géométrie théorique et appliquée**, à l'usage des divers Établissements d'instruction publique; comprenant les principes de la mesure des lignes, des surfaces et des corps, avec un grand nombre d'applications relatives au Dessin linéaire, à l'Architecture, à l'Arpentage, au Levé des plans, à la Cubature des solides (*réguliers et irréguliers*), suivies immédiatement de leurs solutions raisonnées; augmentées d'une série d'exercices et de problèmes gradués et à résoudre, et d'un précis de *Trigonométrie rectiligne*. In-12, avec 300 dessins, gravés sur cuivre et intercalés dans le texte.
2 fr. 50 c.

PUILLE (d'Amiens). — **Bibliothèque des Classes primaires.** Série d'ouvrages in-18, avec dessins intercalés dans le texte.
    Chaque volume.. 75 c.

Sont en vente :

Algèbre, avec 111 problèmes choisis.
Solutions des 111 problèmes, suivies d'une nouvelle série de problèmes avec leurs solutions raisonnées.
Géométrie, avec dessins dans le texte et de nombreuses applications.
Arpentage, avec dessins dans le texte.

Q

QUET, professeur de Physique au Lycée Saint-Louis.— **Des Mouvements relatifs en général et des Mouvements relatifs sur la terre.** In-4; 1853........ 5 fr.

R

RAMBOSSON (J.), directeur de l'Institution des sourds-muets de Chambéry. — **Langue universelle. Langage mimique, mimé et écrit**, développement philosophique et pratique. In-8; 1853........................ 1 fr. 50 c.

REECH (F.), ingénieur de la Marine, directeur de l'École spéciale d'application du Génie maritime à Lorient. — **Cours de Mécanique d'après la nature généralement flexible des Corps**, comprenant la **Statique** et la **Dynamique** avec la Théorie des vitesses virtuelles, celle des forces vives et celle des forces de réaction, la Théorie des mouvements relatifs et le Théorème de Newton sur la similitude des mouvements. In-4; 1852........................ 12 fr.

REGNAULT (J.-J.), professeur de Mathématiques. — **Traité de Géométrie pratique**, comprenant les **Opérations graphiques** et de nombreuses **Applications aux Travaux d'Art et de Construction.** In-8, avec pl.; 1842. 5 fr.

REISET (J.). — **Mémoire sur la valeur des Grains alimentaires.** In-8; 1853........................ 1 fr. 50 c.

RESAL, ancien élève de l'École Polytechnique. — **Éléments de Mécanique**, suivis d'additions à la Mécanique des systèmes des Points matériels. In-8; 1851. 4 fr. 50 c.

REYNAUD (le Baron), Examinateur pour l'admission à l'École Polytechnique, à la Marine, à l'École militaire de Saint-Cyr et à l'École forestière. — **Traité d'Arithmétique**, à l'usage des Élèves qui se destinent à ces Écoles. In-8, 25e édition; 1851. (*Adopté par l'Université.*)........................ 5 fr.

REYNAUD (le baron).— **Petit Traité élémentaire d'Arithmétique.** In-12. 3 fr.

REYNAUD (le baron). — **Notes sur l'Arithmétique de Bezout.** 20e édition; in-8........................ 2 fr. 50 c.

REYNAUD (le baron). — **Traité élémentaire de Mathématiques et de Physique**, suivi de Notions sur la Chimie et sur l'Astronomie, à l'usage des élèves qui se préparent aux examens pour le baccalauréat ès lettres. 4e édition; 2 vol. in-8, avec planches; 1844........................ 15 fr.

    Le tome 1er se vend séparément........................ 7 fr.

REYNAUD (le baron) et **DUHAMEL**, ancien élève de l'École Polytechnique. — **Problèmes et développements sur diverses parties des Mathématiques.** In-8, avec planches; 1823........................ 7 fr. 50 c.

REYNAUD (le baron). — **Trigonométrie rectiligne et sphérique.** 3e édit., suivie des **Tables de Logarithmes des Nombres**; in-18, avec pl.; 1818. 3 fr.

REYNAUD (le baron). — **Notes sur l'Algèbre de Bezout**, à l'usage des élèves qui se destinent à l'École Polytechnique, à la Marine, à l'École militaire de Saint-Cyr et à l'École Forestière. 7e édition; in-8; 1834. (*Adopté par l'Université.*)........................ 4 fr. 50 c.

RICHARD (L.), Capitaine de corvette. — **Essai sur les Instruments et sur les Tables de Navigation et d'Astronomie.** In-8, avec planches; 1840. 2 fr.

RICHAUD (C.), ancien élève de l'École Polytechnique, et **AURIFEUILLE**, professeur de Mathématiques. — **Cours d'Arithmétique**, à l'usage des Aspirants aux Écoles. In-8; 1846........................ 4 fr.

RICHAUD (C.) et **AURIFEUILLE** (L.). — **Cours de Géométrie élémentaire**, à l'usage des aspirants aux Écoles, renfermant les **Problèmes de Géométrie descriptive relatifs à la Ligne droite et au Plan.** In-8, avec figures dans le texte; 1847........................ 6 fr.

RIVARD, professeur de Philosophie à l'Université de Paris. — **Traité de la Sphère et du Calendrier.** 8e édition, revue et augmentée par M. *Puissant*, membre de l'Institut. In-8, avec planches; 1837........................ 5 fr.

ROBERT (Henri), horloger de la Marine de l'État.— **Considérations pratiques sur l'Huile employée en Horlogerie.** In-8; 1852........................ 1 fr. 25 c.

ROBERT (Henri). — **Comparaison des Chronomètres ou Montres marines à barillet denté avec celles à fusée.** In-8; 1839........................ 1 fr. 75 c.

ROBERT (Henri). — **Description des nouvelles Montres à secondes**, à l'usage des Ingénieurs, des Physiciens, des Médecins, etc. In-4, avec planches; 1834........................ 2 fr.

ROBERT (Henri). — **Études sur diverses questions d'Horlogerie.** 1 vol in-8, avec pl.; 1852........................ 9 fr.

ROBIN (Édouard), professeur de Chimie et d'Histoire naturelle. — **Loi nouvelle régissant les propriétés chimiques**, et permettant de prévoir, sans l'intervention des affinités, l'action des corps simples sur les composés binaires, spécialement par voie sèche; nouvelle Théorie de la fusion aqueuse et du mode d'action de la chaleur dans la fusion, la volatilisation et la décomposition; Propriétés chimiques fondamentales; Stabilité et Solubilité; Documents. In-8; 1853........................ 2 fr.

ROBIN (Édouard). — Précis élémentaire de **Chimie** minérale et organique, expérimentale et raisonnée. Prem**ière** Méthode par laquelle les faits se déduisent de lois générales au lieu d'être exposés comme des faits sans liaison, qu'il faut apprendre de mémoire ou ignorer. *Première Partie* : Lois qui régissent les Propriétés physiques. In-12; 1853........................ 2 fr. 5o c.

RODRIGUES DE PASSOS (J.-A.), ingénieur civil. — **Thèse d'Astronomie**, pour le doctorat ès Sciences mathématiques. In-4; 1853.......... 3 fr. 5o c.

S

SAINT-VENANT (DE), ingénieur en chef des Ponts et Chaussées. — **Principes de Mécanique** fondés sur la **Cinématique**. In-4........ 3 fr. 5o c.

SARRET (J.-B.). — **Éléments d'Arithmétique**, à l'usage des Écoles primaires. In-8. (*Ouvrage qui a obtenu le suffrage du Jury des livres élémentaires, et qui a été couronné, et jugé digne d'être imprimé par une loi du 11 germinal an IV*)... 5 fr.

SARAZIN (J.-M.). — **Éléments de la Mécanique rationnelle de la Charrue.** In-12.. 5 fr.

SAURI, ancien professeur de Philosophie à l'Université de Montpellier. — **Institutions mathématiques** servant d'introduction à un **Cours de Philosophie** à l'usage des Universités de France. 6e édition; in-8, avec planches; 1835 .... 6 fr.

SAVART (F.). — Des **Phénomènes de vibration** que présente l'écoulement des liquides par des ajutages courts (Mémoire posthume). In-4; 1853... 3 fr.

SÉDILLOT (L.-P.-E.-A.), professeur d'Histoire au Collège Saint-Louis. — **Traduction et commentaire des Prolégomènes des Tables astronomiques** d'Oloug Beg. Gr. in-8; 1853.................................... 10 fr.

SÉDILLOT (L.-P.-E.-A.). — **Matériaux pour servir à l'Histoire comparée des Sciences mathématiques chez les Grecs et les Orientaux.** 2 volumes in-8, accomp. de planches; 1845-49)..................................... 20 fr.

SÉDILLOT (L.-P.-E.-A.). — **Notes et Variantes des Prolégomènes des Tables astronomiques** d'Oloug Beg. In-8; 1847................... 6 fr.

SÉDILLOT (L.-A.-M.), professeur d'Histoire au Collège Saint-Louis. — **Mémoire sur les Instruments astronomiques des Arabes.** In-4, imp. royale; 1841 .... 5 fr.

SEGONDAT. — **Traité général de la Mesure des bois**, contenant : 1o celui de la Mesure des bois équarris, avec le Tarif de la réduction en pieds cubes; 2o celui de la Mesure des bois ronds, avec le Tarif de la réduction en pieds cubes; 3o celui de la Mesure des mâts et de leurs excédants, avec le Tarif de la réduction en pieds cubes; 4o celui de la Mesure du sciage des bois, avec le Tarif de la réduction en pieds carrés; 5o celui de la recette des bois, avec le Tarif de l'appréciation des pièces de construction, et les figures desdites pièces; 6o enfin les Tables pour convertir les pieds, pouces et lignes en mètres, et les pieds cubes et cordes de bois en stères. Nouvelle édition, revue et corrigée; 2 vol. in-8; 1829... 8 fr.

SERRET (J.-A.), Examinateur d'admission à l'École Polytechnique. — **Traité d'Arithmétique**, à l'usage des élèves qui se destinent à l'École Polytechnique et à l'École militaire de Saint-Cyr. In-8; 1852................... 5 fr.

SERRET (J.-A.). — **Traité de Trigonométrie.** In-8, avec planches; 1850... 3 fr. 5o c.

SERRET (J.-A.). — **Éléments de Trigonométrie rectiligne** à l'usage des Arpenteurs. In-8, avec figures dans le texte; 1853................. 2 fr.

SIMONIN. — **Traité d'Arithmétique** selon les **Mesures nouvelles**. In-8; an VI... 2 fr. 5o c.

STAINVILLE (J. DE), répétiteur à l'École Polytechnique. — **Mélanges d'Analyse algébrique et de Géométrie.** In-8, avec planches; 1815. 7 fr. 5o c.

SUZANNE (P.-H.), professeur de Mathématiques au Lycée Charlemagne. — **De la manière d'étudier les Mathématiques.** *Première partie:* **Préceptes généraux et Arithmétique.** 2e édition; in-8; 1810........... 6 fr. 5o c.

T.

TABLE DES CORRECTIONS à faire subir au degré apparent indiqué par l'alcoomètre pour obtenir le degré réel des liquides spiritueux, à la température de 15 degrés centigrades. In-12; 1853............................ 5o c.

TABLE GÉNÉRALE DES COMPTES RENDUS DES SÉANCES DE L'ACADÉMIE DES SCIENCES; publiés par MM. les Secrétaires perpétuels, conformément à une décision de l'Académie en date du 13 juillet 1835. (Tomes Ier à XXXI. — 3 août 1825 à 30 décembre 1850.) In-4; 1854... 20 fr.

TEDENAT (P.), associé de l'Institut de France, professeur de Mathématiques à l'École centrale du département de l'Aveyron. — **Leçons élémentaires de Géométrie et de Trigonométrie.** In-8, avec planches; an VII........ 5 fr.

TEDENAT (P.), professeur de Mathématiques à l'École centrale du département de l'Aveyron. — **Leçons élémentaires d'Arithmétique et d'Algèbre.**
In-8 .... 5 fr.

TEDENAT (P.). — **Cours de Mathématiques.** 4 vol. in-8, avec planches;
1801 .... 17 fr.

On vend séparément :

Tome I. — **Leçons élémentaires d'Arithmétique et d'Algèbre** ...... 4 fr.
Tome II. — **Leçons élémentaires de Géométrie et de Trigonomé-
trie**, avec 10 planches .... 5 fr.

Les tomes III et IV ne se vendent pas séparément.

Tomes III et IV. — **Leçons élémentaires de Mathématiques;** *deuxième
partie,* contenant un Supplément aux Éléments d'Algèbre, l'Application de l'Algèbre à la Géométrie, et les Principes du Calcul différentiel et du Calcul intégral,
avec 6 planches .... 8 fr.

TERQUEM (O.), professeur. — **Exercices de Mathématiques élémentaires,**
à l'usage des Collèges et des aspirants aux Écoles Militaire, Polytechnique,
Forestière et Navale (*Arithm. et Alg.*). In-8; 1842 .... 5 fr.

TISSERAND, professeur de Mathématiques au collège Saint-Louis. — **Traité
d'Arithmétique algébrique,** contenant toutes les réponses aux questions d'A-
rithmétique et d'Algèbre exigées pour le baccalauréat ès Lettres et ès Sciences,
précédé du Manuel complet pour les deux grades, et suivi de notes très-étendues
sur la résolution des équations de tous les degrés. 3e édition; in-8; 1827. 6 fr.

THOREL, géomètre de première classe du Cadastre du département de l'Oise.
— **Arpentage et Géodésie pratique;** ouvrage dans lequel on peut apprendre
le Système métrique, l'Arpentage, la Division des terres, la Trigonométrie
rectiligne, le Levé des plans, la Gnomonique, etc. In-4, avec planches; 1843. 4 fr.

TREMBLAY (Jean). — **Essai de Trigonométrie sphérique,** contenant diverses
Applications de cette science à l'Astronomie. In-8, avec figures dans le texte;
1783 .... 6 fr.

TRINCANO, ingénieur et professeur de Mathématiques. — **Traité complet
d'Arithmétique,** à l'usage de l'École militaire. In-8, avec pl.; 1781 .. 5 fr.

V

VALLÉE (L.-L.), ingénieur en chef des Ponts et Chaussées. — **Traité de
Géométrie descriptive.** 2e édition; in-4, avec Atlas de 65 planches; 1825. 15 fr.

VALLÉE (L.-L.). — **Spécimen de Coupe de pierres,** contenant les Principes
généraux du trait et leur application aux murs, aux plates-bandes, aux ber-
ceaux, aux voûtes sphériques, aux voûtes de révolution, aux voûtes à base poly-
gonale et aux voûtes simples quelconques. In-4, avec pl.; 1853 .... 5 fr.

VANTENAC (Ch.). — **Arithmétique des demoiselles,** ou **Cours élémentaire
d'Arithmétique théorique et pratique en 20 leçons.** In-12. 2 fr. 50 c.
— **Cahier des Questions.** In-12 .... 75 c.

VARIGNON (ouvrage posthume de), de l'Académie de France. — **Nouvelle
Mécanique, ou Statique dont le projet fut donné en 1687.** 2 vol. in-4; avec
planches; 1725 .... 18 fr.

VELEY (Emmanuel DE), professeur de Mathématiques à Genève. — **Algèbre
d'Émile.** Nouvelle édition; in-8; 1828 .... 7 fr.

VERHULST (P.-F.), professeur d'analyse à l'École militaire de Belgique. —
Leçons d'Arithmétique, dédiées aux Candidats aux Écoles spéciales. In-12;
1847 .... 1 fr. 50 c.

VERHULST (P.-F.). — **Traité élémentaire des fonctions elliptiques,** ouvrage
destiné à faire suite aux traités élémentaires de Calcul intégral. In-8; 1841. 7 fr.

VIEILLE (J.), maître de Conférences à l'École Normale, professeur de Mathématiques supérieures au Lycée Louis-le-Grand. — **Cours complémentaire
d'Analyse et de Mécanique rationnelle,** professé à l'École Normale. In-8,
avec planches; 1851 .... 7 fr.

VIEILLE. — **Théorie générale des approximations numériques,** à l'usage des
Candidats aux Écoles spéciales du Gouvernement. In-8; 1852 ..... 2 fr. 50 c.

VILLARCEAU (Yvon). — **Théorie de la Stabilité des machines locomotives
en mouvement.** In-8; 1852 .... 6 fr.

VIRTON (A.). — **Mémorial de l'Arithméticien et du Géomètre,** ou **Recueil des Principes généraux d'Arithmétique et de Géométrie.** In-8;
1857 .... 4 fr.

W

WOEPCKE (F.), docteur agrégé à l'Université de Bonn. — **L'Algèbre d'Omar
Alkhayyamî;** publiée, traduite et accompagnée d'Extraits de manuscrits inédits.
Grand in-8, avec planches; 1851 .... 10 fr.

WOEPCKE (F.). — **Disquisitiones archæologico-mathematicæ circa solaria
veterum.** In-4; 1842 .... 6 fr.

LIBRAIRIE DE MALLET-BACHELIER,
Quai des Augustins, 55.

MÉCANIQUE ANALYTIQUE,
PAR J.-L. LAGRANGE.
TROISIÈME ÉDITION, REVUE, CORRIGÉE ET ANNOTÉE
PAR M. J. BERTRAND.

2 Volumes in-4° sur papier fin satiné. — Prix : 40 francs.

On peut se procurer de suite le tome Ier. — Il est délivré un **BON** pour le tome II, dont la publication aura lieu en juillet 1854.

(Outre les Notes de M. J. Bertrand, le tome Ier est augmenté : 1° d'un **MÉMOIRE SUR UN POINT FONDAMENTAL DE LA MÉCANIQUE ANALYTIQUE DE LAGRANGE**, par M. *Poinsot*, Membre de l'Institut; 2° d'une **NOTE SUR LA STABILITÉ DE L'ÉQUILIBRE**, par M. *Lejeune-Dirichlet*.)

TRAITÉ DE GÉODÉSIE, ou Exposition des méthodes astronomiques et trigonométriques appliquées soit à la mesure de la Terre, soit à la confection du canevas des cartes et des plans; par M. *Puissant*; 3e édit.; 2 vol. in-4, avec planches................ 40 fr.

EXPOSITION DU SYSTÈME DU MONDE; par *Laplace*; 6e édit.; vol. in-4, papier fin, avec portrait.................... 18 fr.
Le MÊME OUVRAGE, 2 vol. in-8.................... 15 fr.

ÉLÉMENTS DE CALCUL DIFFÉRENTIEL ET DE CALCUL INTÉGRAL; par *Boucharlat*; nouv. édit.; in-8, avec planches. 8 fr.

EXAMEN HISTORIQUE ET CRITIQUE DES PRINCIPALES THÉORIES CONCERNANT L'ÉQUILIBRE DES VOÛTES; par M. *Poncelet*, membre de l'Institut. In-4, 1852.............. 2 fr.

THÉORIE DU CALCUL DES ÉLÉMENTS DES ESCALIERS A L'USAGE DES CONSTRUCTEURS; par M. A. *Mahistre*, Docteur ès Sciences. In-8 avec planches, 1853.......... 2 fr. 25 c.

LES DÉRIVÉES ET LES SÉRIES SIMPLIFIÉES, pour les Candidats à l'École Polytechnique; par M. l'abbé *Soufflet*, Docteur ès Sciences mathématiques de la Faculté de Paris, Professeur à Rennes. In-8, 1852.................... 1 fr.

ÉLÉMENTS D'ARITHMÉTIQUE, rédigés suivant les nouveaux Programmes pour l'enseignement secondaire et l'enseignement primaire; par M. *Th. Dieu*, Agrégé, Docteur ès Sciences, ancien Professeur de mathématiques dans les Lycées, Professeur à la Faculté des Sciences de Grenoble. In-8.................... 2 fr. 50 c.

URANOGRAPHIE, ou TRAITÉ ÉLÉMENTAIRE D'ASTRONOMIE, à l'usage des personnes peu versées dans les Mathématiques, des Géographes, des Marins, des Ingénieurs, accompagnée de Planisphères; par M. *L.-B. Francœur*, de l'Institut. 6e édition, revue, corrigée et augmentée d'une **NOTICE SUR LA VIE ET LES OUVRAGES DE L'AUTEUR**, par M. *Francœur* fils, Professeur de Mathématiques spéciales au Collège Chaptal et à l'École des Beaux-Arts. (Dédiée à M. F. Arago.) 1 vol. in-8°, avec planches; 1853...... 10 fr.

TRAITÉ DE TRIGONOMÉTRIE; par M. *J.-A. Serret*, Examinateur pour l'admission à l'École Polytechnique. In-8, avec planches. 3 fr. 50 c.

ÉLÉMENTS DE TRIGONOMÉTRIE RECTILIGNE, à l'usage des **ARPENTEURS**; par M. *J.-A. Serret*. In-8, avec figures dans le texte; 1853.................... 2 fr.

ÉLÉMENTS D'ARITHMÉTIQUE; par M. *Bourdon*, Conseiller honoraire de l'Université, ancien Examinateur d'admission à l'École Polytechnique. 28e édition, rédigée conformément aux nouveaux Programmes de l'enseignement dans les Lycées. In-8°, 1853. (*Ouvrage adopté par l'Université.*).................... 5 fr.

ÉLÉMENTS D'ALGÈBRE; par M. *Bourdon*. Fort volume in-8, 10e édition; 1848.................... 8 fr.

LEÇONS DE CALCUL INTÉGRAL; par *Garnier*; in-8, avec 2 planches.................... 7 fr.

TRAITÉ DE MÉCANIQUE; par *Poisson*; 2e édition, considérablement augmentée; 2 forts vol. in-8; 1833.................... 18 fr.

CHIMIE EXPÉRIMENTALE ET THÉORIQUE, appliquée aux Arts industriels et agricoles; par M. *Munin*, ancien élève de l'École Normale, ex-professeur de Chimie et de Physique au Lycée de Bourges; 2 vol. in-8, avec planches.................... 10 fr.

Dans cet ouvrage, l'auteur s'est efforcé de rester dans la limite des cours professés à Paris; il ne s'est pas contenté de donner l'histoire des propriétés principales des corps, de faire connaître leur préparation et leur application dans les arts industriels, mais il s'est encore imposé la tâche d'exposer le plus clairement possible les théories chimiques professées actuellement par les hommes éminents de la science.

BACCALAURÉAT ÈS SCIENCES.—PROBLÈMES DE MATHÉMATIQUES ET DE PHYSIQUE POUR LA PRÉPARATION A LA COMPOSITION; contenant la plupart des Questions proposées aux différents Concours; par M. *V.-J. Duvignau*, ancien Élève de l'École Polytechnique, Directeur d'une École préparatoire au Baccalauréat ès Sciences et à l'École impériale de Saint-Cyr. In-18, avec figures dans le texte; 1854.................... 2 fr.

ANALYSE APPLIQUÉE A LA GÉOMÉTRIE DES TROIS DIMENSIONS, contenant les Surfaces du second degré, avec la Théorie générale des Surfaces courbes et des Lignes à double courbure; par M. *C.-F.-A. Leroy*, ancien Professeur à l'École Polytechnique et à l'École supérieure, Chevalier de la Légion d'honneur. 4e édition, revue et corrigée. In-8°, avec planches; 1854.................... 5 fr.

LEÇONS DE COSMOGRAPHIE, rédigées d'après les Programmes arrêtés par la Commission chargée des attributions du Conseil de perfectionnement, *et approuvés par le Ministre de la guerre*; par MM. *P. Laffite*, Professeur de Mathématiques, et *H. Harant*, licencié ès Sciences. In-8, avec planches; 1853.................... 5 fr.

COURS DE MÉCANIQUE; par M. *Duhamel*, membre de l'Institut. 2e édition; 2 vol. in-8°, avec planches, 1854.................... 12 fr.

COURS D'ANALYSE DE L'ÉCOLE POLYTECHNIQUE; par M. *Duhamel*. 2e édition; 2 vol. in-8°, 1847.................... 10 fr.

GÉOMÉTRIE ANALYTIQUE; par MM. *A. Delisle*, examinateur pour l'admission à l'École Navale, professeur émérite et officier de l'Université, et *Germe*, professeur de Mathémat. In-8°, avec pl.; 1853-1854. 8 fr.

ARITHMÉTIQUE, à l'usage des Écoles primaires supérieures, des Écoles normales primaires, des petits Séminaires, des Communautés religieuses et des Pensions; comprenant les matières exigées pour le brevet d'instituteur et pour l'admission aux Écoles des Arts et Métiers; par M. *Ch.-S. Finance*, maître à l'École primaire supérieure de Saint-Dié (Vosges). In-12, 1854.................... 2 fr. 50 c.

COURS COMPLÉMENTAIRE D'ANALYSE ET DE MÉCANIQUE RATIONNELLE, professé à l'École Normale, par M. *Vieille*, Agrégé près la Faculté des Sciences de Paris, Maître de conférences à l'École Normale, Professeur de mathématiques supérieures au lycée Louis-le-Grand. 1 vol. in-8°, avec 4 planches; 1851.................... 7 fr.

THÉORIE GÉNÉRALE DES APPROXIMATIONS NUMÉRIQUES à l'usage des Candidats aux Écoles spéciales du Gouvernement, par M. *Vieille*. In-8°; 1852.................... 2 fr. 50 c.

LA RÈGLE A CALCUL EXPLIQUÉE, ou Guide du Calculateur à l'aide de la Règle logarithmique à tiroir, dans lequel on indique le moyen de construire cet instrument, et l'on enseigne à y opérer toutes sortes de calculs numériques; par M. *P.-M.-N. Benoit*, ingénieur civil, ancien élève de l'École Polytechnique, l'un des cinq fondateurs de l'École centrale des Arts et Manufactures. Fort volume in-12, avec pl.; 1853.................... 6 fr.
la **RÈGLE A CALCUL** (*Instrument*) se vend séparément...... 6 fr.

COURS DE PHILOSOPHIE POSITIVE; par M. *Auguste Comte*, ancien élève de l'École Polytechnique. 6 vol. in-8°.................... 70 fr.
On vend séparément :
Le tome III.................... 15 fr.
Le tome IV.................... 10 fr.
Le tome V.................... 10 fr.
Le tome VI.................... 12 fr.

LITHOPHOTOGRAPHIE, ou IMPRESSIONS OBTENUES SUR PIERRE A L'AIDE DE LA PHOTOGRAPHIE; par MM. *Lemercier, Lerebours, Barreswil* et *Davanne*. 1er Cahier composé de 6 planches in-fol.; 1854.................... 21 fr.

LES ACCIDENTS SUR LES CHEMINS DE FER, LEURS CAUSES, LES RÈGLES A SUIVRE POUR LES ÉVITER, par M. *Émile With*, Ingénieur civil. Augmenté d'une **Préface** par M. *Auguste Perdonnet*, ancien Élève de l'École Polytechnique, l'un des Administrateurs, Membre du Comité de direction des chemins de fer de l'Est. In-12, 1854. Prix.................... 2 fr.

RECHERCHES SUR LES EAUX-BONNES; par M. *E. Cazenave*, docteur en Médecine de la Faculté de Paris, membre de la Société d'Hydrologie médicale, médecin des Eaux-Bonnes. In-8°; 1854.. 2 fr.

TRAITÉ DES POISONS, ou TOXICOLOGIE appliquée à la Médecine légale, à la Physiologie et à la Thérapeutique; par M. *Ch. Flandin*, docteur en Médecine de la Faculté de Paris. 3 vol. in-8°, avec planches; 1853.................... 21 fr.
Les tomes II et III se vendent séparément.................... 14 fr.

SOUS PRESSE :

De la Baguette divinatoire, du Pendule dit Explorateur et des Tables tournantes au point de vue de l'Histoire, de la Critique et de la Méthode expérimentale; par M. *Chevreul*, Membre de l'Institut. Volume in-8°.

PARIS. — IMPRIMERIE DE MALLET-BACHELIER, rue du Jardinet, 12.

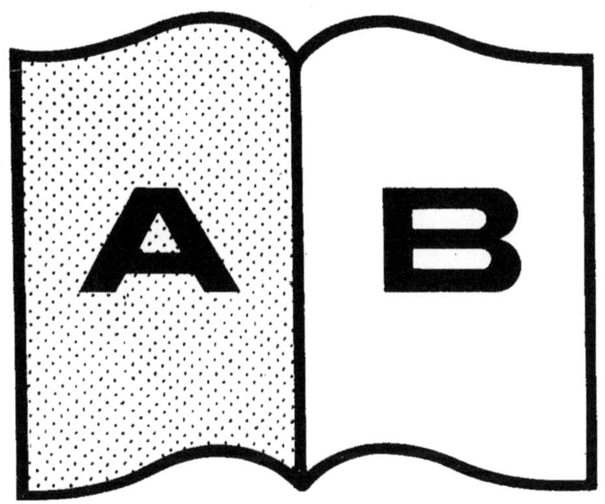

Contraste insuffisant

NF Z 43-120-14